Color Atlas
of Horse Disease Diagnosis
and Treatment

马病诊治彩色图谱

杨 英 主编

化学工业出版社

·北京·

图书在版编目（CIP）数据

马病诊治彩色图谱/杨英主编. —北京：化学工业
出版社，2022.12
　ISBN 978-7-122-42291-0

　Ⅰ.①马…　Ⅱ.①杨…　Ⅲ.①马病-诊疗-图谱
Ⅳ.①S858.21-64

中国版本图书馆CIP数据核字（2022）第181260号

责任编辑：邵桂林　　　　　　　　　　装帧设计：史利平
责任校对：张茜越

出版发行：化学工业出版社（北京市东城区青年湖南街13号　邮政编码100011）
印　　装：北京缤索印刷有限公司
787mm×1092mm　1/16　印张25¼　字数580千字　2023年2月北京第1版第1次印刷

购书咨询：010-64518888　　　　　　售后服务：010-64518899
网　　址：http://www.cip.com.cn
凡购买本书，如有缺损质量问题，本社销售中心负责调换。

定　　价：220.00元　　　　　　　　　　　版权所有　违者必究

编写人员名单

主　　编　杨　英

副 主 编　王　志　高珍珍

编写人员（按姓氏笔画为序）

王　瑞（内蒙古农业大学）

王雪飞（河南牧业经济学院）

毛　伟（内蒙古农业大学）

白东义（内蒙古农业大学）

刘　芳（内蒙古农业大学）

李旭东（天俊马业公司）

况　玲（新疆农业大学）

青格尔（内蒙古贝多美乐有限责任公司）

高瑞峰（内蒙古农业大学）

董世起（西南大学）

马被人类驯化和利用已有数千年的历史，其间它对人类社会的发展以及人们生活的保障等均有积极的推动作用，反之人类也为其繁衍和健康做了保驾护航的工作，例如我国就有"中国的兽医史，就是中国的医马史"一说。

随着社会经济的发展，马在人类社会中的角色已发生了较大的变化，其在国防建设、农事劳动、交通运输以及生活物资补充等方面逐渐退出了历史舞台，与之相应的则是其在体育竞技、娱乐休闲生活中日益凸显出不可替代的作用，从而极大地满足了人类在精神、文化层面的需求。然而以往我们的先贤们编著的马病相关著作，多顾及的是马在生产实践中常发生的病患，而当今马的运动损伤却是常见病和多发病，且过去由于编写的辅助手段较为单一，著作的文字描述居多，给后学者的知识掌握带来不少困难，在此情况下，急需一本顺应现代新型马业发展方向，既全面系统，又直观易学，能够较好地针对临床工作的参考书。故而我们组织了一批多年来一直在马病防治方面从事教学、科研的专家、教授和生产服务一线人员，从马匹接近、诊断方法以及多科疾病的中西兽医防治内容上进行了组织，共同编写了《马病诊疗彩色图谱》一书。

本书在编写过程中，为充分体现图谱的特性，各位编写人员在遵循马病防治自身的科学性、先进性和准确性的前提下，力求文字简明、图文并茂、深入浅出、易懂实用、理论联系实际，使之成为广大从业人员必备的参考书，以求真正助力于新型马业的发展。

书中个别图片由其他专家提供，在本书即将出版之际，特向这些图片的作者表示衷心的感谢。

由于我们自身的学识水平、工作能力有限，书中如有疏漏，恳请各位同仁指正、赐教，以便再版时予以修正、补充。

杨 英

2022年12月

CONTENTS

目 录

绪 论

第一章 马病诊疗技术

第二章　马寄生虫病与诊治

第三章 马内科病与诊治

第四章　马外科病与诊治

第五章　马产科病与诊治

视频目录

绪 论

马是世界上分布较广的家畜之一，据现有考古材料分析推测，约在公元前3500年已被人类驯化，并加以利用，其在人类发展的各个阶段，扮演着不同的角色。我国养马历史悠久，马文化底蕴深厚。自古以来，马作为重要的畜力和交通工具，为我国的农业生产和国防建设做出了重要贡献。

兽医是在驯化野生动物成为家畜的过程中伴生的，当豢养的动物受伤和生病时，利用已知的医药学知识进行诊疗是顺理成章的事情，经过千百年来锤炼终使其成为畜牧业生产中不可或缺的有力保障。世界各国兽医学术的发展均以马为主体研究对象，然后扩展到其他畜种。"中国的医马史，就是中国的兽医史"，对马体生理功能、病理变化的认识，及疾病诊疗和预防能力的强弱，体现着兽医整体技术水平的高低。

一、我国古代马病诊疗概况

1.夏商周时期

夏代已有专营放牧的奴隶"牧奴"和进行畜牧业生产管理事务的"牧正"。安阳殷墟马车的出土，证明我国至迟在商代马已被用于驾车代步、交通运输，甚至战争工具，同时期的甲骨文中也有占卜马群是否患有传染病、侵袭病的卜辞。且此时已知用"相马术"和"去势术"来鉴别、改进马匹的性能，认识到选种是繁育优良品种的核心所在。

西周时专职兽医业已出现，"兽医掌疗兽病、疗兽疡"。至春秋战国时期，马既是交通运输和农田耕作的动力，又为"甲兵之本""国之大用"，各诸侯国竞相养马，养马业获得巨大发展，以至一个国家的大小及力量的强弱，常以马匹的多少来衡量，有所谓"千乘之国""万乘之国"之称。此时对马病的病因已有较深刻的认识，如"暑热和疾驰若使两阳相并，轻则令马中暑和黑汗，重则导致马匹死亡"。"相马术"则按照马体外形、气质、神态、使役能力，将马分为良马、驽马两类，再在良马中分选种马、戎马、齐马、道马、田马。这些均反映出"相马术"已从整体到局部，进入更仔细的体形鉴定领域，马体外形鉴定学已发展到了一个全新的高度，同时开展了早期的肉品检疫。

2.秦汉魏晋南北朝时期

秦立后非常重视养马，建立了较为完善的马政机构，以法律条文对畜牧生产和使役进行管理和监督，对发展养马业有很大的促进作用。开展了在国境口岸检疫的先河，用火燎烧其车辕和牵挽用的马具，以阻止境外疫病的侵入，反映火焰消毒法已用于疫病预防。

汉初为了加强国防及发展交通运输，十分重视养马，实行了多种优惠政策，经过几十年的恢复和发展，养马业很快发展壮大了起来。张骞出使西域，引进了品质优良的大宛马、乌孙马和康居马，这些种马对我国马匹品质的改良起到了重要作用，这是中国历史上有据可考的最早马匹品种的改良工作。《流沙坠简》《居延汉简》中记载有治马病的处方，如治马宥方、治马伤水方等。马宥是马受鞍伤后所形成的背疮，当时用石南草涂敷，该药外用具有杀虫、消炎和止痛的作用。马伤水是由于饮冷水过多而引起的一种腹痛起卧，当时已知用止腹痛、祛痰饮、整肠理气的药草来治疗。而马阉割术在汉代以前是用火骟，汉代出现水煽，后世多沿袭此法去势。

北魏畜牧生产发达，对马的饲养管理提出了"饮食之节""食有三刍，饮有三时"。远行马、劳役马到歇处，应先牵遛、打滚、刷洗干净，然后才可饮喂。这一时期的医学专著《肘后备急方》中有"治牛马六畜水谷疫疬诸病方"，其谈到了16种家畜病症和治疗措施，如粪结腹痛起卧是役用马最常见的一类疾病，晋代已用掏结术来治疗此病："以手纳大孔（肛门），探却粪，大效。探法：剪却指甲，以油涂手，恐损破马肠"，这是掏结术和直肠触诊的最早记载。另羁骨胀是役畜因扭挫失蹄而引起的一种筋骨挫伤症，常见的是慢性无菌性筋腱炎、骨膜骨质炎、关节囊炎等的综合肿胀症状，此时已创药灸治疗羁骨胀的方法："取四十九根羊蹄烧之，熨骨上，冷易之。如无羊蹄，杨柳枝灸熨之，不论数"。羊蹄和柳枝都用鲜品，这样在火中烧烤才不会焦枯，并有药汁灸出，趁热熨烙患处，产生药疗和灸疗的双重作用，这说明兽医在东晋发展了艾灸疗法，灸料已不局限于艾绒，用土大黄、鲜柳枝烧热熨烙慢性筋腱炎是兽医作出的一项贡献。《齐民要术》在卷六畜养各篇中，提到了19种疾病和42种疗法，可以看出当时的兽医医疗技术已达到相当高的水平。其中对马的疥癣有了明确的认识，该病可使马群败绝，因此不可忽视治疗，并用隔离方法使之不传染。又如治马脚生附骨，脚生附骨是骨膜炎引起的骨质增生产生的骨瘤，用芥子和巴豆（具有强烈的刺激细胞组织的作用，可引起充血发红和坏死脱落）腐蚀掉赘生的骨瘤，且愈后新毛生出，不留疤痕。对马疥提出了4种治疗方法，其中有些药性燥烈的药物，如芥子、柏沥"宜历落班驳以渐涂之"。对马卒急腹胀，"用冷水五升，盐二升"，制成高渗盐水灌入胃中，高渗盐水治疗马粪结、疝痛症是有效的一种疗法，至今仍在应用。

3. 隋唐时期

隋有《马经孔穴图》一卷，由此可知当时兽医针灸已在临床广泛使用，且水平较高。唐出于社会的需求，更重视畜牧兽医人才的培养，建立了教育和使用制度，编制畜牧兽医教材，以提高从业人员的业务水平，以保障畜牧生产得以顺利发展。《旧唐书》记载，神龙年间（705—707年）太仆寺中有兽医六百人，兽医博士四人，教育生徒百人，这是世界上最早的畜牧兽医教学机构。在解剖学上，骨骼关节是"神气出入之处"，穴位针刺就是通过针的刺激以影响神气，进而调整周身的气血运行。古人为了更好地施行针灸治疗，将骨名图列在《伯乐针经》之前，将骨器名列在《王良先师天地五脏论》篇首，反映出古代解剖学既为针灸疗法服务，又为脏象学说服务。例如，将心脏比作捣米的碓，类似现代说心脏像个活塞泵，指出心脏的大小、重量和结构，说心者"七窍三毛"，以完成气血在周身的运行。七窍指主动脉、主静脉、肺动脉、肺静脉管在心脏上的脉管口，三毛指心脏的三种瓣膜。远在1000多年前，能有这样的观察记载是十分可贵的。在针灸学方面，《伯乐针经》提出穴名77个、穴位171个，并指出针刺的位置和方向一定要准确，"隔一毫如隔泰山，偏一丝不如不针"，还提出"看病浅深，补泻相应"的治疗原则和针刺手法。提出白针行气，血针泻热壅之患，火针散寒去滞。这些理论为后世的针灸治疗奠下了基础。

自唐代以来我国中兽医都以《司牧安骥集》中的四篇五脏论为圭臬，来指导临床实践。如整体观念，阴阳五行在畜体中的偏盛、偏衰和生克制化对疾病的影响，阴阳表里的结构论。脏腑辨证施治原则等。《马师皇八邪论》是论述病因、病候、病程现存最早的文献，风寒暑湿和饥饱劳役是诱发疾病的八邪，各种外感病、内损症均为八邪浸淫所致的病，这种病因论和《素问·调经论》的论点是相同的。在病机演变和病程方面，八邪论提出十种日之病论点，说明疾病的演变和发展过程。

4.宋元时期

宋由于军事上的需求，加强了兽医工作，兽医常顺创药浴法治愈大批战马蠡症（疥癣），增强了军队的作战能力，诏封为广神侯，其重视兽医的成就为历代封建王朝所不及。同时出现了兽医院、皮剥所、药蜜库等兽医机构。兽医专著当时有《伯乐针经》《安骥集》《安骥方》《明堂灸马经》《常知非马经》《段永走马备急方》和《蕃牧纂验方》等。总结出"春灌茵陈与木通，夏灌消黄大有功，秋灌理肺白药子，冬灌茴香暖后散，四季平安有奇功"（《蕃牧纂验方·四季调适》）方剂防治疫病。疫病隔离预防则有"欲病之不相染，勿令与不病者相近"，同时认识到有些疫病只感染同类，"染其形似者"，以及病畜的尸骨肉血及排泄物是疫气之源，沿村一过即可使不病者染上疫气而病（《陈旉农书》）。公元1086年，张舜民《使辽录》中说辽已对马进行胸外科手术"切肺"。《黄帝八十一问》是金章宗明昌三年（1192）写成的一篇马病辨证文献。至于反映金朝兽医学术成就的有《金朝集》，反映元朝兽医学术成就的有《元朝集》和卞宝撰的《痊骥通玄论》。《痊骥通玄论》一书承前启后，详细解释了粪结症直肠手术疗法和诊断要点，"点痛论"初次总结出跛行诊断要点，"五脏内景受病诀"进一步发展了五脏论学说。

5.明清时期

明代马病治疗在明代兽医学中处于领导地位。《痊骥通玄论》在正德元年、嘉靖二十六年两次重梓刊印，成化年间编纂《纂图类马方经》八卷。万历二十三年太仆寺卿杨时乔主编《马书》十四卷。1608年著名兽医喻仁、喻杰编纂《元亨疗马集》，至此马病治疗发展至一新的高度，喻氏二人是吸取了前人著作的精华和自己的临床心得体会写成此作，因该书切合实用，梓行后广为沿用，经久不衰，并流传到国外。

清朝马病治疗没有较大发展，1725年郭怀西注释的《新刻注释马牛驼经大全集》对马病部分略有修正，1735年李玉编纂的《马牛驼经全集》是将前人的著作汇编成书，没有增新内容。

二、我国现代马病诊疗方向

1.我国马业现状

新中国成立至1985年间，养马业均是一个很重要的产业，主要为农耕役用、交通工具、国防建设、提供少量肉奶和少数民族地区娱乐等用途，养马业处快速发展阶段，马匹数量急剧上升，至1977年达到最高峰1144.5万匹，占世界第一位。改革开放以来，马的传统功能削弱，农耕、交通和军用马匹被机械化所代替，使我国的养马数量呈现递减势态，马匹淡出了人们的视野，1995年我国马的存栏量为1007.09万匹，24年间锐减了639.99万匹，降幅为64%。目前传统马业仍在萎缩，其对国民经济的贡献率越来越低，马匹的用途也发生了变化，相较20世纪有了极大的不同，以体育运动、休闲骑乘、文化旅游、马产品开发为主体的现代马业正悄然兴起。今日马业已成为一个内涵更加丰富的新型产业，由传统马产业转入现代马产业是当今社会发展的主流，可以预见我国马业若能成功转型升级，定会产生很大的经济效益和社会效益而服务于我国建设。

我国马匹饲养总量较大，数量居世界前列，且养殖区域相对集中，主要分布于边疆省区。同时我国又是世界马品种资源较为丰富的国家之一，既有地方品种资源，又有培育的优良品种，而近年来纯血马、温血马等品种的引入，再次丰富了我国马品种培育的遗传素材。而随着现代马业快速发展，马的养殖区域由传统草原牧区向经济发达地区城郊延伸，饲养方式也从传统放牧模式逐步向舍饲圈养为主的规模化养殖转型。标准化饲养、专业化调教、一体化防疫的先进养马理念和实用技术逐步推广。同时科技支撑不断增强，国家先后启动了实施国家公益性行业（农业）科研专项马驴产业技术研究与试验示范项目、国家科技支撑计划马产业项目等重点项目，多地设立马产业研究中心，组建科学研究与开发应用创新团队。同发达国家行业协会、企业及国内外科研院校之间的交流与合作步伐加快。与国内外马业专业机构和马术组织、院校和企业合作不断深化。一系列利好政策密集落地。如2014年国务院46号文件将赛马运动纳入体育产业规划；2016年国家住房城乡建设部、国家发改委和财政部联合发布赛马（马术）特色小镇建设文件，国家体育总局体彩发展"十三五规划"中将马彩纳入彩票发展规划；2018年国家发展和改革委员会发布《海南建设国际旅游消费中心的实施方案》的通知，鼓励赛马运动等项目发展，特别是2020年农业农村部、国家体育总局联合印发了《全国马产业发展规划（2020—2025年）》，指出加快布局现代马产业生产体系、经营体系、产业体系，这是新中国成立以来针对马产业出台的第一个发展规划，明确了今后一段时期我国马产业发展的指导思想、主要目标和重点任务，昭示着我国现代马业发展进入了空前的大好时代。

2.现代马业的兽医需求

现代马业向着体育竞技、休闲娱乐、文化旅游、商业经济等方向发展，而起保驾护航作用的兽医工作在其转型升级过程中将会面临不少挑战和困难，原有的兽医诊疗知识和技术与我国现代马业发展的新趋势、新要求存在着诸多方面的不适应，如赛事用马的繁育、认证、检疫、运输、饲养、调教、训练、钉掌、医疗、护理、管理和科研等方面的内容相对生疏或处于探索阶段，专业人员数量和基础性科研水平与发达国家存在较大差距，制约了我们兽医工作的顺利开展。故此急需完成以下任务：

（1）加快马匹育种更新　在进行地方马种遗传资源保护的同时，可根据马匹的不同用途，明确马术运动用马、休闲骑乘用马和生活产品用马选育目标和改良方向，开展专门化品系培育。我国素以农业著世，耕作使役马匹首当其冲，而农业进入现代化以来，马业没有向赛马经济发展，致使马匹数量锐减，效益较差，且自然资源消耗较大。随着人们生活水平的提高，马业逐渐由生产型向娱乐型转变，但我国以前赛马品种培育较少，多为役用，跟不上时代的步伐，进行合理科学的用马选育势在必行，如通过现代育种手段培育适应市场需求的中国温血马、耐力马和食用马等专用品系，挖掘马品种的特色基因，进行高效繁育，改良地方马种，进而提升马的生产性能。

（2）推进规模化、标准化养殖　从经济的角度出发，现代马匹的养殖不再是散养模式，而是要进行合理的规划，如马厩选址要合理，地面设计要平坦，做好必要的防滑措施，同时要保持马厩的通风性和采光性，给马匹营造舒适的生活环境。此外还需要注重马匹日常饮食的专业化，制定马标准化饲养技术规程，加快马饲料营养、饲养管理等基础研究工作，逐步建立专用饲草、饲料等产品研发生产及应用技术体系，如饲料的选择要根据马匹的年龄，合理安排适当的饲料等，从而提升养殖水平。

（3）加强兽医专业人才的培养　我国现代马业中兽医价值难以体现的一个重要因素就是专业人才短缺，从而制定科学的人才培养计划至关重要，现阶段当是在引进人才优惠政策的前提下，从根本上进行校企合作，充分发挥高校资源优势和企业经营优势，开设相关专业，加强养马科学、医马教育、赛马经济、马术运动管理、马产业开发等市场急需的、不同层次的专业人才系统培养，与此同时积极开拓培训渠道，支持行业协会、学会就马匹品种培育、饲养管理、调教训练、马房设施管理及疾病防治等方面开展专业技术短期培训，重点培训基本知识和基本技能，以便熟练地从事现代马的饲养管理、兽医服务等工作，提高从业者的专业水平。

（4）加大实用技术推广力度　在主要养马区可依托畜牧兽医技术推广部门、行业协会和高校科研机构，利用现代网络等科技手段，建立健全技术推广服务体系，开展养马实用技术下乡活动，构建马品种繁育和改良、马病检测与防控等各类的基础数据库，以提高马匹饲养管理、疫病防治质量。

（5）加强马匹疾病诊疗与防治　在马匹养殖中，防疫是最重要的环节，其直接关系马匹的健康，因此要重视马匹的防疫工作，做好疫病的监测，避免疫病的传播。要推广马匹疫病快速诊断、监测、控制、净化等新技术，加快马属动物专用疫苗的研发和使用。保持马圈的清洁干净和粪尿的无害化处理，定期进行马圈及其周围的消毒工作，避免蚊虫滋生。开展马病检测方法的研究、完善检测技术，加快马属动物专用药品的研制、规范药品使用方法及违禁物质检测和监督管理。在马匹饲养集中区域建设马医院和马病诊断实验室，采用中西医结合的方式以提高运动马呼吸、消化和运动等系统疾病的诊疗水平。

三、马的主要利用方式

马产业是一个既古老又新型的产业。马自被人类驯化至今，由于各地人文、自然、地理条件及社会经济发展阶段的不同，马在饮食消费、农业生产、交通运输、骑乘国防、体育运动、休闲娱乐及经济文化等多个领域扮演着重要角色。

1.食用

马作为特殊家畜，既有普通家畜传统意义上食用功能（肉、奶、油等），又可开发出科技含量较高的时尚用品、日化用品、生物制品、医疗制品、文化用品。如马肉具有独特的风味和营养价值，我国马匹的数量居世界先列，马白条分割肉本身就是绿色无公害产品，而开发马肉制品则有极佳的发展前途，加工成香肠、腊肠、火腿、熏肉和罐头等制品投放市场，能创造更多的经济价值。马奶除鲜用外，还可以生产酸马奶和马奶酒等。马奶中含有丰富的维生素和乳糖，是婴儿和老年人健康补品。马脂则可以开发出马脂化妆品、日用化工产品、工业用品等，此外还可以利用马生产生物制品，如结合雌激素（CE）、孕马血清促性腺激素（PMSG）。这些马产品附加值较高，有很好的市场前景。

2.驾车

在马匹驯养成功至距今约4000多年前的我国原始社会末期的夏代马匹已用于驾车。至商时用于驾车已有确凿的证据，殷墟中出土的马车及马骨架便是明证。此时马车已成为诸侯出行的工具。由于马车对交通运输，特别是在战争中的重要作用，受到当时各诸侯国的高度重视，至春秋战国时，已成为衡量一个国家大小及强弱的重要标志，如当时所称"百乘之家""千乘之国""万乘之王"。马车在交通运输上一直起着重要作用，而且汉代以后，挽具改为肩引式，有了颈套，使车载更方便、有力和快速。在现代机械化普及之前，马一直是社会生产力的重要组成部分，是重要的动力资源，直至今天，马车在我国北方平原地方仍在为经济建设服务。

3.骑乘

马具有便于人骑行的体貌特征和较快的奔跑速度，作为交通工具当之无愧。关于我国骑术的发明，有人认为早于驾车，也有人认为晚于驾车。认为早于驾车的，其根据为《诗经·大雅》中有指骑乘的"来朝走马"和殷墟卜辞中"骑马佃猪"的记事及考古上发现的殷商时有人马合葬的墓穴，这些均证明我国早在殷商时已有马的骑乘，骑乘既是中原地区王侯将相、达官显贵日常生活中的重要代步工具，又是我国北方少数民族生活、生产的场景。认为骑乘晚于车驾的，主要是车驾文献记载较多、考古发掘的车马坑较多及古代战争先较多用车战，后方有骑兵。故夏商周早期，马匹仅作为负载辎重和战车之用，到了春秋战国时期，我国黄河流域的先民大规模应用骑术，发展骑兵，致使赵武灵王"胡服骑射"现身战场，开启了马用于骑兵的战争时代。秦汉以后，由于战争规模不断扩大，战术的改变，以及战车只适用于平原坦途，不适宜于山区、崎岖不平之路，也不适作快速追击或撤退，战争中行动迟缓、易守难攻、四马一车有一马或车有一处损毁，整个战车即失去作战力，以及战车制作烦琐等缺点而全部为骑马作战所代替。骑兵成为后来战争中的重要组成部分，因而骑马作战逐渐取代了战车在战争中的地位。因此，历代封建王朝均非常重视骑兵的发展。在进入热兵器时代之前，军马数量和品种代表国家军队的强盛，拥有强大的骑兵部队成为彰显各国军事实力的象征。历史上，以"马背民族"俗称的蒙古军队，依靠吃苦耐劳、勇往直前的蒙古马建造闻名世界的蒙古铁骑，纵横欧亚大陆，建立蒙古帝国。时至今日虽然骑兵作为一个兵种被取消，但我国军中仍有军马场和骑兵的存在，以适应边防特殊自然环境的戍边需要。茶马古道、鄂伦春狩猎均是马作为骑乘的代表。

4.农耕

马很早就用于农耕，一直是我国北方农村中重要的农业役用家畜。如我国现有蒙古马类型约占马匹总数的68%，其原因就是蒙古马的适应性好，从原产地至东北农区、黄淮平原，西达西北高原，都能适应，便于驾驭。

5.驿传

驿传主要是供封建王朝传递指令、军报文书及其他物品的组织，也是供官吏车、马及旅途临时住宿的处所。大约起源于春秋战国时期，一直延至清末，被现代邮政所取代。

6.体育娱乐

随着现代经济社会飞速发展，马的功能向体育比赛、竞技表演、休闲娱乐等方面转型。近年来，国内赛马产业发展速度迅猛，赛事活动、人员培训、马匹调教、文化消费增多，马术运动社会普及加快，爱好者、协会、俱乐部、装备用品、场地建设增多。以马为主题的艺术文创、观光旅游、休闲骑乘逐步兴起，马文化博物馆、主题公园、特色小镇、产业园区、大型演艺活动等不断涌现，带动了马文化的传播，丰富了旅游产品种类。中国马文化节、世界马文化论坛、民族性地域性马文化节庆活动等，集体育竞技和文体表演于一体，如舞马为我国传统娱乐项目马戏的主要内容之一，是人与马之间形成特定的驾驭关系，营造出人马共舞、和谐统一的舞台氛围，深受大众喜爱。而马技即在马上表演技艺，我国早在汉代或更早即有马技。为当时人们的重要娱乐项目之一，现代马术表演集技巧性、艺术性和观赏性于一身，包括马上射击、马上射箭、马上拾哈达、马上叠罗汉等，也成为现代马戏团的传统节目。此外我国大约于唐初开始就有打马球这一体育娱乐项目。

我国马病诊疗历史悠久，并形成了具有本土特色的兽医学术理论体系和技术手段。要真正起到为新型马业保驾护航的作用，我们就必须中西汇通，以满足现代社会发展的需要。

参考文献

[1] 刘炘.中国马文化·马政卷.兰州：甘肃人民美术出版社.2019.
[2] 赵开山.中国马文化·神骏卷.兰州：读者出版社.2019.
[3] 全国马产业发展规划（2020—2025年）.中华人民共和国农业农村部官网：2020-09-29.
[4] 周东华，李要南，夏云建，等.我国赛马产业发展现状、问题、趋势及对策研究.中国体育科学学会.第十一届全国体育科学大会论文摘要汇编.中国体育科学学会：中国体育科学学会，2019：3.

[5] 秦红丽，朱明艳. 中国养马业现状. 畜牧兽医科技信息，2013（10）：4-5.

[6] 2017年我国养马产业发展概况及各省市马匹存栏量分析[EB/OL]. 中国产业信息网，（2018-11-12）[2019-10-12]. http://www. chyxx. com/industry/201811/691050.html.

[7] 曹晓娟，王怀栋，王勇. 基于SWOT分析的我国马产业发展对策. 黑龙江畜牧兽医，2020（10）：23-28.

[8] 谭震皖，许晓琴，沈震. 区域马术产业融合发展的文化考量. 武术研究，2020，5（08）：121-123.

[9] 中国马术的历史演变[EB/OL]. http://www. sohu. com/a/236285523_372067，2018-06-17.

[10] 乔杨. 我国马术俱乐部发展现状分析及相关策略研究. 现代商业，2016（09）：171-172.

[11] 夏阳. 中国马的开发与利用及马文化艺术对马产业的促进. 中国畜牧兽医学会马学分会. 中国畜牧兽医学会马学分会成立大会学术论文集. 中国畜牧兽医学会马学分会：中国畜牧兽医学会，2014：3.

[12] 芒来，白东义. 内蒙古自治区马业现状分析. 北方经济，2019（11）：20-25.

[13] 2019世界马文化论坛之呼和浩特宣言，新华网：2019-12-02.

[14] 彭立佳. 浅谈中国马业现状. 中国畜牧业，2020（18）：93.

[15] 苏日娜. 内蒙古马文化产业发展研究. 中央民族大学，2020.

[16] 文明. 世界马产业发展历程及趋势分析. 当代畜禽养殖业，2019（10）：24-28.

[17] 乔建国，王俊平，牛爱兰，等.“休闲体育”视域下内蒙古马产业发展路径研究. 集宁师范学院学报，2019，41（04）：59-64.

[18] 闫梅，李要南. 中国现代马业发展状况SWOT分析研究. 武汉商学院学报，2017，31（05）：29-32.

[19] 芒来. 中国马业主产区马产业的发展趋势. 新疆畜牧业，2016（09）：42-49.

[20] 侯文通. 对中国马业发展问题的思考与商榷. 草食家畜，2015（06）：1-5.

[21] 程媛媛，宋昱. 海南自贸区（港）赛马运动与马产业发展的理论探索. 中国经贸导刊（中），2020（03）：57-59.

[22] 邹介正，等. 中国古代畜牧兽医史. 北京：中国农业科技出版社. 1994.

第一章　马病诊疗技术

第一节　马匹的接近及保定

一、马匹的接近

马匹一般害怕陌生人员触及其体躯，对于非条件性的各种刺激则要进行防御性反抗。为了便于诊疗操作和防范马匹攻击，接近马匹时，要注意人、马间的体位和姿势，其不仅可有效防范患马的攻击、避免意外事故的发生，而且能顺利地施行临床诊疗。

（一）接近马匹的常用体位及姿势

1.丁字步

前丁字步（图1-1）多用于患马头颈部的接近。站立时，术者左脚在前，脚掌直放，脚尖朝向患马，左膝稍曲。右脚掌放在其后，右膝伸直，两脚呈"丁"字状，身体重心放于左脚。

后丁字步（图1-2）多用于患马躯干部的接近。站立时，术者左脚前伸，脚掌横放，右脚在后，脚掌直放，两脚呈"丁"字状，身体重心放于右脚。

2.侧身步

侧身步（图1-3）多用于患马体侧及四肢初始阶段诊疗时的接近。站立时，术者面向马

图1-1　前丁字步

体，两脚按肩宽自然分开，脚掌与马体平行，站立于患马体侧。诊治时，术者身体转向马体，或弓身向下。

3.拉弓步（弓箭步）

拉弓步（图1-4、图1-5）多用于性情暴烈患马的接近。站立时，术者左腿前跨一大步，脚尖对准术区后屈膝；右腿后置伸直，呈"前弓后箭"或"前脚弓，后脚蹬"的步势。若要离开患马时，将屈曲的左腿伸直，身体重心则向后移，右腿稍弯曲，重心移在右腿上，

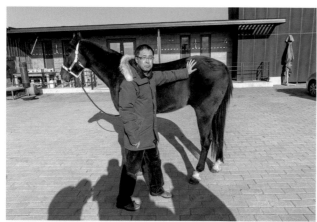

图1-2　后丁字步

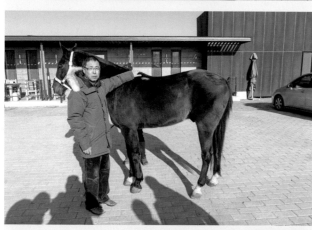

图1-3　侧身步

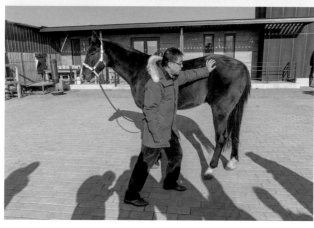

图1-4　拉弓步1

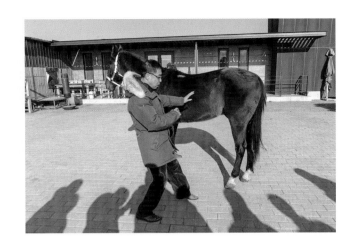

图1-5　拉弓步2

并迅速收回左腿，即可迅速离开，便能免受患马攻击，术者自我防范性好。

（二）接近马匹的方法

接近马之前，了解马的一般特征和马的行为非常必要。在接触马时，在高速、高压力的情况下，合理评估每一种情况也很重要，以确保为同事、马主（马工/饲养员）、马和检查者提供最大限度的安全。观察马的表情可帮助评估站立位置的安全，以及如何鼓励它们做出想要的反应。接近马进行检查时应用最少的约束和尽可能少的压力从其身上获得预期的效果。

接近马时禁止从马的后躯方向靠近，以防被马踢伤，要从前面或侧面接近，但应防止马后躯的"急转弯"踢人的动作，然后抚摸颈部，右手从颈侧逐渐向胸侧抚摸，待马安静下来后，再进行胸部、腹部或其他部位的检查。牵马时不应站在马的正前方或后面。当你在马的后端工作时，最安全的措施是靠近马。

1.接近头部

对马匹要防其啃咬、蒙头及打巴掌（用前肢刨人）。因此，接近时一般从左前方开始，并给以温和的呼声，使其对接近的检查者不致产生不安、逃跑或攻击行为；然后一手抓住笼头或口勒，一手抚摸其颈部，以示安慰（图1-6、图1-7）。

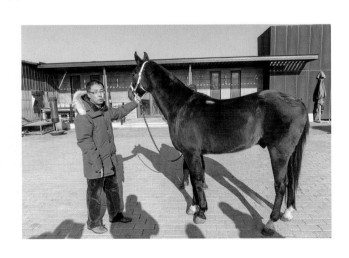

图1-6　接近头部1

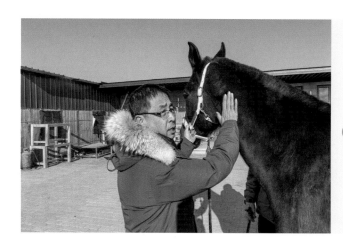

图1-7 接近头部2

2.接近前躯

术者以丁字步姿势站立于患马肩侧，面向马体，一手按于其鬐甲或抓握鬃毛，一手抚摸其胸背（图1-8、图1-9）。

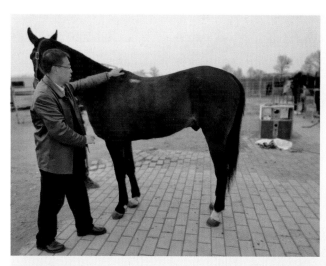

图1-8 接近前躯1

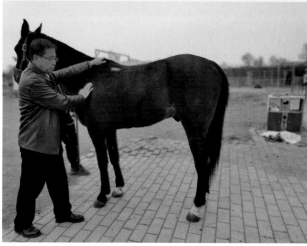

图1-9 接近前躯2

3.接近后躯

一般先接近前躯，再面向马体后部。以侧身步姿势站立于其胸腹侧，一手推按其髋结节外角作为支点，一手抚摸其臀股部以做检查或施术（图1-10）。

总之，在接近马匹时，无论接近任何部位，均须小心谨慎、态度温和，同时给予患马温和的吆喝，动作要稳健敏捷。一手必须按在马体的适当部位作为支点，以防范患马的骚闹和攻击，另一手进行诊治操作。对个别患马，若用此法仍不能接近时，可大声喝斥，也可双手在马体适当部位寻找支点（图1-11、图1-12），或施以必要的保定措施，在其安静后。再行诊疗等操作。

图1-10　接近后躯

图1-11　体侧支点1

图1-12　体侧支点2

13

二、马匹的保定

保定是马临床检查技术中最基本、最重要的一项基本功。在临床实践中为了人畜的安全和便于诊疗，有时要对患马进行必要的强制性措施，这就需要各种各样目的明确的保定方法。

（一）头部保定法

马属动物头颈活动灵活，自卫能力较强，妥善保定头部是一切保定方法的基础，也是各种诊疗操作顺利实施的前提条件。在保定时，首先应慢慢友好地接近马。笼头和缰绳是兽医最常用和最有效控制、保定马匹的装置，通常能控制马头的方向和动量。

1.临时笼头

先在绳索一端挽系一个小绳环，搭在患马颈上部，把绳索长头双折，并把双折圈穿过由颈下拉回的小绳环，又形成一个大绳环，将大绳环套在患马嘴上，抽紧游离端即可。松解时只需把嘴上的绳环脱下即可全部解脱，但这种系法只适于临时应用，不能用作长时间的拴系（图1-13～图1-16）。

取一长绳，约5～7米，一端用"拴马结"固定在患马颈上部，再在绳上扭个圈箍，套在患马嘴巴上，抽紧游离端，临时笼头即成。这种笼头只能用于临时牵拉或保定，不能用于拴系。如需较长时间的拴系，可用缰绳再扭一个圈箍套在嘴巴上，使前后两个圈形成"猪蹄扣"，再把第二次套在嘴上的绳环拉松，并由上而下通过第一个绳环，套在患马两耳后，抽紧游离端即成（图1-17～图1-21）。

2.徒手拧耳法

操作时，术者应站在患马颈项一侧，两手紧握其耳，用力拧紧，患马就会安静。如患马性情暴烈或需要保定较长时间，可先备一块核桃大小的石子或瓦砾，塞于患马耳壳内再用力拧紧。此法既便于用力，又不易滑脱，且保定更为确实（图1-22～图1-27）。

图1-13 临时笼头1

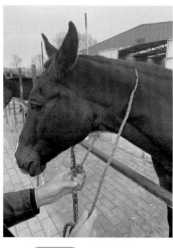
图1-14 临时笼头2

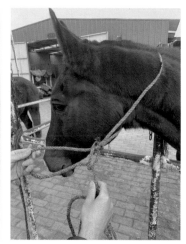
图1-15 临时笼头3

图1-16　临时笼头4

图1-17　临时笼头5

图1-18　临时笼头6

图1-19　临时笼头7

图1-20　临时笼头8

图1-21　临时笼头9

图1-22　徒手拧耳法1

图1-23　徒手拧耳法2

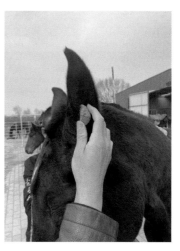

图1-24　徒手拧耳法3

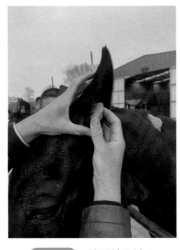

图1-25 徒手拧耳法4   图1-26 徒手拧耳法5   图1-27 徒手拧耳法6

3.鼻夹子法

鼻夹子由直径1.0厘米、长30厘米的两根铁棒构成，一端用轴连接，另一端的一侧拴系一条50～60厘米长的细绳。使用时，左手先抓住马的上唇，右手将鼻夹子夹住上唇，握紧手柄即可。如需要长时间保定，则可用细绳缠绕固定（图1-28）。

4.鼻捻子法

操作时，马主协助固定马头，术者右手握住笼头侧环以控制马头，左手五指伸直呈喇叭状，拇、食、中、无名指伸入鼻捻子绳圈内，小指置于绳圈之外，或将食指置于绳圈之外，其余四指置于绳圈内，以防绳套下滑至腕部。然后将左手放在马前额，边抚摸边向下滑动，当手移至鼻端时，迅速抓住马上唇，当五指用力捏握而弯曲时，绳圈顺利脱离手指，套住马的上唇，右手迅速用力将鼻捻子手柄拧紧即可。

鼻捻子保定会使马处于一种放松的状态，让他们有充足的时间来完成短时间的检查及临床操作，操作时应注意，切勿将鼻捻子细圈套在手腕上，否则会影响操作的顺利进行。在此原则下，鼻捻子还可在下唇、耳根等处实施操作，同样可起到保定作用（图1-29～图1-39）。

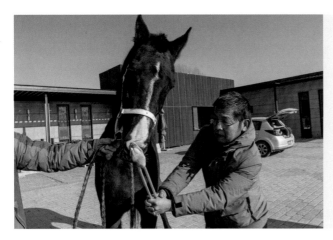

图1-28 鼻夹子法

图1-29　鼻捻子法1

图1-30　鼻捻子法2

图1-31　鼻捻子法3

图1-32　鼻捻子法4

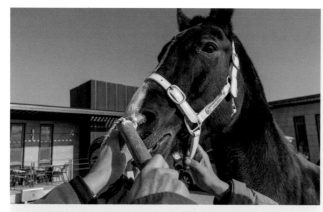

图1-33　鼻捻子法5

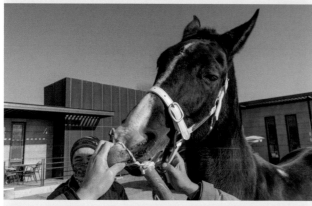

图1-34　鼻捻子法6

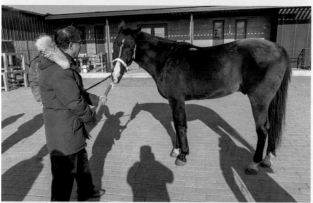

图1-35　鼻捻子法7

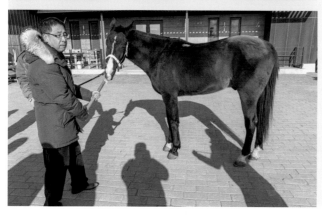

图1-36　鼻捻子法8

图1-37 鼻捻子法9 　　图1-38 鼻捻子法10 　　图1-39 鼻捻子法11

5.本缰代鼻捻子法

本法是用患马自身的缰绳勒其上唇，起到与鼻捻子相同的保定效果，使用方便。在患马拒绝靠近桩柱、诊疗室、保定栏时使用本法，可扩大牵拉效果。对未经驯服的马匹应用本法保定较为适宜。已经驯服的马匹应用本法，因其较为听从牵拉指挥，鼻勒绳圈容易松脱，使用时需将拉缰的手紧贴绳圈，以防止脱落。特别需要注意的是应用本法只能向前拉（图1-40～图1-42）。

图1-40 本缰代鼻捻子法1

图1-41 本缰代鼻捻子法2

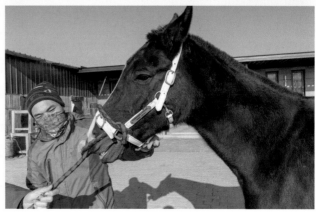

图1-42　本缰代鼻捻子法3

如缰绳粗硬，不能使用，可取适宜的细绳一条，用活结系在笼头的下颌革或马的门鬃上，即可进行操作（图1-43）。

图1-43　本缰代鼻捻子法4

6.绊马索低头保定法

针马三江、太阳等穴位时，为保证其出血量，针时多用本法迫使患马低头。操作时，先将缰绳游离端由左向右绕过两前肢后部再折向前，穿过笼头下颌革再向后至两前肢间，绕过横于两前肢后部的横绳后再向前用力拉紧，即可迫使患马低头。若患马挣扎反抗，则更宜将缰绳拉紧，结果使头与两前肢紧紧捆在一起（图1-44～图1-49）。

图1-44　绊马索低头保定法1

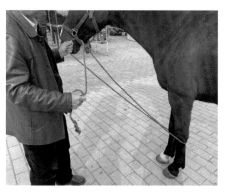

图1-45　绊马索低头保定法2

图1-46　绊马索低头
保定法3

图1-47　绊马索低头
保定法4

图1-48　绊马索低头保定法5

图1-49　绊马索低头保定法6

（二）前后肢保定法

"绑头为防咬，捆蹄以防踢"。对肢蹄进行适当保定，防止踢蹴，以便于诊疗并能避免对术者的伤害。对肢蹄的提举、转位，一定要顺应关节屈曲的自然方向进行，避免扭伤关节。

1.前肢徒手提举法

提举马匹的左（右）前肢时，术者应站在马的左（右）侧，面向马的后躯，左（右）手扶住马的鬐甲，右（左）手从肩到肘向下抚摸至掌部，扶鬐甲的手（肩）将马体推（靠）向对侧，使马体重心向对侧移动，右（左）手用力向上同时呼令"抬"，即可将左（右）前肢提起，然后两手握抱前肢系部即可。

有些马匹会用后蹄前踢，为防止万一，运用推、呼、踢、勾等动作使马的前肢提起，更为安全（图1-50、图1-51）。

图1-50　前肢徒手提举法1

图1-51　前肢徒手提举法2

2.打拐腿

取60～80厘米长的绳索一条，两端相接系成绳环，用前肢徒手提举法提起前肢并使其充分屈曲后，将绳环套在肘曲与系背侧，该肢则被屈曲固定。本法操作简单，结解方便。在无其他保定器械的情况下，可用本法保定，借助其维持平衡的需要而减轻骚动，极其适用（图1-52～图1-55）。

图1-52　打拐腿1

图1-53　打拐腿2

图1-54 打拐腿3

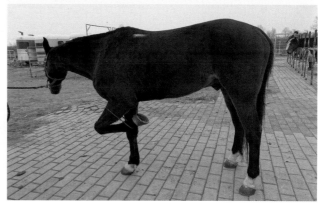

图1-55 打拐腿4

3.后肢徒手提举法

术者面向马体后方，由马鬐甲部逐渐靠近后肢，一手扶住髋结节外角作支点，并将马尾按在手中，以免马尾甩动对人造成伤害。另一手沿后肢由上至下抚摸直至后肢跗部或系部握紧。此时作支点的手向对侧推移马体，使重心偏移，同时口中呼令"抬"。紧握系部的手用力向后上方提举，当后肢离开地面后，术者立即把近马侧的腿前跨一步并屈膝，用腿弓托起后肢，一手握住被提肢的跗部，一手迅速用其马尾缠绕被提后肢的系部，随即两手固定之。值得注意的是术者两手紧握被提后肢系部时，上身要挺直并紧靠马体，腿要保持弓步姿势。解除保定时需先向对侧推动马体后再放开后肢系部（图1-56～图1-59）。

图1-56 后肢徒手提举法1

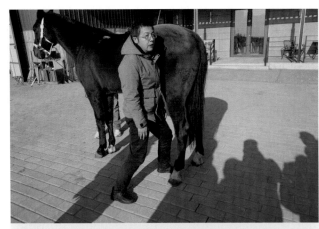

图1-57　后肢徒手提举法2

图1-58　后肢徒手提举法3

图1-59　后肢徒手提举法4

4.后肢前举法

针刺肾堂穴或施行直肠检查时，为限制患马踢蹦，常用本法保定。取4～6米长的绳索一条，一端以拴马结系于颈基部，另一端向后从两后肢间通过，由内向外绕过被提举后肢的系部，折向前绕腹下绳索，向前至颈侧，穿过颈基部的绳圈后拉紧，后肢即向前提举，当其达到诊疗需求后，便可在颈基部绳圈上打活结（图1-60～图1-65）。

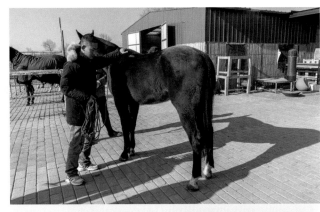

图1-60   后肢前举法1

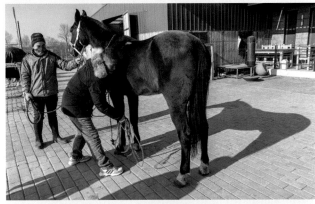

图1-61   后肢前举法2

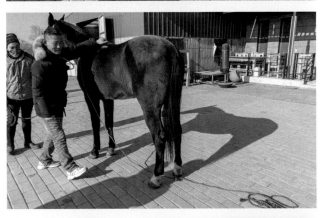

图1-62   后肢前举法3

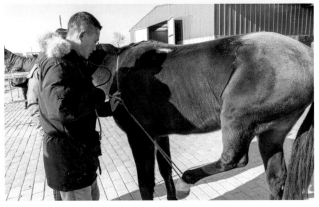

图1-63   后肢前举法4

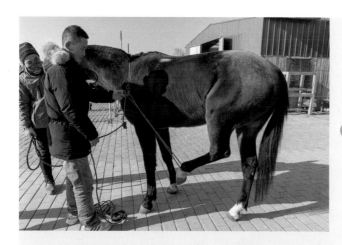

图1-64　后肢前举法5

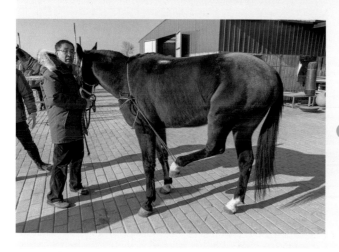

图1-65　后肢前举法6

5.配种式台马保定法

配种时，尤其是异种杂交，当公马爬跨母马时，母马因受惊而踢蹴公马。用本法保定可防止踢伤公马，母马站立自如，不受限制。取6～7米长的绳索一条，术者站于母马左侧，把绳的一端绕母马颈基部打一活结固定，再把绳结从颈背侧移至右侧，游离端双折，由前向后穿过颈部绳圈，于母马背部形成一个大的绳圈，将此圈继续扩大，向后移至股部，拉紧绳圈，并打结固定在颈基部的绳圈上，游离端由母马右侧与尾毛相结。

也可参照图1-66～图1-73（杨英示范）或图1-74～图1-81（王志示范）操作：

图1-66　配种式台马保定法1

图1-67　配种式台马保定法2

图1-68　配种式台马保定法3

图1-69　配种式台马保定法4

图1-70　配种式台马保定法5

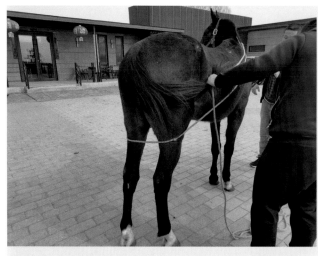

图1-71 配种式台马保定法6

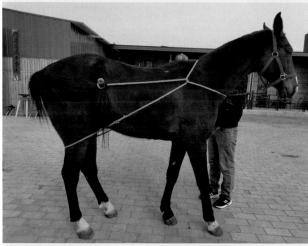

图1-72 配种式台马保定法7

图1-73 配种式台马保定法8

图1-74　配种式台马保定法9

图1-75　配种式台马保定法10

图1-76　配种式台马保定法11

图1-77　配种式台马保定法12

图1-78　配种式台马保定法13

图1-79　配种式台马保定法14

图1-80　配种式台马保定法15

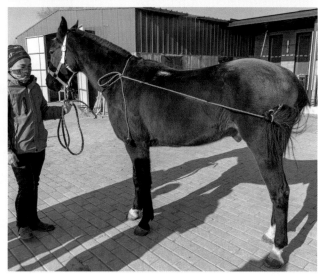

图1-81　配种式台马保定法16

6.三脚绊保定法

本法是管理骑乘马常用的方法。应用本法可限制马的行动，又不影响其饮食。兽医临床诊疗时，为防止肢蹄的攻击性行为也多应用本法保定（图1-82～图1-86）。

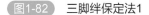
图1-82　三脚绊保定法1

图1-83　三脚绊保定法2

图1-84　三脚绊保定法3

图1-85　三脚绊保定法4

图1-86　三脚绊保定法5

多用皮绳、鬃绳制作，三脚绊法多样：绊两前肢一后肢为正三脚绊，可施针投药；绊两后肢一前肢为倒三脚绊，可用于防踢；绊同侧前后肢为顺腿绊，对于不进诊疗室的患马可防止其"背缰"逃跑（背缰，即患马低头扯缰后退，与牵拉者对抗，并迅速将其臀部朝向牵拉者，牵拉者为不被其踢伤，自然会放开缰绳，患马乘机逃之夭夭）；绊两前肢为跳绊，用于较温顺的患马或有前肢刨人恶习的患马。使用三脚绊时应注意，一定要先绊前肢，再绊后肢。如果先绊后肢，当患马骚动时，后肢拖甩一条三脚绊（俗称"自带鞭子"），非常危险。

简易三脚绊制作：取尼龙绳约4米长（按马的大小取材，直径0.8～1厘米），小木棍（长3厘米，直径1厘米）3节，质地要坚韧，每节中部轻微削出一个1～1.5厘米宽的凹槽。挽结时，绳索两端相结，成一大绳环，在结扣处双折大绳环，形成甲、乙、丙3个绳环，并使甲环长约40厘米，乙环长约50厘米，丙环长约110厘米。用3个环挽系"三叉结"，使绳端结扣恰好位于三叉结的中心；在3个绳环的末端，按"双套双绳别棍结"的挽结法挽系，使每个绳环末端又各形成一长一短的两个小绳环，即成为三脚绊的"绊爪子"。调节绊爪子的大小，使其与患马四肢管部粗细相仿；将爪子长头回折，将3节木棍分别固定在3个绊爪子上，简易三脚绊即成。

（三）柱栏内保定法

为了便于饲养管理，马匹尚要拴系，以限制其活动范围。在拴系时要遵循一定的原则，即拴系牢固的活结，做到易结易解，缰绳留出适当的长度，使马匹舒适、安全。

1.单柱拴马法

即在一根立柱或树干上拴马。正确的方法是，把缰绳拴在略高于马头的立柱上，所留的缰绳长度以马头低下时可至腕关节为宜。如留出的缰绳过短或拴系过高，则会影响其卧地休息；留出的缰绳过长或拴系过低，则会因其来回运动而缠绕肢蹄，若不能自脱，可能发生扭伤、脱臼或骨折。单柱拴马应一柱一马。如需要一柱拴数马时，留出的缰绳则更应短些，以头与鬐甲平齐为宜。如留出的缰绳过长，则可能因相互踢咬而出现彼此缠绕颈项或肢蹄。被缠绕者极力挣脱，其他马匹受惊而后扯，轻者出现扭伤或骨折，重者则被缢而死。甚至出现因众合力，使桩柱折断，众马拖断木惊奔，后果不堪设想。因此，畜牧兽医工作者，尤其是饲养人员，一定要养成正确的拴马习惯，切不可疏忽大意（图1-87～图1-89）。

图1-87　单柱拴马法1

图1-88　单柱拴马法2

图1-89　单柱拴马法3

2.双缰拴马法

本法多用于拴系种马、运动马，或防止患马啃咬、摩擦患部时使用。此时即可将笼头的两侧系于两侧的桩柱上（图1-90、图1-91）。

图1-90　双缰拴马法1

图1-91　双缰拴马法2

3.游缰拴马法

游缰即缰绳可以游走活动。本法拴马舒适安全，马匹可以在一定的范围内自由活动，对病马和种马尤为适用。其方法是在宽广的场地上栽两根立柱或利用两根树干，视场地大小，两柱间距离以10～20米为宜。在两柱的适当高度系一条横绳或粗铁丝，绳上穿铁环，以备拴马之用。由于拴系缰绳的铁环可以在横绳上活动，所以，被拴系的马匹可以沿着横绳自由活动（图1-92、图1-93）。

本法拴马时也可利用横绳的弹性，当马匹卧地时横绳被拉而下弯，缰绳相对变长；当马匹站立时，横绳变平直，使缰绳相对变短。因此，无论马匹卧地还是站立，缰绳保持着相对的紧张状态，而不会出现缠绕肢蹄的现象。

图1-92

游缰拴马法1

图1-93 游缰拴马法2

4.单柱头部固定法

在施行头部诊疗时须将患马头部牢牢固定，便可使用本法。先将患马头颈部紧贴桩柱，缰绳绕柱与患马颈部至对侧后下行，通过马口腔或下颌革后绕柱一周，从头与柱间拉出，抽紧即可。或将绳端上折绕头与柱间横绳一周向前抽紧。必要时可再施加本缰代鼻捻子保定法（图1-94～图1-99）。

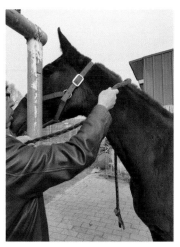

图1-94 单柱头部固定法1

图1-95 单柱头部固定法2

图1-96 单柱头部固定法3

图1-97 单柱头部固定法4

图1-98 单柱头部固定法5

图1-99 单柱头部固定法6

5.二柱栏保定法

本法适用于烈性马的保定,是修蹄、装蹄必备的设备。操作方法有两种,可根据临床具体情况选用。① 需直径均约2.5厘米、长10米的绳索一条、长5米的绳索两条、长2米的绳索一条。操作时,先将马靠近前桩,用长2米的绳索以"响马结"将马颈部固定在前桩上,10米长的绳索一端系环,挂于前桩铁拐钉上,然后用此绳连桩带马围绕前后二柱,环绕2周后以活结固定于铁拐钉上。再把5米长绳索带钩的一端搭在横木上(前绳位于马的肘后部,后绳位于马的膝前部),另一端从马腹下通过,上折与铁钩结挂,用力拉紧,使马悬吊至以蹄尖着地为度,然后将绳端在铁钩处将马体两侧悬绳束捆固定。② 用10米长粗绳两条,2米长短绳一条。先用短绳以"响马结"把马的颈部固定在前柱上,再分别把两条长绳的一端固定在前、后立柱上(固定的位置高低相当于马匹肩关节的高度)。二人分别执前后绳索,前绳由左向后,后绳由右向前,连桩带马一起围绕。后绳停于马左肘部,前绳停于马右胝部,分别将绳双折。双折头约60～90厘米,在横围绳上绕一周后,由马胸、腹下递向对侧,同时把绳的游离端搭在横木上。二人相互递接绳环后,变换体位(一人由左肘部移向左胝部,另一人由右胝部移至右肘部),把接过的绳环绕围绳一周后仅留一小绳环,再将横木上搭过来的绳端穿入绳环拉紧,至患马仅以蹄尖着地为度。然后用绳端束捆吊绳,打结固定(图1-100)。

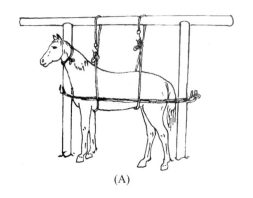

(A)

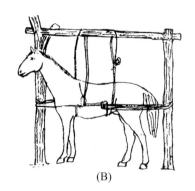

(B)

图1-100 二柱栏保定法(引自《中国动物保定法》)

6.四柱栏保定法

在兽医临床实践中，对于特别暴躁或危险的马来说，柱栏是有用的保定工具，可提供安全措施，以确保兽医人员和马匹的安全。柱栏多种多样，四柱栏最为常见。

（1）固定四拦柱　四柱栏基本结构为4个柱子，用直径8～10厘米的无缝钢管焊接制成图的形状，固定在地面上，前柱上方各向前外方突出并下弯，设有吊环，可供拴缰绳用。柱栏侧栏高度、长度可调。在带马进入柱栏之前，为防止由于马受到惊吓前冲导致兽医工作人员被压在前挡板上，应确保柱栏的前挡板和后挡板敞开。当在马面前关闭前挡板时，马通常会后退，可能危及任何站在柱栏后面的人，应十分注意。柱栏保定的正确步骤如下：① 前挡板和后挡板打开，牵马员（马工）穿过柱栏。② 牵马员在前挡板处停下来。③ 站在柱栏后面的人关上并锁好后挡板，不要直接站在后面，而是站在两侧。保证安全，以防马后退或踢。④ 后挡板固定好后，牵马员应该固定好前挡板（图1-101、图1-102）。

图1-101　四柱栏保定法1

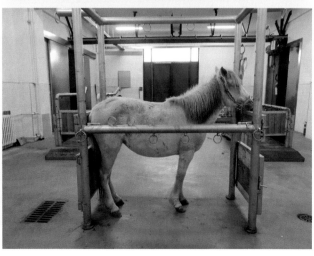

图1-102　四柱栏保定法2

（2）活动四柱栏

活动四柱栏可任意移动位置，或抬放到必要的场所供保定用。立柱不能太高，否则不稳。用无缝钢管制作，栏柱用粗细不同的钢管套成，可调节高度；台板用硬质厚木制成，台板前后设有活动的斜面板，不用时可折起，保定时放平，以利患马进出（图1-103、图1-104）。

图1-103　四柱栏保定法3

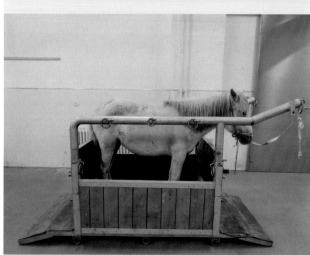

图1-104　四柱栏保定法4

7.六柱栏保定法

其两个门柱可以固定头颈部，两个前柱和两个后柱用以固定体躯和四肢。在同侧前后柱上设有上横梁和下横梁，用以吊胸腹带，门柱横梁及两立柱的适当位置上设有铁环，以供高吊、下低和水平固定马头；前后柱的横梁上设有铁钩和铁环，供固定或高吊体躯时拴系绳索。保定时，先将六柱栏的胸带装好，马由后方牵入栏内，立即装上尾带，并将其绳拴系在门柱上。为防止其头部左右摆动，可用双缰拴系于两侧门柱上；为防止其跳跃，可用一条扁绳作项带，压于马的鬐甲前方，两端分别固定在两侧的横梁上；为防止其卧下，可使用腹带吊起。六柱栏样式很多，各地区患马的种类及个体大小不同，其规格和尺寸可灵活掌握（图1-105、图1-106）。

图1-105　六柱栏保定法1

图1-106　六柱栏保定法2

（四）倒卧保定法

1.双抽筋倒马法

本法因其迫使马匹在倒卧之前呈犬坐姿势，故又有"观音倒坐"的称谓。此法安全可靠，加之双套双绳别棍结的应用，容易松解而成为临床兽医工作者最常用的倒马法之一。只是该法需多人协同配合方可顺利完成操作（图1-107～图1-116）。

图1-107　双抽筋倒马法1

图1-108　双抽筋倒马法2

图1-109　双抽筋倒马法3

图1-110　双抽筋倒马法4

图1-111　双抽筋倒马法5

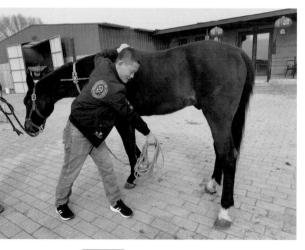

图1-112　双抽筋倒马法6

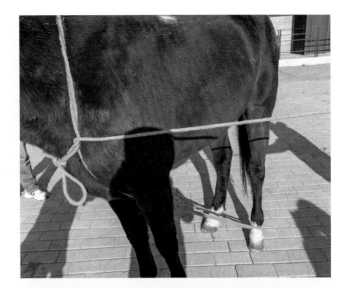

图1-113 双抽筋倒马法7

图1-114 双抽筋倒马法8

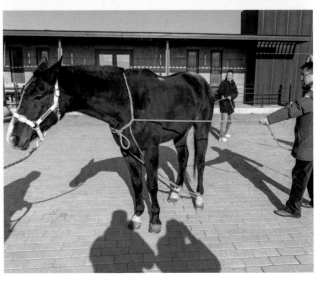

图1-115 双抽筋倒马法9

图1-116　双抽筋倒马法10

（1）取10～12米长绳一条，在绳的中部挽"双套结"，要求双套一长一短。

（2）术者站于倒卧对侧，马的颈中部，将长绳套由马颈下伸向倒卧侧，上引，由颈背侧拉回，使两绳套恰好位于倒卧对侧颈中部，以别棍结固定。要求颈部绳套松紧适当以免影响呼吸和操作。

（3）将绳索的两个游离端同时向后经前肢间、胸腹下向后引由后肢间穿出，分别向外绕后肢系部后再绕同侧腹下绳索一周，向前分别穿过同侧颈绳，再向后引，执绳的术者和助手分别站于马的股后两侧。

（4）牵拉倒卧侧后肢的执绳者与术者先后协同向后用力拉绳拉缰者站在马倒卧对侧拉缰，使马头回向倒卧对侧，在多人向后拉力的作用下，马体的重心后移，失去平衡而以犬坐式侧倒。执缰要短，在马倾倒的瞬间，上提并迅速摆正马头，尽力使其头颈前伸并向背侧用力，放好衬垫后，将马头牢固按压保定在衬垫上。控制倒卧方向的关键在于：① 执缰者把马头折向倒卧对侧；② 牵拉倒卧侧后肢的执绳者先用力。只要默契配合，可准确倒向预定的场地。

（5）倒卧后，执绳者用力拉紧绳索游离端，使两后蹄尖接近前肢肘部，再将两绳各向外扭成小绳圈，分别套在同侧后肢的系部。

将倒卧上侧的绳端盘结在颈部的别棍上；下侧绳上引，绕两后肢跗部至背侧，由臀后拉压至马身下，再绕两跗部，上引至背侧，交给助手执绳即可。或将绳端挽结固定于蹄部的绳索上。如为公马去势，倒卧后，将上侧绳拉紧，盘结在颈部别棍上；下侧绳拉紧至背侧绕向腹，再绕上侧后肢系部一周，拉紧或挽结猪蹄扣固定。游离端双折，双折圈由内向外绕上侧后肢跗关节，分别套在跟结节上下，绳的游离端穿入双折圈拉紧，上侧后肢被提起，睾丸充分暴露以利于施术。

2.三肢靠拢倒马法

（1）取4～5米长的绳索一条，在绳的一端挽结一个小绳圈，然后按图1-117～图1-119（视频1-1）的挽系方法固定两前肢，将游离端双折形成的大绳圈后引套在倒卧侧后肢系部，拉紧绳端时，马体失去平衡而倒地。倒卧后，继续拉紧绳端使三肢充分靠

视频1-1

三肢靠拢倒马法

图1-117　三肢靠拢倒马法1

图1-118　三肢靠拢倒马法2

图1-119　三肢靠拢倒马法3

拢后，用靠近蹄部的绳段套绕三肢交叉处2～3圈，交助手掌握，切勿打结。松解时，先摘除套在蹄部的绳圈，再将倒卧侧后肢摘出即全部松解。

本法结解都很方便，但操作时应注意：① 固定前肢的绳索一定要"8"字式，前肢的保定才能确实；② 在用大绳圈套后肢的过程中，一手应始终拉紧前肢"8"字缠绕处的绳索，否则会出现固定前肢的绳圈变大，影响前肢的确实固定。

（2）先将绳的一端固定在前肢系部，然后再绕另一前肢系部，拉紧绳端，迫使两前肢靠拢，然后双折绳端，套住倒卧侧后肢系部，绳游离端由两前肢间前引，经倒卧对侧颈基部上引，经鬐甲部折向倒卧侧，紧拉绳端迫使马三肢靠拢而倒地。牵固定头部的助手要密切配合。

3.头尾靠拢倒马法

临床常遇到特别烈性的马，如群马中未经驯服的种公马等，应用其他方法难以顺利进行操作，可选择本法（图1-120～图1-123，视频1-2）。

视频1-2
头尾靠拢倒马法

图1-120　头尾靠拢倒马法1

图1-121 头尾靠拢倒马法2

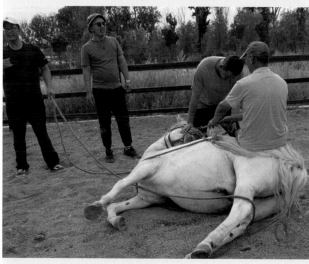

图1-122 头尾靠拢倒马法3

图1-123 头尾靠拢倒马法4

先将马的缰绳延长至5米左右，助手固定马头，必要时施加鼻捻子。操作者站于倒卧对侧，拉住马尾毛打一外科结，分开结上方尾毛，将缰绳游离端穿过。此时操作者用力拉紧缰绳并将马头向后用力折转，使马头尾尽量接近。助手松开马头，协助操作者拉紧缰绳，并尽量将缰绳放低，马即向倒卧对侧旋转，放低的缰绳正好绊住倒卧侧后肢系部，马即倒卧。如因缰绳过短不能绊脚或因马极力保持平衡，张开四肢而不倒时，助手速至倒卧侧，按本缰倒马法要领，用力牵拉头部并下压背部，迫其倒卧。倒卧后勿使缰绳松缓，马即因头尾相吻而失去挣扎能力，可速施诊治或按临床诊治要求捆绑四肢，牢固固定。

上述每种方法都有其不同的技巧内涵。理解其内涵，掌握其技巧，则可顺利倒马，保证人马安全而不会发生意外。其中有几个技巧问题是倒马操作的关键，也是倒马方法中具有共性的问题。提醒施法操作者注意：

（1）牵马人的职责和操作要领　在倒马过程中，牵马人是非常重要的角色，其职责有三：

① 控制安慰马匹，使其安静，防止逃脱。为此，牵马人必须短拉缰绳（可直接握住笼头侧革），站立于马头一侧，不断搔挠其头颈和眼区（挠眼区可遮掩其视线，尽量不让其看见操作者的操作过程，以免受惊吓而骚动），并以温和的声音安慰之，同时必须高度警惕，执握笼头要有力，不允许马回头，以免咬人。一旦骚闹，要下压头部，以避免其竖立而用前蹄刨人。

② 配合倒马者顺利地将马按预定方位放倒。为此，倒马前首先要明确倒马的方法，才能有目的地配合操作。牵马人要注意观察术者的行动，在术者拉压用力倒马之际，把马头用力回折，有助于马体重心移向倒卧侧，失去平衡而倾倒。

③ 保护马头，防止摔伤和磨损皮肤。为了辅助倒马，牵马人不但要拉推马头，还要放松缰绳。此处特别要注意，马一旦倾倒，牵马人必须在迅速摆正马头的同时，把马头向前、向颈背方向拉伸提举，勿使马头着地，不但可保护马头，还能阻止其起立。实践证明，倒卧后的马匹，当其挣扎试图起立时，牵马人紧拉缰绳，保持马头颈直伸，头向后仰的姿势，即可防止倒卧后的马匹起立。为防止磨损头皮，可多备衬垫物。保定头部的关键是牢固。尽管马匹安静地躺卧，也要提高警惕，专心致志，以防其一旦受到手术的刺激而突然挣扎或摔头。若失去控制，不但会磨损皮肤，还有可能发生脑震荡等意外事故。

（2）术者套提倒卧后肢的技巧　大多数倒马法中术者是站立在倒卧对侧用绳子套提倒卧侧后肢的。实践证明，此举难度较大，有时将绳的游离端从两后肢间穿出，自助手牵握，并向外绕倒卧侧后肢系部，再向前由马腹下拉向倒卧对侧，因马匹受牵拉套绕时绳索的碰撞，仅轻轻提腿或后躯稍加移动，即会前功尽弃而须从头再做（反复的次数越多，马匹越不老实）。若术者此时将胸腹绳段扭个绳圈，直接套扣倒卧侧后肢，可免抽拉操作长绳之苦，且省时省力，容易成功。直接套扣成功的关键有二：一是倒马所用绳索不宜太柔软，以质地稍硬、半旧的麻绳或尼龙绳为宜，扭成绳圈不易自动闭合，非常应手。二是术者手持绳圈甩向倒卧侧后肢外侧后，顺便用近马侧的肩头推扛马体一下，马匹为保持自身的平衡，必须将后肢叉开，这一叉腿，正好将倒卧侧后肢踏入绳圈，术者顺势收绳，则将其套住提起。此时术者一定要牢固提绳，背靠马体，可随其搔挠移动体位，提肢的手继续收提。将其提举越充分，则越无反抗的能力。

（3）转移体位后迫使马匹倾倒的技巧　首先应将马倒卧后肢充分提伸到腹下，手提绳端搭压于马背时，顺势由马股后转移至倒卧侧背腰部，两手尽量收紧绳端，两肘屈曲，臂肘都置于马腰背。在用力拉绳时，蹲腰屈腿，借术者体重下压之力使马体失去平衡。操作切忌慌忙，用力之前可示意牵马人配合，要稳中求快，才能得心应手。

（4）倒卧后套绕固定上侧后肢的关键　在于术者与马体间的体位，如术者站于马背侧，因上侧后肢游离，可前后甩踢，摆动有力，不易控制。正确的体位是骑夹住马的臀部，把大腿抵于马上侧后肢股部，前拉倒卧侧后肢，收紧绳端的同时，上侧后肢则被术者的腿推举到上侧前肢肘部，可从容地用绳端将其固定。

（5）倒卧后捆绑四肢的方法　倒马用绳一般较长，捆绑肢蹄时，将靠近肢体的绳段双折，用双折的绳圈扣套肢体至确实固定或交助手牵拉。松解时，只需将绳放松，摘脱绳圈即可。

第二节　马临床检查的顺序及内容

一、西兽医临床检查的基本方法、顺序、内容

兽医临床工作的基本任务，首先是认识疾病，即对疾病进行正确的诊断。采用系统的检查方法全面地对马进行临床检查可以判定疾病的确切性质和监测疾病的进展，因此在临床上极为重要。临床兽医必须了解成年马和马驹的正常表现，以准确识别和优先处理异常表现。检查者可以根据与之相关的身体系统对异常进行分类，从而对潜在的疾病过程提供重要的信息。临床检查的基本方法也叫基本检查法，是指通过检查者的眼、耳、手、脑等感觉器官，直接对病畜进行观察和检查的方法，主要包括问诊、视诊、触诊、叩诊、听诊，其优点是简单、实用、方便易行。

（一）临床基本检查方法

1.问诊

问诊又称病史调查，是以询问的方式，向有关人员（马主、饲养管理人员）调查了解马发病前后的经过和表现，是诊断疾病的一个重要环节。通过问诊对查找或发现病因，确定疾病的性质有所帮助，同时可为进一步检查提供线索。问诊的主要内容包括现病史、既往史和生活史三部分。

（1）现病史　即本次发病的情况与经过。其中应重点了解以下内容：

① 发病的时间和地点：如役后饮大量冷水就开始起卧易发生肠痉挛或冬季长时间休息后突然运动表现横纹肌溶解症。

② 发病前后的主要表现：如食欲、排粪排尿、呼吸以及其他异常行为表现等。

③ 疾病的经过：例如，目前与开始发病时疾病是减轻了还是加重了；又出现了什么新

的症状或原有的什么现象消失了；是否经过治疗，用的什么方法和药物，效果如何等。

（2）既往史　即过去病史或过去患病的情况，这些内容对现病与过去疾病的关系，以及对传染病和地方病的分析上都有很重要的实际意义。

（3）生活史　即对平时的饲养管理、运动及用途的了解，了解这些内容主要是从中查找上述情况的变化与发病的关系。

2. 视诊

视诊是用肉眼直接地或借助器械间接地对病畜的整体状态或局部的某些部位进行观察，从中发现各种临床表现，为进一步诊断提供线索和依据。视诊是接触病畜，进行客观检查的第一个步骤。通过视诊往往可以获得有价值的材料，某些疾病如破伤风、跛行等，通过视诊可作出初步诊断。包括以下几方面。

① 观察整体状态：如体格的大小、体质的强弱、发育程度、营养状况、精神状态、躯体的结构。

② 观察姿势与运动、行为：如站立、卧地的姿势，运动时的步态是否异常，有无腹痛不安等病理性行为表现等。

③ 观察表被组织有无病变：如被毛状态、皮肤及黏膜的色彩变化，体表有无创伤、脓肿。

④ 观察某些与外界相通的体腔：如口腔、鼻腔、咽喉、阴道、肛门等的色彩变化，以及其完整性是否受到破坏，并确定其分泌物、排泄物的数量、性状及其混合物的情况。

⑤ 观察某些生理活动有无异常：如呼吸动作、采食、咀嚼、吞咽、排粪、排尿有无异常，有无喘息、咳嗽、腹泻，粪便、尿液的数量、性状及其混合物的情况。

3. 触诊

触诊是检查者用手（手指、手掌、手背、拳头）的感觉对病畜进行检查的一种方法。触诊的应用范围主要包括以下几个方面：

① 检查动物的体表状态，如判断皮肤的温热、干湿；皮肤与皮下组织的质地、弹性及硬度；表在淋巴结及局部病变的位置、大小、形状、内容物性状、移动性、敏感性等。

② 检查某些组织器官，感知其生理性或病理性的冲动，如心搏动检查、脉搏检查。

③ 通过直肠进行内部触诊（直肠检查），对后部腹腔器官与盆腔器官的疾病诊断十分重要，特别在腹痛、产科疾病和妊娠的诊断具有特殊意义。

④ 触诊也可以作为对动物机体某一部位的一种机械刺激，根据动物对刺激所表现的反应，判断其感受性和敏感性。例如检查胸、腹壁，网胃或肾区的疼痛反应，神经系统的感觉、反射功能等。

4. 叩诊

叩诊是根据叩击动物体表所产生的音响性质去推断被检组织器官有无病理变化的一种检查方法。叩诊方法有直接叩诊和间接叩诊法两种。

① 直接叩诊法：用手指或叩诊槌直接向动物体表的一定部位叩击的方法。

② 间接叩诊：又分为指指叩诊法和槌板叩诊法。前者是以一只手的手指紧贴被检部位，另一只手的中指向紧贴被检部位的手指上垂直叩击，多用于人医和小动物。后者是用

叩诊板紧贴被检部位，用叩诊锤在叩诊板上叩击，兽医临床上常用。

叩诊的应用范围很广，几乎所有的胸、腹腔器官都可作为叩诊检查的对象，兽医临床上主要用于心、肺及胸腔的病变，也用以检查肝的大小、位置以及靠近腹壁的较大肠管的内容物状态。

5.听诊

听诊是直接用耳或间接地用听诊器在体表听取体内运动性器官在生理或病理情况下自然发生的音响，根据音响的性质推断被检内在器官的状态和病理变化的一种检查方法。在马兽医临床上，听诊应用于以下几方面。

① 心血管系统：听取心脏和大血管的声音，尤其是心音。判断心音的频率、强度、性质、节律以及病理性心音，如心杂音、心包摩擦音、心包拍水音等。

② 呼吸系统：听取气管、支气管和肺泡的呼吸音，同时还要听取病理性呼吸音，如干、湿啰音以及胸膜的病理性声音，如胸膜摩擦音。

③ 消化系统：听取胃肠蠕动音，判断其频率、强度及性质，同时还听取腹腔的振荡音（腹水）。

（二）临床基本检查内容

1.整体状态的观察

观察马的整体状态，是进行临床检查的第一步，应着重观察精神、姿势、体态、运动与行为的变化和异常表现，判定其体格、发育、营养等。包括远距离观察和近距离观察，临床上主要以近距离观察为主，近距离观察又包括静态观察和动态观察。

（1）近距离静态观察　检查顺序先从里手边（马的左侧前方）开始，依次对头部、颈部、前肢、躯干部、后肢、尾部进行观察，观察每个部位的同时，从背侧向腹侧（近端向远端）进行检查，在到达正后方时停留几秒钟，观察腹部的对称性及肛门周围的粪便污染情况，然后按照相反的次序依次对尾部、后肢、躯干部、前肢、颈部的检查，在到达正前方时同样停留几秒钟，观察颜面部及呼吸对称性。一般距离马1～2米远。值得注意的是在进行检查的过程中避免检查人员和马匹受到额外的损伤。

（2）近距离动态观察　在无缰绳和保定的情况下，让马工（饲养员）及助手在放牧场移动马匹，观察其共济失调、蹒跚、拖曳脚趾或其他等步态异常或视力障碍。牵行马匹先在硬地直线行走，然后快步、原地打圈评估运动异常（见跛行诊断）。具体检查的内容包括：

① 体格、发育：体格、发育状况一般可根据骨骼与肌肉的发育程度来确定，也可用测量器械测定其体高、体长、体重、胸围等数值来判断。

健康马匹体格发育良好，体躯高大、结构匀称、肌肉结实、体格健壮，给人以强壮有力的印象。强壮的体格，不仅生产性能良好，而且对疾病的抵抗力也强。

发育不良的病畜，多表现体躯矮小，发育程度与年龄不相称，体躯结构不匀称，如头大颈短、关节粗大、肢体弯曲等，特别是幼畜阶段，常呈发育迟缓或发育停滞。发育不良多提示营养不良或慢性消耗性疾病（如慢性传染病、寄生虫病或长期的消化扰乱）。

② 营养程度：营养程度标志着机体物质代谢的总趋势。一般通过肌肉的丰满程度、皮下脂肪的蓄积量、被毛的状态和光泽而判定。临床常用体尺测量（图1-124）和体况评分来评估马的体重和营养状况。

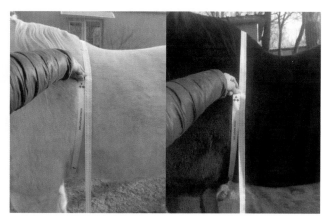

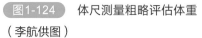

图1-124 体尺测量粗略评估体重
（李航供图）

体况评分（BCS）根据马颈部、肩、背、耆甲、肋骨和臀周围尾体脂的感觉和视觉表现对马的体重进行0～5级评分，0表示极度消瘦，5表示极度肥胖。每个区域所对应的体况评分的外观特征描述见表1-1。理想的体重是BCS在5到6之间，肌肉而不是脂肪覆盖。要确定马的体况评分，用手抚摸每一个部位下面骨头或脂肪。然后将评估结果与马的视觉外观状况匹配给出最后评分。药物剂量和许多治疗方案都是以马的体重为基础的，所以应使用BCS和体尺测量来记录体重。若BCS低于4或高于7，可能需要对马的喂养计划进行分析，包括饲料分析和营养咨询。若马持续增重或减重超过1个月，就应进行全面检查。过度肥胖提示马有患代谢综合征及内分泌性蹄叶炎的风险（图1-125）。

表1-1 马体况评分的外观特征描述

分级	特征描述	
0	整体：极度消瘦；没有肥的组织 颈部：明显的骨骼结构 耆甲：非常明显的骨骼结构 背部：脊突明显 马尾上端：马尾的上端，两边的臀部骨骼突出明显 肋骨：突出明显 肩部：骨骼结构显而易见	

续表

分级	特征描述	
1	整体：消瘦；瘦弱 颈部：骨骼不明显 耆甲：骨骼不明显 背部：有脂肪在脊突上但只是依稀可见；不能感觉有横向凸起 马尾上端：椎骨明显，但是个别不能明显辨别；臀部线条浑圆，但是依稀可见骨骼；臀部不能清楚区分开来 肋骨：轻微脂肪覆盖；个别肋骨依稀可见 肩部：骨骼不明显	
2	全身：中等 颈部：与身体平滑地融合在一起 耆甲：棘突被包围成圆形 背部：背是水平的 尾根：尾根周围覆盖有脂肪，变得松软 肋骨：单独的肋骨可以被感受到，但是不容易区分 肩部：与身体平滑地融合在一起	
3	全身：良好 颈部：脂肪在颈部沉积 耆甲：脂肪在肩隆沉积 背部：背部下方，肩部后方可能有皱褶出现 尾根：尾头周围脂肪柔软 肋骨：个别的肋骨能被感觉到；肋骨之间有明显的脂肪填充 肩部：脂肪在肩部沉积	
4	全身：肥胖；脂肪沉积在臀部 颈部：肩颈明显增厚 耆甲：肩带部充满脂肪 背部：背部下方有皱褶 尾头：尾头脂很柔软 肋骨：很难感觉到个别的肋骨 肩部：肩部后方区域充满脂肪，于身体平齐	
5	全身：极端肥胖；臀部积聚的脂肪可能会摩擦在一起 颈部：脂肪凸出 耆甲：脂肪凸出 背部：背部下方有明显的皱褶 尾头：尾头周围充满脂肪 肋骨：肋骨上出现分布不均匀的脂肪 肩部：脂肪凸出	

图1-125　马过度肥胖，BSC=5分，具有潜在的蹄叶炎风险

消瘦是临床上常见的症状。如果病畜于短期内迅速消瘦多提示患有急性发热性疾病或急性胃肠炎、腹泻；如果逐渐消瘦（图1-126），病程发展缓慢。多提示长期的饲养管理不良、牙齿疾病、消化吸收不良和慢性消耗性疾病，例如慢性传染病、寄生虫病及代谢障碍性疾病。极度消瘦，且伴有贫血状态称为恶病质，出现低蛋白血症及水肿。

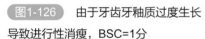

图1-126　由于牙齿牙釉质过度生长导致进行性消瘦，BSC=1分

③ 精神状态与站立姿势：健康的马会抬头，保持警觉，睁大眼睛，放松地观察周围的环境，耳朵会随着环境的变化而动，站立（休息时后肢交换歇蹄）将体重均匀地分布在四条腿上，观察的同时应评估应体表创伤、肿胀、肿块或分泌物。

站立姿势异常或不愿意负重提示可能是由于肌肉、骨骼问题或胃肠道疼痛引起。眼睛睁大，鼻孔扇动，耳朵绷紧表现焦虑或紧张的姿态可能是由于恐惧或疼痛引起。沉郁、嗜睡，对周围环境或刺激毫无反应提示感染或神经系统问题。有明显不受控制或威胁性动作的狂躁可能是由剧烈疼痛（图1-127）和瘙痒（图1-128）、神经异常或狂犬病引起。

④ 表被状态的检查

a. 被毛的检查。健康马的被毛是平顺整洁而富有光泽，不易折断、不易脱落。在病理情况下，被毛蓬乱无光、干枯粗长（马瘦毛长），易脱落，换毛时间推迟，常为营养不良的标志，见于慢性消耗性疾病、长期营养不良及某些代谢病。局部被毛呈点状或成片脱落，应考虑皮肤病或外寄生虫病，如疥癣（螨病）、皮肤真菌病等。马尾根脱毛，并常在物体上摩擦，提示有马蛲虫病（图1-129）。检查被毛还应注意被毛的污染情况，如尾部及两后肢被粪便污染，提示有腹泻；被毛上有泥土污染，提示起卧打滚。

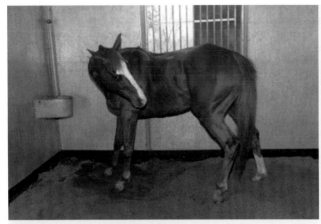

图1-127　急腹症由于疼痛而引起狂躁不安，前肢刨地，回顾腹部

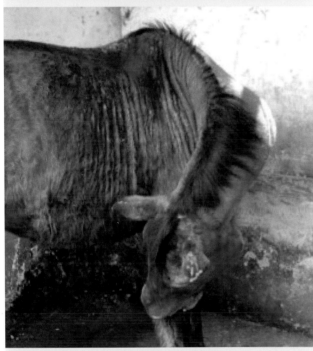

图1-128　继发性皮肤病（脓皮症），由于瘙痒啃咬下肢，狂躁不安

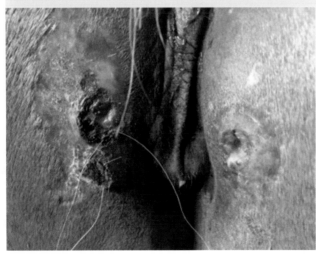

图1-129　马蛲虫病，尾部瘙痒在物体上摩擦导致皮肤破溃

b.皮肤的检查。皮肤检查应进行彻底、全身、仔细和完整的评估，包括皮肤病变类型、皮肤弹性、皮肤局限性肿胀、皮肤创伤。

根据皮肤病变的分布（弥散性、局灶性）、大小和形态分为原发性或继发性病变。原发性病变是由原发病变过程引起，常见以下几种。

a）丘疹：直径＜1厘米，小而实，可触及的隆起；最常见的原因是昆虫叮咬、螨、毛囊感染（细菌性脓皮病、皮肤真菌病）。

b）斑块：直径＞1厘米，丘疹或更宽的突出于皮肤表面的病灶，见于皮肤真菌病（图1-130）。

c）结节：硬而坚实；常见于炎症（细菌、真菌、无菌）或肿瘤（图1-131）。

蜂窝状突起：小的暂时性、局限性或弥散性隆起，水肿，指压留痕，常见于荨麻疹（图1-132、图1-133）。

图1-130　皮肤真菌病，表现皮肤呈鳞状红斑

图1-131　马乳头状瘤皮肤结节

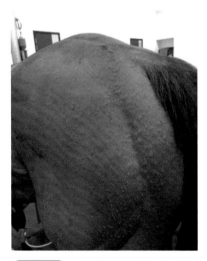

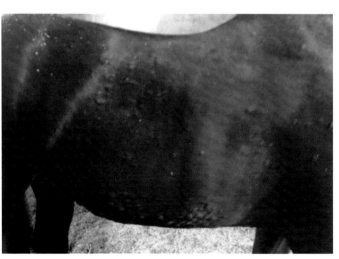

图1-132　注射镇静剂地托咪啶药物过敏导致的荨麻疹（单然供图）

图1-133　荨麻疹表现的水肿性质的皮肤突起

d）脓疱：小而局限的隆起，充满脓性物质；马较为罕见；最常伴发滤泡感染（细菌性脓皮病、皮肤真菌病）。

e）囊泡/大泡：直径小于或大于1厘米，界限清楚，出现升高病变，囊泡/大泡内充满透明液体；在马中很少见，与病毒感染、热或化学损伤有关以及见于一些罕见的疾病，如天疱疮。

f）斑疹/斑：直径小于或大于1厘米，界限清楚、平坦、摸不到、颜色改变的病变；在马中不常见，由色素脱失（如白癜风）（图1-134）、色素沉着（炎症后）、红斑或出血（如紫癜、瘀点）引起。

继发性病变是由使原发疾病复杂化的因素引起（例如自我创伤、继发微生物感染），通常比原发病变更明显。一些病变可能原发，也可能是继发（如脱毛、红斑、结痂）。继发性病变包括如下几个方面。

a）脱毛：呈局灶性、弥散性、斑片状、界限分明（通常原发，见于毛囊疾病，如感染性皮肤病、皮肤真菌病、浅表细菌性脓皮病），或界限不清（通常继发，常见自我创伤）（图1-135）。

b）鳞屑：角质层疏松碎片；油腻、白色、黄色、黏着性、非黏着性；表明表皮细胞更替增加，主要是非特异性炎症反应。

c）红斑：弥散性、局灶性皮肤发红，因血管允血增加所致，非特异性炎症反应。

d）结痂：干燥的渗出物、血清、脓液、血液、皮肤表面的细胞，形成侵蚀和溃疡。

e）多毛：见于马垂体中间部功能障碍（图1-136）。

涉及表皮的损伤包括有以下几个方面。

a）红疹颈圈：周围有鳞片的圆形红斑性病变；通常是脓疱、小疱或大疱顶部的残余。

b）溃疡：部分/全部表皮厚度丧失。

c）抓痕：线状侵蚀或溃疡；通常是由自我创伤引起。

d）黑色素沉积增加：导致色素沉着增加；主要是非特异性慢性炎症反应。

e）苔藓化：皮肤增厚、变硬，表面斑纹夸张；非特异性慢性炎症反应。

f）瘢痕：无弹性，经常萎缩的皮肤区域，正常的真皮结构不同程度地被纤维组织取代。

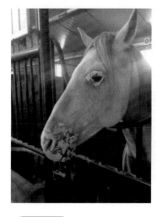

图1-134 白癜风表现的鼻孔周围、眼眶色素丢失

图1-135 浅表细菌性脓皮症表现局灶性脱毛

图1-136 垂体中间部功能障碍表现夏季多毛、腹部呈壶腹状

⑤ 毛细血管再充盈时间（CRT）：毛细血管再充盈时间是血液被直接压出毛细血管后重新充盈所需的时间，可用来评估外周血液灌注情况。评估CRT时将马的上唇翻转，用拇指指肚按压在距牙齿上方2.5～5厘米的齿龈上，按到拇指周围粉红色发白为止，然后取下拇指（图1-137），计算直到发白恢复正常颜色的时间。

正常CRT应少于两秒。年老或脱水的马CRT的时间会延长，热血马CRT的时间会缩短。如果CRT＞3秒，四肢厥冷，提示外周灌注（循环）差，血管收缩严重。

⑥ 皮肤的弹性：健康马匹的皮肤柔软，富有弹性。老龄马匹皮肤弹性减退是正常现象。检查皮肤弹性通常在颈侧、肩前等部位，用手将皮肤捏成皱褶，松手后根据皱褶恢复的速度而判定弹性（图1-138）。松手后皱褶很快恢复原状，表明皮肤弹性良好；若恢复很慢，表明皮肤弹性降低，可见于机体的严重脱水。

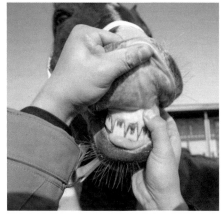

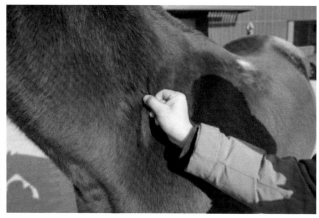

图1-137　毛细血管再充盈时间的评估　　图1-138　皮肤弹性的检查

临床上结合CRT、可视黏膜、皮肤弹性和颈静脉充盈时间（图1-139）来评估马的水合状态。颈静脉充盈时间是指颈静脉在胸腔入口被阻塞后，血流充盈和膨胀所需要的时间。检查充盈时间时，将四根手指按入位于颈根部胸廓入口，并保持不动。颈静脉充盈速度应很快，在几秒钟之内完成，但每匹马也有所不同且会随着天气的变化而变化。炎热的天气、兴奋和运动都会使颈静脉充盈时间缩短。

图1-139　颈静脉充盈时间的检查

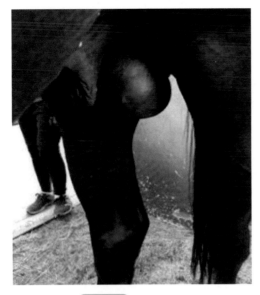

图1-140　阴囊水肿

图1-141　母马妊娠后期腹部皮肤水肿

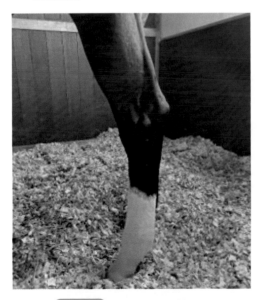

图1-142　马后肢淋巴管炎，
皮肤水肿，指压留痕

正常皮肤弹性≤2秒。老年马皮肤弹性较差，一般为2～3秒。皮肤弹性2～3秒提示3%脱水；皮肤弹性3～5秒提示5%～6%脱水；皮肤弹性大于5秒，提示8%～15%脱水。5%脱水可导致可视黏膜发干、发黏和CRT增加。8%～10%脱水同时伴有可视黏膜发干，CRT增加以及循环代偿的临床体征（即心率增加、脉搏弱、颈静脉充盈缓慢）。12%～15%脱水会伴有循环衰竭和休克的迹象，如脉搏快速、细弱、呼吸数增加，可视黏膜呈砖红色至蓝色。如果所有临床体征和重要参数都不支持脱水，应寻找异常表现的其他原因，如消瘦、年龄、心脏问题。

⑦皮肤及皮下组织肿胀：皮肤及皮下组织的肿胀多为局限性的，可由多种原因引起，检查时应注意肿胀的部位、大小、性质等。临床上常见的有以下几种。

a.水肿：又称浮肿，其特征是局部无热痛反应，触诊呈生面团样，指压留痕（图1-140～图1-142）。

b.皮下气肿：其特征是肿胀边缘界线不明显，触诊由于气泡的移动和破裂，有捻发感。

c.脓肿、血肿、淋巴外渗：共同特点是呈圆形局限性肿胀，触诊有明显的波动感（图1-143），指压不留痕，多发于颈侧、胸腹侧侧或四肢上部，必要时通过穿刺抽取其内容物而区别。多因局部创伤或感染引起。

d.疝（赫尔尼亚）：常见的有腹壁疝（图1-144）、阴囊疝（图1-145）、脐疝（图1-146），是内脏器官从天然孔（脐孔、腹股沟内环口）或病理性破裂孔脱至皮下引起。进行深部触诊，可摸到疝孔（环），还可把脱垂的脏器还纳入腹腔。

e.肿瘤：如触诊坚实感，则可能为骨关节炎新骨形成（图1-147）、肿瘤（图1-148）或肉芽肿（图1-149）。

图1-143 皮下血肿，触诊呈波动感

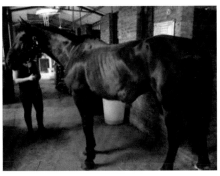

图1-144 外伤性腹壁疝

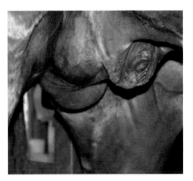

图1-145 腹股沟阴囊疝

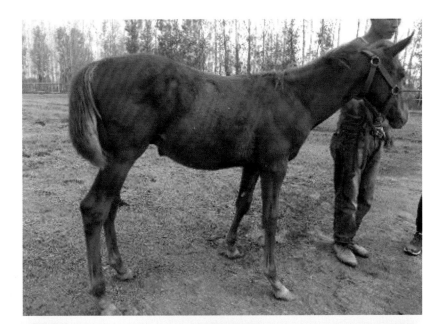

图1-146 脐疝

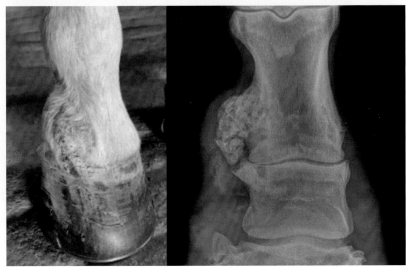

图1-147 右前肢系部外侧局限性肿胀，触诊坚实，后经放射学检查确认骨关节炎新骨形成

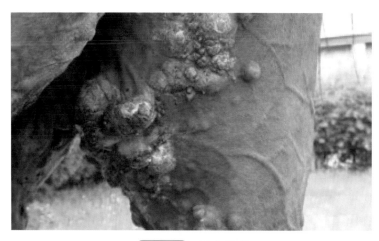

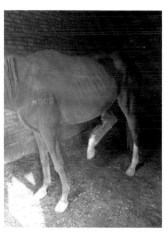

图1-148　马肉状瘤

图1-149　创伤感染后
肉芽肿形成

f.其他：主要见于肘关节（1-150）和跗关节（飞节）黏液囊炎（图1-151）。

⑧ 可视黏膜的检查：可视黏膜是指与外界相通体腔（如口腔、眼、鼻腔、阴道和直肠）的内层，临床上常通过检查齿龈、眼结膜或外阴的内缘来检查，可检查其颜色和湿度。

a.眼结膜检查（图1-152）：拇指和食指放于下、上眼睑中央的边缘处，分别将眼睑向下、上拨开，并向内眼角处稍加压，结膜将充分露出。

b.口腔黏膜检查（图1-153）：轻轻抬起上唇，检查上切齿牙龈的颜色。健康可视黏膜呈均一的浅粉色、湿润。脱水会导致可视黏膜发黏、发干。如果马刚喝水或把嘴浸在水里，黏膜可能会不正常地潮湿，应待几分钟后再检查。

眼结膜的颜色与黏膜下毛细血管中血液数量和性质，以及血液和淋巴液中胆色素的含量多少有关。因此，结膜的颜色变化，除可反映其局部的病变外，还可反映全身血液循环状态和血液成分的情况。病理情况下，眼结膜的颜色变化，可表现为以下几种。

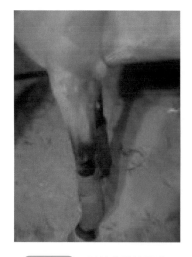

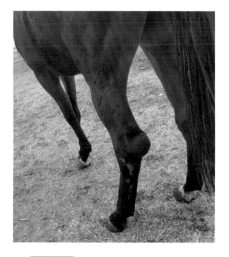

图1-150　肘关节黏液囊炎

图1-151　左后肢飞节黏液囊炎

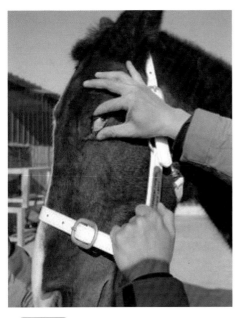

图1-152 眼结膜检查，健康黏膜颜色呈浅粉色

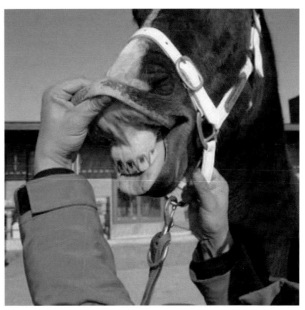

图1-153 口腔黏膜检查

苍白：结膜色淡，甚至呈灰白色，可能与心输出血量减少、失血和贫血有关。值得注意的是，正常的老年马可视黏膜也呈苍白。如于短时间内迅速变苍白，见于大失血性疾病或肝、脾等内脏破裂；若在较长时间逐渐变苍白，见于慢性营养不良或慢性消耗性疾病，例如慢性传染病或寄生虫病。苍白的同时带有不同程度的黄染，提示红细胞大量破坏而造成的溶血性贫血。

潮红：是结膜的毛细血管充血或出血的象征，多为血液循环障碍和心机能障碍的结果。单眼的潮红，可能是眼结膜局部的炎症所致 [图1-154（A）]；双侧均潮红，除多见于眼病外，多是全身血液循环障碍的表现。充血呈红色（血管充盈或出血）[图1-154（B）] 可能是由毒血症（释放细菌毒素进入血液）和败血症（释放细菌进入血液）引起 [图1-154（C）]。随着血液浓缩（脱水）、内毒素释放和休克，牙龈会变得鲜红。从鲜红色到砖红色

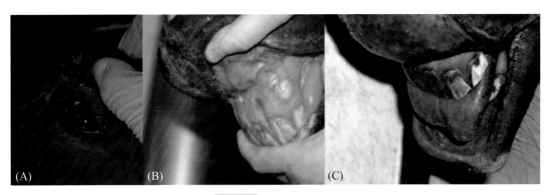

图1-154 可视黏膜潮红

（A）—眼结膜；（B）—口腔黏膜；（C）—毒血症，口腔黏膜潮红

的进一步变化表明情况的恶化。如果这种情况发生在急腹症发作期间，则表明需要手术的可能性增加。若从砖红色变成蓝紫色，提示循环系统严重受损，大大降低其预后。

发绀：指结膜呈蓝紫色，由于血液中还原血红蛋白增多或形成大量变性血红蛋白引起血氧减少所致。主要见于高度呼吸困难性疾病（如肺炎、肺气肿等）、循环障碍性疾病（如心衰、胃肠臌气等）。此外，由于脱水和毒血症的共同作用，严重的急腹症（疝痛）的黏膜常常呈现暗淡浑浊的紫色外观，并可看到瘀点和瘀斑（血管出血，造成斑驳或瘀伤外观）（图1-155）。

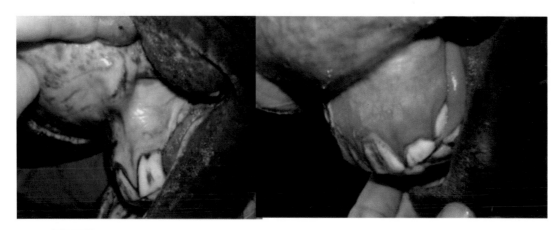

图1-155　重度疝痛，导致毒血症形成，可视黏膜呈暗淡浑浊的紫色，并可看到瘀点和瘀斑

黄染或黄疸：是由于血液中胆色素水平增加而使可视黏膜呈黄色［图1-156（A）］，提示肝病或溶血性疾病［新生幼畜溶血病，图1-156（B）、图1-156（C）］。饥饿、食欲下降的马也可能表现出生理性或暂时的黄疸。

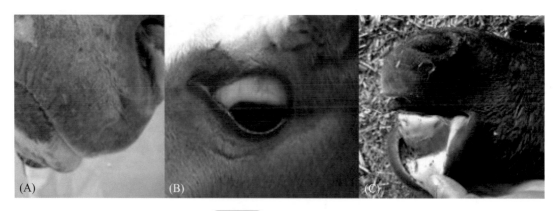

(A)　　　　　　　　　　　　(B)　　　　　　　　　　　　(C)

图1-156　可视黏膜黄染

（A）—厌食时表现口腔、唇可视黏膜黄染；（B）—新生幼畜溶血病，眼结膜黄染；
（C）—新生幼畜溶血病，口腔黏膜黄染

⑨ 眼睛的检查：眼睛的检查应在适当调暗的安静区域进行，对眼附件（前房、晶状体、后房、视网膜）眼睑及眼球进行全面的检查，评估视力、肿胀和创伤。撕裂伤（图1-157）和眼球异物（图1-158）是常见的眼部创伤。检查眼结膜颜色的同时，还应注意

眼分泌物的变化。眼睑肿胀并伴有羞明流泪（图1-159），有浆液性、黏液性或脓性分泌物（图1-160）存在，提示结膜炎、角膜炎（图1-161）、葡萄膜炎、角膜溃疡。若聚光视觉检查表现畏光躲闪提示角膜溃疡，对于角膜溃疡临床上主要采用荧光素钠染色进行确认（图1-162）。

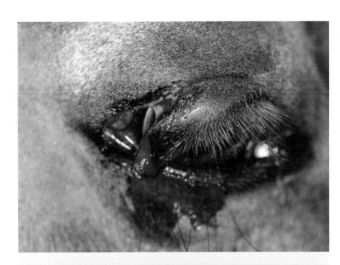

图1-157　上眼睑撕裂伤

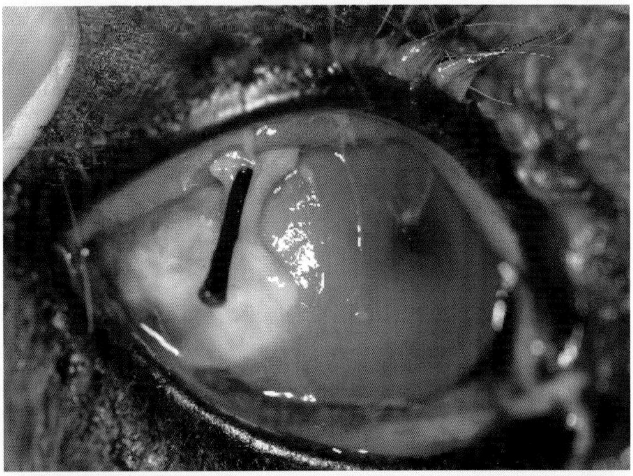

图1-158　眼球异物

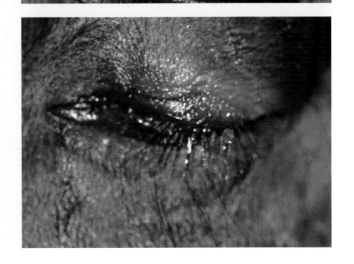

图1-159　羞明流泪

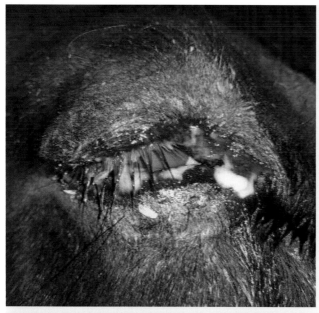

图1-160　脓性分泌物增加

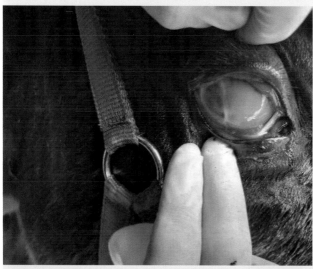

图1-161　真菌性角膜炎，角膜深层渗透，不透明

图1-162　角膜溃疡，荧光素钠染色确认

此外，临床上眼附件（前方和晶状体）疾病可导致失明，常见白内障（晶状体囊发生浑浊）（图1-163）和青光眼（眼前房水压过大）（图1-164），用眼压计测量眼压，若眼压增高提示青光眼（图1-165）。

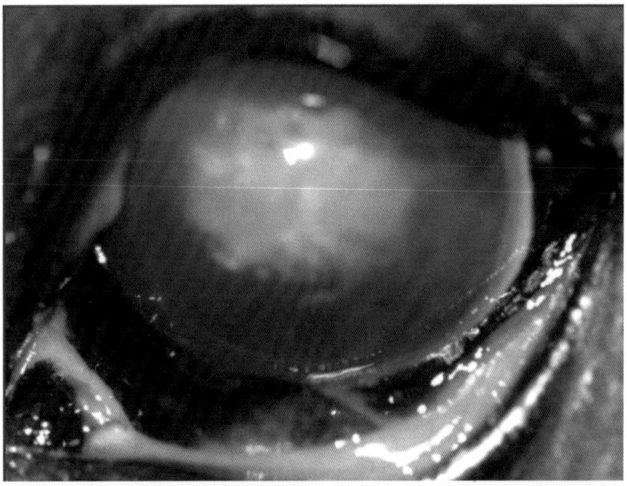

图1-163　白内障

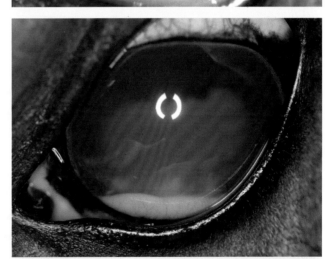

图1-164　青光眼眼球突出、房水压增大

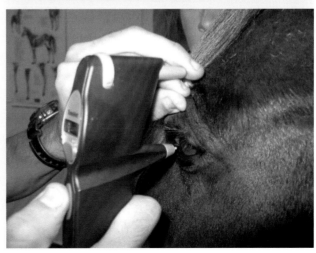

图1-165　采用回弹式眼压计测量眼压评估青光眼

⑩ 体表淋巴结的检查：淋巴结是重要的免疫组织，对防御病原微生物的侵害有重要的作用。临床常检查的主要是下颌淋巴结。检查可用视诊、触诊，必要时可配合应用穿刺检查法。检查时主要注意其位置、大小、形状、硬度、敏感性、移动性等。

健康马匹的体表淋巴结体积小，质地柔软，表面光滑，具有移动性，没有压痛感。病理情况下，淋巴结的变化主要表现为肿胀。急性肿胀通常呈明显的增大，表面光滑，伴有局部的热痛感，常见于周围

图1-166　马腺疫，下颌淋巴结肿胀

组织、器官的急性感染，如马腺疫（图1-166）。慢性肿胀一般以无热无痛、质地硬、表面不平、难以活动为特征。

⑪ 体温、脉搏及呼吸数的测定：体温、脉搏、呼吸次数是生命活动的重要生理指标。在正常情况下，除受外界气候及运动、使役等环境条件的暂时性影响外，一般变动在一个较为恒定的范围内。但在病理情况下，受病原因素的影响，会发生不同程度的变化。因此，临床上测定这些指标，对了解机体的机能状态、病理变化以及对疾病的诊断和预后的判定，都有重要的意义。

a.体温的测定：体温测定以直肠温度为标准。最好在给马量体温之前先熟悉它。小心地靠近后躯，站在旁边以避免被踢。用你的手沿着马的背部，越过臀部，直到尾巴的底部，然后抓住、抬起尾巴并向外推以显露肛门［图1-167（A）］。体温计润滑后插入直肠约5厘米［图1-167（B）］并夹于臀部皮肤上，2～3分钟后取出温度计读数。然后将体温计擦拭干净，安全存放，避免污染和破损。

健康马的体温受某些生理性因素的影响可引起一定程度的生理性变动，主要有以下几方面。i.外界气候条件：炎热季节、日光直射、圈舍拥挤、通风不良均可使体温略高于正

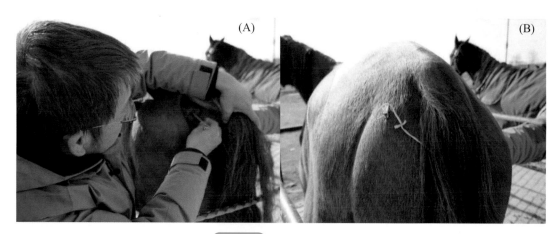

（A）　　　　　　　　　　　　　　　　　　　　（B）

图1-167　直肠体温测定

常。ii.马匹的品种、年龄、性别、生产性能等：马驹体温高于成年马；母马高于公马，特别是排卵期和妊娠后期又比正常高0.2～1℃。iii.兴奋、运动以及采食咀嚼活动之后，体温暂时性升高0.1～0.3℃。体温昼夜变动最高可达1℃，上午最低，中午/晚上最高。在病理情况下，体温的变化表现为体温升高和体温降低。

体温升高（发热）：见于中暑、恶性发热、中枢神经系统紊乱和某些药物反应。发热有感染、免疫介导、肿瘤和非感染原因。

体温降低：见于休克、虚脱、低血容量（失血）。

b.脉搏的测定：脉搏可以通过触诊表在动脉来评估。最常用的脉搏评估部位是下颌动脉［图1-168（A）］和指动脉［图1-168（B）］，鉴别蹄部跛行问题评估马脉搏的部位是面横动脉［图1-168（C）］，也可用听诊器直接听取心跳次数代替。

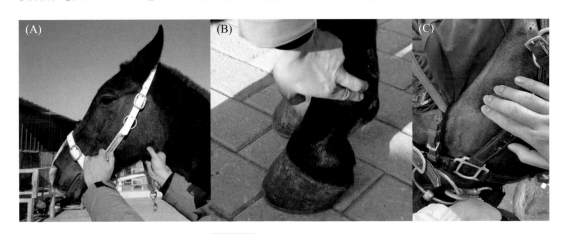

图1-168　脉搏的检查的部位

（A）—下颌动脉；（B）—指动脉；（C）—面横动脉

检查、接近马时，应使马安静，以避免由于恐惧而出现假脉搏增加。指压动脉计算脉搏频率。手指按压过弱或过强，都可能使脉搏无法触及。用指尖定位脉搏，1分钟内计数。脉搏检查主要评估频率、节律、强度、幅度和持续时间。在正常情况下，脉搏率和心率是相同的。节奏要有规律。心律失常可以是规则的，也可以是不规则的。生理性心律失常可能由心率变化引起，例如在运动期间（窦性心律失常）或伴有房室传导阻滞（心率下降）。病理性心律失常可能是心室充盈变化的结果所致，如房颤、期前收缩。正常的脉搏强而紧。脉搏细弱感觉更微弱或更多的"震颤"，可能表明由于虚弱、疾病或休克以及麻醉、昏迷或嗜睡造成的心排血量减少。脉搏增强（压力增加的脉搏）感觉似乎比正常脉搏更深，可能与发热、运动、缺氧、疼痛或恐惧导致的心率增加有关。特别强烈的脉搏通常被称为"水锤脉冲"，可能与贫血和一些心脏病有关，如瓣膜闭锁不全。

c.呼吸次数的测定：马的呼吸数应该通过仔细观察胸腹壁的起伏运动来测定。最好在马厩外不受惊吓的情况下进行。另一种测定呼吸数的方法为感受呼出气流（图1-169），但是有些马在陌生人接近时会产生恐惧反应，呼吸数可能会生理性升高。在寒冷的天气中，可以通过看到呼出的"白气"测定呼吸数。

呼吸困难可由吸气、呼气或两者同时出现的问题引起。马是鼻腔呼吸专一性的动物（即无法用嘴呼吸）。因此，即使口腔清洁，鼻腔通道的损坏或堵塞也会导致呼吸障碍，引起呼吸困难。呼气性呼吸困难可伴随肺泡弹性下降的肺部疾病，如复发性气道阻塞引起的严重呼吸困难的常见后果是在肋骨弓后出现较深的凹陷的沟（息劳沟或喘线）（图1-170），同时也可以看到一个特征的"二重"呼吸。

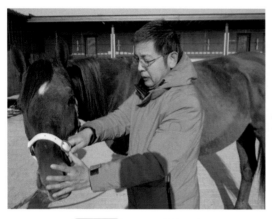
图1-169 呼吸数的测定

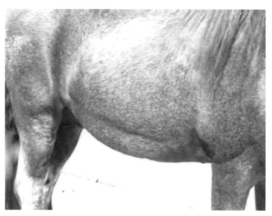
图1-170 慢性梗阻性肺病的马肋骨弓后出现喘线

（三）系统检查

1.心血管的临床检查

病史和静息状态下的临床检查是心脏评估的基础。心血管临床检查包括姿势、身体状况、呼吸、有无水肿、颈静脉、黏膜颜色、毛细血管再充盈时间评估和心音听诊。

（1）外周循环评估 与临床相关的心脏疾病，由于交感神经活动增强，外周灌注差，可导致可视黏膜膜苍白，甚至在严重的情况下由于组织氧合功能受损而表现发绀，如复杂先天性心脏病动脉导管未闭合，出现由右至左的心脏血液分流（肺有不同程度的旁路），也可能使可视黏膜呈蓝色。口腔黏膜最方便评估，但眼部、外阴和直肠黏膜也可以评估。触诊脉搏可评估其节律和频率，但也可以对脉压进行主观评估，如低输出心力衰竭时脉压可能较弱。

（2）心脏听诊 听诊是心血管检查的重要组成部分。应在安静的环境中进行，让马以站立的姿势放松或适当保定。全面的检查包括系统的评估胸腔两侧和所有瓣膜区。环境噪声、马的运动、呼吸及听诊器在被毛上运动产生的摩擦声或胃肠道蠕动音是常见的非病理性杂音。听诊器放置于左侧肘后水平处（三角区）[图1-171（A）]。在右侧可能需要将前肢向前伸展，以便正确听到心脏的声音 [图1-171（B）]。应听几分钟以上的心音，以便发现杂音或心律失常。心脏听诊主要包括以下检查：

① 心率。静息心率（正常参考值为28～40次/分）是判断心功能的重要指标。在检查过程中，随着马匹放松，心率会发生变化。理想情况下，心率正常，测量时间应该是30秒，如果有心律失常，测量时间应该更长。

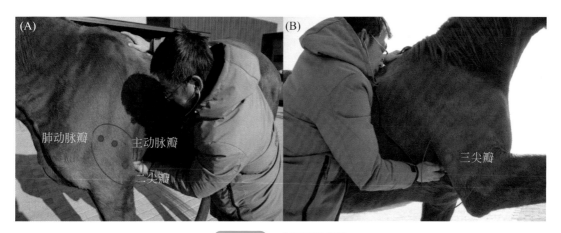

图1-171 心脏听诊部位

（A）—左侧听诊；（B）—右侧听诊

② 心音。马正常有四种心音，但通常只能听到两种，只有第一和第二心音被识别出来，心音性质听起来类似"拉不-哒"，第一种音（S1音）是在收缩期（心脏排空）开始时二尖瓣和三尖瓣关闭产生，第二种音（S2音）是在收缩期结束时主动脉和肺动脉瓣关闭产生。其他伴随正常心音以外的音响称为心杂音。

2.呼吸系统的临床检查

呼吸系统的评估首先从详细和有针对性的病史和全面的临床检查开始。可反映呼吸系统病变的病史包括精神状态、食欲、异常眼流或鼻流或咳嗽、呼吸频率或特征的改变以及运动表现的变化等细节。姿势或步态改变也可反映胸痛或呼吸能力降低。

呼吸道由鼻孔、鼻道、鼻旁窦、鼻咽、喉、气管、小气道、肺和胸膜腔组成。呼吸道疾病的临床表现包括异常呼吸音、运动不耐受、发热、流鼻液、下颌淋巴结肿胀和咳嗽。临床检查应观察评估休息时的呼吸功能，包括呼吸频率、呼吸力度，以及有无呼吸音（不用听诊器）。呼吸特征可包括观察到头部伸展、鼻孔张开、姿势或步态异常、眼分泌物或鼻分泌物存在，或腹外斜肌上的呼气力度增加。此外，评估呼吸系统的附加程序应包括叩诊鼻窦、触诊下颌下和咽后淋巴结以及肺部听诊。完整的呼吸循环（吸气和呼气）应该通过听诊两侧胸廓的肋间位置来评估。

（1）鼻液的检查 鼻液的性状可分为浆液性（水样）、黏液性、脓性或出血性等（图1-172）。在某些情况下，排出含有食物残渣的呈绿色的鼻液，最见于食道阻塞。单侧鼻分泌物可能来自鼻腔或鼻窦（其中包含由于牙根尖感染所致的磨牙）。双侧鼻分泌物的表明病因来自肺部。

（2）气管、胸廓和肺的听诊

① 听诊界及最佳听取点。听诊界近似直角三角形，如图1-173所示：上界距脊柱一掌宽或10厘米平行于脊柱的一条水平线；前界为自肩胛骨后角并沿肘肌后缘向下所划的一条直线，止于第5肋间；后界是一条由第17肋骨与脊柱交接处开始，向下至髋结节与16肋间的交点。向前经肩端水平线与第11肋骨的交点，止于第6肋间的曲线，中前区为最佳听取点。

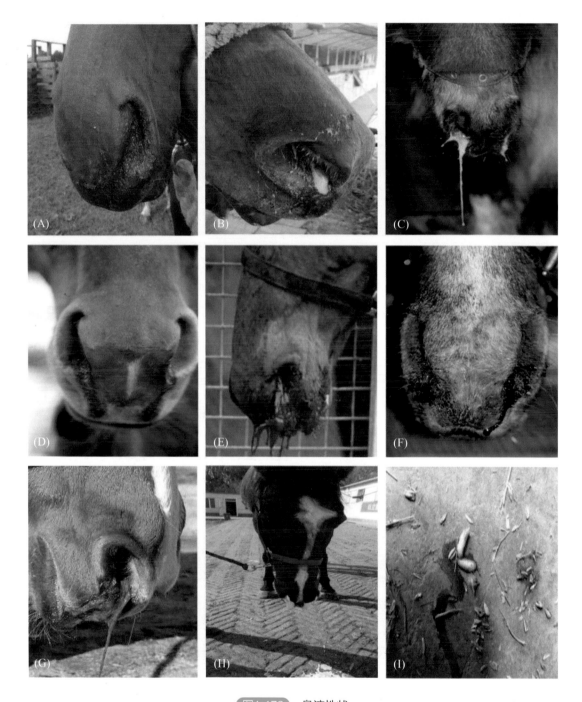

图1-172 鼻液性状

（A）—浆液性鼻液；（B）—黏液性鼻液；（C）—脓性鼻液；（D）—血色鼻液（运动诱发肺出血）；
（E）—血色鼻液（鼻胃管并发症）；（F）—暗红色血色鼻液（肺出血）；（G）—绿色鼻液（食道梗塞）；
（H）—泡沫样鼻液（肺水肿）；（I）—鼻液中含有混杂物——寄生虫

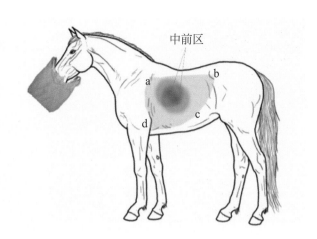

图1-173 马肺听诊界

a—第6肋间与脊柱平行线的交点；b—髋结节与第16肋间的交点；c—肩关节水平线与第11肋间的交点；d—肘关节（第6肋间）

② 呼吸音听诊。若听到异常呼吸噪声可能与特定的问题有关。由呼吸疼痛引起的声音，如呼噜声和呻吟声，可以不用听诊器就能听到。在运动时最常听到的是喘鸣音（一种响亮的吸气性噪声），表明上呼吸道部分阻塞。

健康成年马在休息可能听不到呼吸音。可以通过在马鼻子上放置人工重置呼吸袋［图1-174（C）］增加二氧化碳积累时的呼吸动力，改变呼吸深度来增加通气听取呼吸音。检查时还应注意患马在使用呼吸袋时是否有深呼吸；患有限制性肺疾病或胸痛的马可能会以快速的浅呼吸来代替深呼吸。在取下呼吸袋时，应记录恢复静息呼吸的次数，以此作为恢复速率的指标以及深呼吸引起的咳嗽的情况。

气管听诊［图1-174（A）］可检测来自上、下气道的异常音强度的变化。若在气管内有异常黏液产生运动后在气管下部也可听到转诊吸入狭窄音，如果气管反应过度，通过强烈的摩擦或压迫刺激气管引起咳嗽（人工诱咳）。

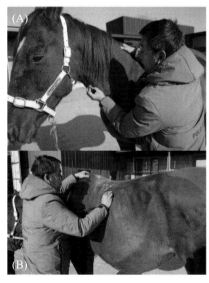

图1-174 呼吸系统听诊

（A）—气管听诊；（B）—肺听诊；（C）—人工重置呼吸袋模式图

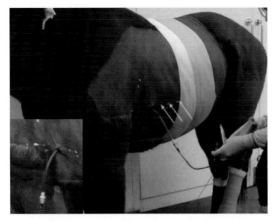

图1-175　胸腔积液，叩诊浊音呈水平线（箭头所示）

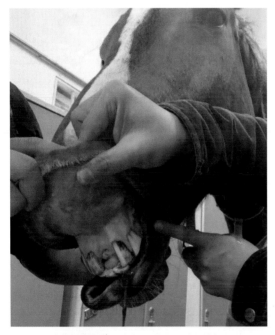

图1-176　切齿缺失引起流涎

图1-177　粪便中含有未消化的食物

异常呼吸音根据音响特征、呼吸周期的阶段（吸气与呼气）和声音最响亮的位置分为湿啰音（水泡破裂声）、干啰音、胸膜摩擦声、吸入狭窄音（喘鸣声）。吸气时在气管上部听到的吸入狭窄音提示上呼吸道阻塞，如马腺疫咽后淋巴结肿大。相反，呼气时在气管和肺远端可听到的啰音提示与炎症性气道疾病或复发性气道阻塞有关。

③胸廓和肺的叩诊。叩诊胸部可用于评估胸腔积液、肺密度改变区（如肺胀肿）或肺野扩张（如慢性下气道阻塞的炎症）。常用槌板叩诊法，叩诊呈水平浊音（半浊音呈水平面），提示胸腔积液（图1-175）。

3.消化系统的临床检查

（1）饮食状态的检查　食欲不振/废绝（厌食）和吞咽障碍是临床上最常见的饮食状态异常。厌食是失去了吃的欲望，即马能吃却不想吃，可能是由于口腔疼痛或感染（如口腔疾病），食道（如溃疡）、胃或十二指肠（如溃疡或肿瘤，特别是鳞状细胞癌）或腹部（如腹膜炎或腹腔脓肿）及其他部位疾病。吞咽困难是无法采食、咀嚼或吞咽食物，可能是由于口腔、咽或食道受损造成。

（2）口腔检查　口腔检查胃肠道疾病、咀嚼或咬合行为异常、消瘦、摇头或顽固性行为、唾液分泌过多（图1-176）和吞咽困难、粪便中含有未消化的食物（图1-177）、摄入减少和鼻窦炎都应进行全面的口腔检查。口腔检查包括牙齿、牙龈、舌及口腔黏膜的评估，可进一步识别和诊断非牙科口腔炎症和肿瘤疾病以及牙齿疾病。在某些情况下，口腔检查将是例行常规健康检查的一部分。

①外部检查。对口腔的外部检查是

站在动物的一侧或面朝前，分开嘴唇，显露口腔黏膜和切齿（图1-178）。检查黏膜的颜色（图1-179）和异常特征（如瘀点或淤癍）。检查切齿可以发现咬合异常（例如鹦鹉嘴）（图1-180）、多齿（乳齿滞留）（图1-181）、缺齿（图1-182）或由于咬合或放牧不良而造成的过度磨损、犬齿牙结石（图1-183）、损伤溃疡及团块（肿瘤）（图1-184）和异物。此外，应沿着上颌弓外侧仔细触诊下颌下淋巴结、颞下颌区、嘴唇和脸颊，触诊到上牙齿的锋利边缘检查局部肿胀或疼痛。

此外，注意观察切齿牙龈萎缩和牙龈病变（如窦道或疤痕），可提示牙根尖感染，应仔细检查唇部的连合处是否有与咬伤相关的创伤，口腔外触诊是否有未脱落的狼齿（图1-185）和颊侧黏膜溃疡，提示牙釉质过度生长和狼齿继发的损伤。切牙颜色的改变可提示外伤后牙髓内出血或牙髓坏死。通过指压牙间隙可检查咬合表面，刺激大多数马张开嘴，注意咬合缺损（图1-186），如骨折、牙本质缺损伴牙髓暴露。

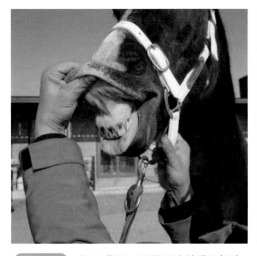

图1-178　打开嘴唇，显露口腔黏膜和切齿

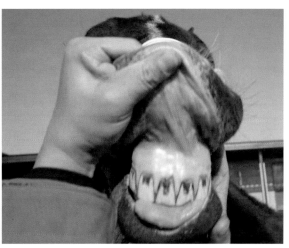

图1-179　口腔外部检查，评估口腔黏膜颜色和切齿

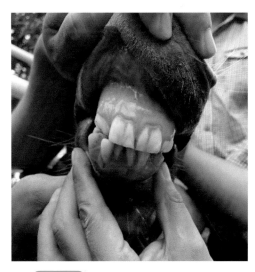

图1-180　切齿咬合异常（天包地）

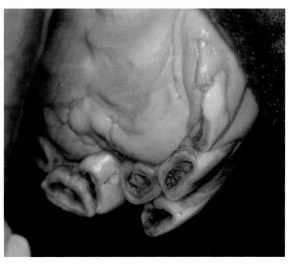

图1-181　多齿（乳齿滞留）

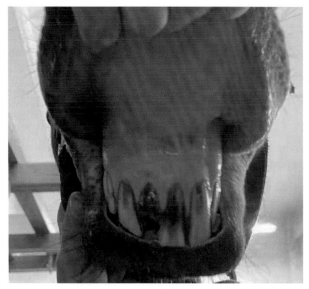

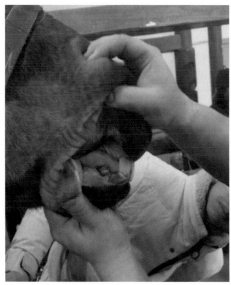

图1-182　切齿骨折导致牙齿缺失

图1-183　牙结石

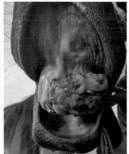

图1-184　口腔肿瘤

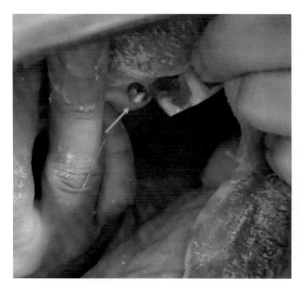

图1-185　未脱落的狼齿

图1-186　下颌骨骨折引起咬合缺损

② 内部检查。口腔内部检查主要评估牙齿（臼齿）、舌、口腔黏膜的完整性，开口检查是进行口腔内部检查获得全面完整信息的前提，临床常用两种开口方法，分别是徒手开口法和器械开口法。

a.徒手开口法。站在马的一侧，检查者将手伸入牙间隙（有牙与无牙处）去抓舌的游离端。将其从牙间隙取出，轻轻抬起上颌，使嘴张开（图1-187）。注意不要太用力拉舌头而损伤舌系带，在操作过程中还应该小心避免犬齿损伤舌。检查可用空着的另一只手拿一支笔灯观察口腔另一侧的牙齿和软组织结构，这一侧的牙齿也可以通过手指小心地插入脸颊内来触诊。检查应包括对口腔异味的评估，口腔气味恶臭表明牙齿坏死或严重的软组织损伤未得到处理。

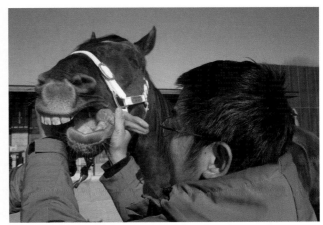

图1-187 徒手开口进行口腔内部检查

b.器械开口法

i.单边开口器：单边开口器的作用是将一侧口腔的臼齿分开，检查者检查另一侧（图1-188）。操作简单且相对安全。

ii.重型开口器：重型开口器（图1-189）佩戴在头上［图1-190（A）］。两块板放在切齿上，并通过棘轮系统分开［图1-190（B）］，棘轮系统将颌骨刺到所需的距离，然后锁定位置［图1-190（C）］，为口腔内的检查和/或操作提供了更大的空间，并且可以轻易地释放，

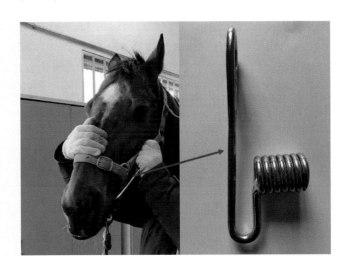
图1-188 单边开口器

图1-189　重型开口器

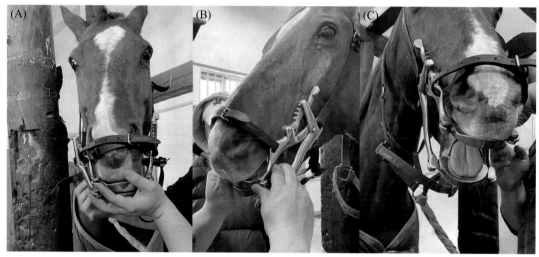

图1-190　器械开口法打开口腔

但如果马在调整过程中变得暴躁，而且开口器没有完全到位，对检查者非常危险，这可以通过对马的镇静和正确的放置来避免。

采用重型开口器将口腔充分打开，检查咬合表面，检查前应冲洗口腔，去除食物（图1-191）。如果马被充分镇静，舌头放松，马头可以放置在支架上。分别触诊舌侧、颊侧的口腔黏膜（图1-192、图1-193），白齿检查是否有多余的牙齿、牙齿排列不整、牙齿骨折、牙釉质生长、牙结石及牙周病变。当怀疑有咬合或牙周病变时，应采用检查镜检查牙齿间隙。

（3）腹部检查　首先进行体况评分，评估消瘦还是肥胖。有两种主要的数字评分系统。通过让马饮水、吃草和吃硬饲料来评估马采食、咀嚼和吞咽能力。如有需要，采用徒手或开口器开口进行口腔检查。腹部可能因气体、食物或液体积聚于胃肠道而使腹围扩大。膨胀很容易看到，但必须通过直肠检查进行评估。

① 腹部听诊。胃肠蠕动音反映胃肠道活动，通过腹部听诊评估胃肠蠕动及急腹症，由于胃肠道非常大，需要检查5个区域的蠕动情况：左上（肷部），左下（左侧腹下1/3），右

图1-191　口腔内部检查可见上颌第一臼齿过长齿

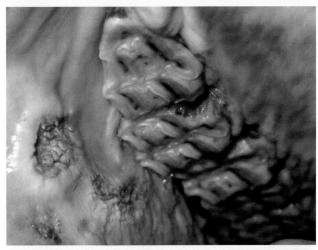

图1-192　上颌臼齿外侧牙釉质过度生长导致口腔颊侧溃疡

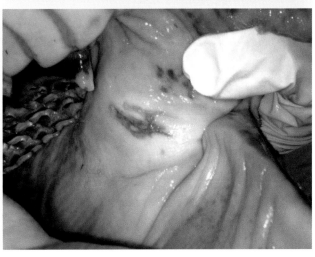

图1-193　舌腹侧溃疡

上，右下（图1-194）以及腹中线（图1-195）。为了安全起见，全程靠近肩部，使用听诊器放在腹部听诊。腹中线听诊时，将听诊器头放在胸骨后面的腹中线上。站在靠近肩膀一侧倾斜，保持头向上和远离下腹部，如果太危险，就取消腹中线检查。

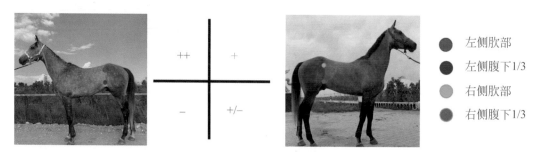

右侧腹下1/3

左侧胺部

左侧腹下1/3

右侧胺部

右侧腹下1/3

图1-194　腹部听诊部位及结果表示

+——有肠音；–——无肠音

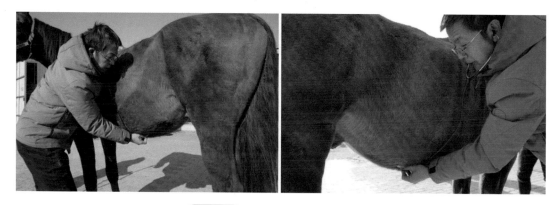

图1-195　腹部胃肠道听诊-腹中线

　　胃肠系统的左侧有更持久的活动，而右侧有间歇的"冲马桶"声，间隔60秒。每个部位听诊至少1分钟。每分钟至少有两声大肠音（雷鸣声/远炮声）。蠕动频率增加或减少或声音异常可能意味着肠胃问题（疝痛）。在进食前、进食中以及进食后1～2小时内，肠道的声音会增加。运动后可减少，但应在1小时内恢复正常。为了熟悉正常的胃肠声音和频率。监测肠音对评估疝痛的进展情况或术后恢复情况特别有用。声音的正常频率和强度的恢复是一个很好的预兆。临床上常采用如图1-194的方式记录每个听诊部位的肠音强度，分别是："–"表示无肠音；"±"表示肠音减弱；"+"表示肠音正常；"++"表示肠音增强。

　　正常肠道的简单梗阻可引起相邻肠段的蠕动过度。肠痉挛时，所有部位可听到连续的肠音增强。相反，因炎症和缺血反射性引起肠蠕动减弱。因此，肠音的减弱或消失或频率可能与腹膜炎或肠道灌流不足的发展有关。在绞窄性肠梗阻引起缺血的情况下，当肠反射性地试图将内容物推出肠梗阻部位时，可发现最初肠音增强。随着病程发展到中后期，临床症状恶化，肠道声音逐渐减弱，提示发生了肠道血液供应受损的危机。声音的缺失也与消化道麻痹有关，如术后肠梗阻。回盲肠肠套叠有时会伴有回盲肠音的强度和频率降低。当有大量气体积聚时，可以听到一种独特的"钢管"声。当听诊右侧胺窝时，最容易确定的部位是盲肠基部。

听诊腹下部（特别是右侧）时，听到类似纸袋里沙子摩擦的声音初步提示肠积沙，确诊应进行粪便含沙量检查或腹部X光片可看到沙粒。

③ 直肠检查（腹部内部触诊）。直肠检查是马腹痛临床检查中最重要的部分。应在病史和临床检查之后进行。与此同时应密切监测脉搏与心跳，以判断疝痛的严重程度和是否需要迅速转诊。

【适应证】

（1）雌马生殖道检查。

（2）急腹症、不明原因发热、消瘦、食欲不振和排粪困难。

【方法】

（1）马带笼头和缰绳拴在柱栏或马厩里。鼻捻子保定，必要时可镇静。

（2）术者戴直肠检查手套，利多卡因凝胶充分润滑［图1-196（A）］。患马全身应用解痉灵用于减轻张力。术者五指并拢形成梭状，来回刺激患马肛门，缓慢进入直肠，本着"努则退、缓则进、缩则停"的原则行直肠检查［图1-196（B）］。

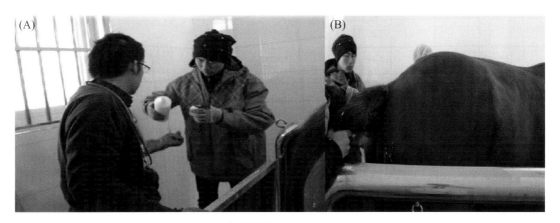

图1-196　直肠检查

（A）—检查前戴检查手套并在其外涂抹润滑剂；（B）—一只手拿开尾巴，另一只手进行直肠检查

（3）可触及的正常结构：

① 左腹部（图1-197、图1-198）：骨盆屈曲位于骨盆颅侧和骨盆边缘头侧、腹侧，可

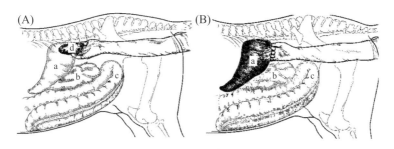

图1-197　直肠检查左腹部可触及的正常结构

（A）—肾脏的触诊；（B）—脾脏的触诊

a—脾脏；b—小肠；c—骨盆曲；d—左肾

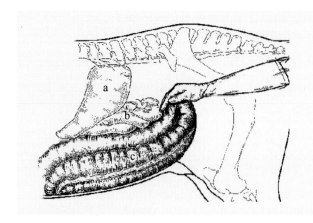

图1-198 直肠检查左腹部可触及的正常结构（骨盆曲）

a 脾脏，b 小肠，c 左下大结肠

以感觉到带状内容物。脾的尾缘薄而尖，紧靠腹壁。肾-脾韧带、左肾后部、脾的背内侧可触及。有时可在左侧肾脏的尾侧和内侧感受到肠系膜动脉，沿主动脉向前延伸。

② 右腹部：盲肠，从右侧尾背腹侧向中线向头腹方向延伸 [图1-199（B）]。

③ 腹中部：髂主动脉背侧 [图1-199（A）]，小结肠的特征是有粪球。膀胱位于头侧骨盆边缘。小肠通常摸不到。公马腹股沟内环口、母马子宫和卵巢可触及（见繁殖系统检查）。

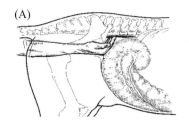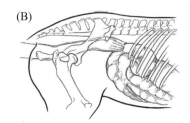

图1-199 直肠检查右腹部可触及的正常结构

（A）—髂主动脉背侧；（B）—盲肠基部

（4）可触及的异常结构

① 胃：正常情况下摸不到胃，当胃过度膨胀时，可向尾侧移位。

② 小肠：小肠扩张的特征是存在一个或多个直径5～12厘米、表面光滑的环状结构。即使存在肠袢膨胀，有时也不可触摸到。触诊小肠壁以评估其水肿程度（图1-200）。

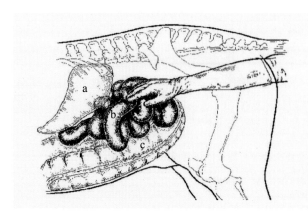

图1-200 直肠检查到的异常——小肠绞窄性梗阻

a—脾脏；b—小肠；c—左下大结肠

③ 盲肠：若触诊盲肠可见明显的内容物或在垂直平面上出现狭窄的腹侧纵基带腱束，提示盲肠臌气或阻塞。盲肠积气时，盲肠基部指向背侧，腹侧纵基带处于斜位或横位。当结肠发生较大位移时，在正常位置摸不到盲肠。

④ 大结肠：大结肠阻塞通常发生于骨盆曲，其位于结肠左腹侧。触诊呈"生面团"样，指压留痕。可触及骨盆曲向后并沿纵向延伸至骨盆腔。触诊右上大结肠阻塞时，在小马的右侧肷部可感觉到肿胀。结肠气滞或液滞性扩张时，指压不留痕。骨盆曲积气常发生在右侧。结肠壁水肿通常表明大结肠扭转。左侧大结肠阻塞，在背向肾脾间隙可见一条狭窄的带子，这与左侧大结肠背侧移位一致（图1-201）。

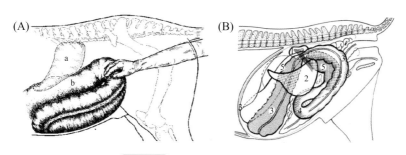

图1-201 直肠检查到的异常结构

（A）—大结肠（骨盆曲）阻塞；（B）—左侧大结肠变位

a—脾脏；b—左下大结肠；1—左肾；2—脾脏；3—左上大结肠；4—骨盆曲；5—脾肾韧带

⑤ 小结肠：小结肠阻塞的特征是触诊到一个面团状、香肠样的结构，直径约10厘米，通常大于30厘米。其他异常包括肠异物、肠结石或肠套叠。

⑥ 直肠：无粪便或有黏液覆盖的粪便提示胃肠道蠕动后送能力下降减少，提示继发于梗阻性疾病或结肠炎，若局部或直肠出血，提示可能发生直肠破裂。

（5）泌尿系统的临床检查 在进行临床检查之前，应详细了解病史。内容包括受影响的动物的病征持续时间及类型、药物治疗反应、饮食饮水状况。由于尿路疾病潜在非特异性临床体征，应进行全面的临床检查。公马应触诊阴茎腹侧的尿道口和尿道。母马检查阴道口和会阴。评估马驹的脐和腹部周围的结构，同时应评估水合状态及仔细观察排尿及鉴别尿液性状，临床常见的排尿异常见表1-2。

表1-2 临床常见的排尿异常

排尿异常	临床表现及意义
排尿带痛（尿淋漓）	排尿减少缓慢，呈点滴状排出
频尿	尿液总量不变，排尿次数增加，每次排尿量减少而表现异常频繁的排尿
排尿困难	排尿疼痛或困难
少尿	排尿量减少
多尿	排尿量增加（排尿次数、每次排尿量或排尿总量增加）
无尿（尿闭）	完全不见尿液排出
氮血症	血液中含氮（非蛋白氮）的废物增加
等渗尿	尿比重介于1.008～1.012，提示浓缩能力下降

应进行直肠触诊评估近端、膀胱、尿道输尿管和左肾的性状。近端尿道位于耻骨前缘之前。检查者应系统地探查膀胱、输尿管和左肾尾侧。生理上，水的消耗和排尿随年龄而变化，并可能受到气候、饮食和运动水平的影响。应在24小时内评估水的消耗量和尿量。肾功能正常的马每天应排尿5~20升，同时消耗20~35升水。无论是病理性（如腹泻、出血、多尿）还是生理性（如出汗）引起的水分丢失增加均会导致水摄入量增加。

（6）神经系统检查　神经系统检查的目的是确定神经系统疾病的存在及病灶的位置。神经学检查包括行为、精神状态、头位、视力、瞳孔光反射和肌肉对称性检查等。在详细的神经学整体一般检查之后，可以鉴别并解释非神经系统所见的神经体征［如肝性脑病（图1-202）或可能优先诊断或治疗（如休克）］。神经学检查顺序如下：头部（行为、精神状态、头部姿势与协调、脑神经），步态姿势，脖子和前肢，背部和后肢骨骼，尾巴和会阴。可能引起疼痛的操作如脊柱触诊，应该留到最后进行。

图1-202　肝性脑病表现特征性的以头抵墙的站立姿势

（7）骨骼肌肉系统检查——跛行评估　跛行指由于疼痛或神经或机械功能障碍引起的正常姿态和/或运动模式的改变。评估跛行的方法应该按照逻辑顺序进行，以便确定涉及的肢体，找到确切的疼痛部位。只有这样，其他技术（如X射线、超声波检查、骨闪烁成像或磁共振）才能用来确定特定的病理过程并作出诊断。诊断程序如下：

① 病史及马主主诉：骨骼、肌肉问题可能以多种方式出现，包括明显的跛行、背部疼痛、运动表现不佳、背跃、直立、行为问题和行动能力丧失。重要的是要花时间去倾听马主主诉，以确定他们认为马存在的问题。在对马进行评估后，确定是否跛行或其他疼痛的原因。准确的病史及病例基本信息可以提供导致问题可能原因的线索，如年龄、用途和品种。确定马的跛行是否会随着休息或训练而改善或恶化，马是否有过一段时间的休息和/或使用抗炎药，马跛行持续的时间以及马是否在购买前接受过检查。

② 临床检查——静态检查。跛行检查应该从在马厩里观测休息的马开始。在水平方向用肉眼从两侧、前后观察马的整体结构，肌肉和骨骼的不对称、肿胀、创伤情况，蹄平衡以及站立姿势。

对马后肢和背部进行初步评估：将马站立于平坦的硬地，从两侧、前后方检查站立姿势、肌肉萎缩、肿胀等（图1-203）。

图1-203　临床检查——静态检查

临床上由蹄结构异常导致的跛行常发，因此评估蹄角度、蹄平衡、蹄底对称性和蹄底形态非常重要，蹄角度异常会导致蹄不平衡而引起跛行。一般来说，蹄-系轴线正常［图1-204（A）］，蹄角度就正常，蹄侧位平衡。蹄-系轴线下榻［图1-204（B）］，蹄角度小，表现长蹄尖-低蹄踵蹄结构，提示尾疼痛、悬韧带侧支损伤（图1-205）。蹄-系轴线外拱［图1-204（C）、图1-206］，蹄角度大，常与冠关节骨关节炎有关。此外，蹄裂、感染性蹄病［如白线病（图1-207）、慢性增生性蹄皮炎（图1-208）］都应引起注意。

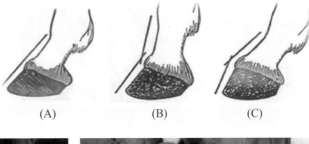

图1-204　蹄-系轴线模式图
（A）—正常蹄-系轴线；（B）—蹄-系轴线下榻；（C）—蹄-系轴线外拱

(A)　　　　　　(B)　　　　　　(C)

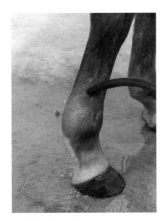

图1-205　蹄角度小，蹄-系轴线下榻继发右前肢悬韧带外侧支损伤

图1-206　蹄-系轴线外拱

图1-207　蹄白线病（赵旭提供）

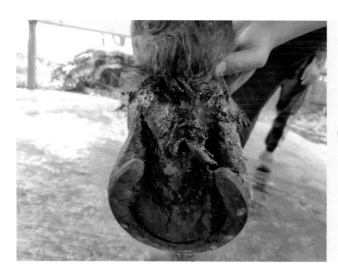

图1-208 慢性增生性蹄皮炎

姿势或站姿可能表明马对一个或多个肢体的急性或慢性疼痛的反应，如骨关节炎（图1-209）或长骨骨折（图1-210）或后肢跗关节脱位（图1-211）导致非负重跛行。患有蹄叶炎的马可能会不断地把重心从一条腿转移到另一条腿上，蹄踵着地，呈"头高屁股低"的姿势（图1-212）。后肢径直结构可能提示近端悬韧带炎，肘部下垂表示肱三头肌功能丧失，最有可能的是由于桡神经麻痹（图1-213）或鹰嘴骨折。马驹肢体角度变形表现肢体外展，呈"X"形（图1-214），马驹由于腱挛缩所致的弯曲角度变形（俗称"滚蹄"）表现冠关节弯曲，蹄底不着地（图1-215）。

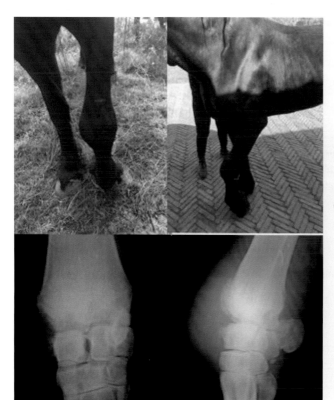

图1-209 腕关节骨关节炎，X射线检查可见软组织肿胀，关节新骨形

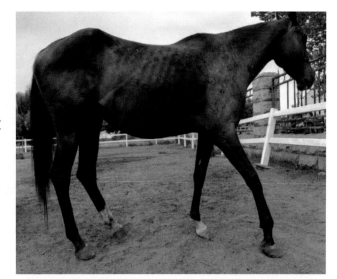

图1-210 右前肢掌骨远端骨折导致不负重

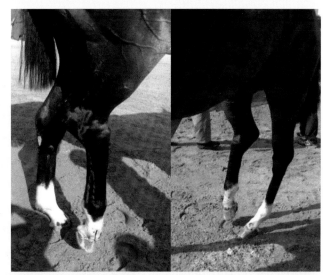

图1-211 纯血马右侧跗关节脱位导致不负重

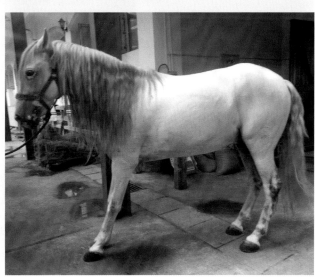

图1-212 蹄叶炎特异性站立姿势，蹄尖不负重，踵着地

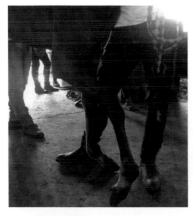

图1-213　桡神经麻痹，肘关节下沉

图1-214　马驹肢体角度变形，前肢外展呈"X"形

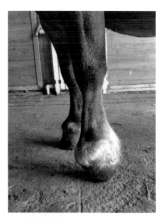

图1-215　马驹弯曲角度变形（"滚蹄"）

　　绝大多数的肢体肿胀提示骨关节炎、原发或继发性软组织损伤［如指浅屈腱炎（图1-216）、球节软组织肿胀（图1-217）、悬韧带炎］和膝关节分离性骨软骨病（图1-218）、骨折（图1-219）。

图1-216　阿拉伯马，左前肢掌部软组织肿胀，经超声波检查诊断为指浅屈腱炎

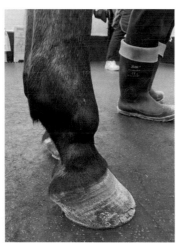

图1-217　球节软组织肿胀

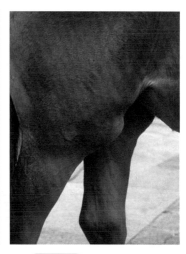

图1-218　膝关节肿胀，后经X线诊断确认为分离性骨软骨病

　　继续对四肢、颈部、背部和臀部进行全面检查，包括视诊、触诊（图1-220～图1-225），以寻找疼痛、发热、肿胀及活动范围缩小的证据。长期慢性跛行无明显的疼痛、炎症及不负重表现，可由于废用性萎缩导致肌肉损耗（图1-226）。由于许多跛行源于蹄部，应该仔细检查此区域，如急性蹄叶炎时指动脉脉搏增强（图1-227）、蹄温升高（图1-228）以及对蹄子检蹄器的阳性反应（图1-229）。

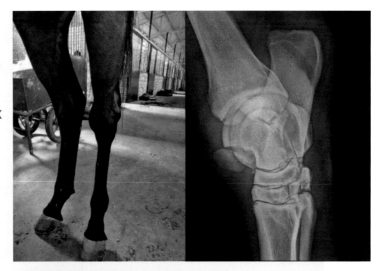

图1-219 分离性骨软骨病（左）；后肢飞节肿胀（右），经神经阻断、X光检查诊断为跗骨内髁间骨折

图1-220 腕关节触诊

图1-221 腕关节-屈曲触诊

图1-222 腱触诊（前肢）

图1-223 背部触诊

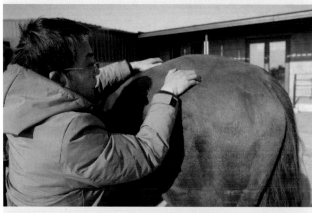

图1-224 臀部触诊

图1-225 腱触诊（后肢）

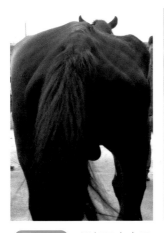

图1-226 臀部肌肉废用性萎缩，表现骨盆不对称

图1-227 指动脉脉搏检查

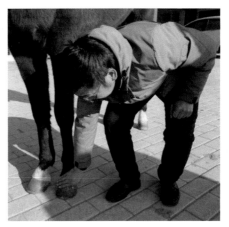

图1-228 蹄温粗略检查

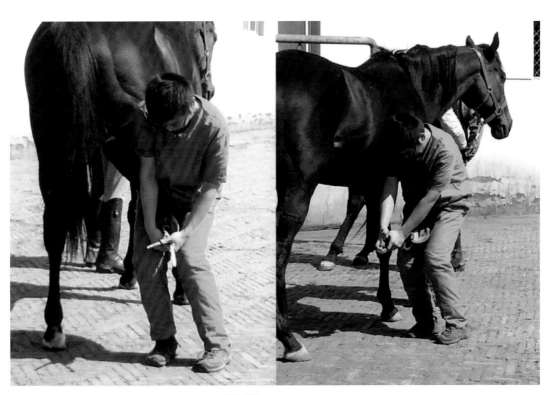

图1-229 检蹄器检查

③ 动态检查。在检查运动中的马时，马戴笼头和缰绳，让马尽可能放松，必要时要适当地保定。选择在一个安静、远离车辆和其他马干扰的平坦、坚硬的地面上，进行慢步和快步直线小跑运动检查。

a.慢步检查。马应该直接从检查者身边走过去，走回来。如果马在行走时严重跛行，运动应该保持在最低限度，以避免进一步的伤害，例如骨折移位。牵马员应走在马的左肩

图1-230 慢步检查，向右转弯

处，当马转弯时应远离牵马员，马应转向右（图1-230）。

轻度跛行的马在慢步检查时并不表现跛行，但应该评估蹄的位置和平衡。正确修剪的马蹄着地时，蹄底外侧和内侧会同时撞击地面，并且蹄踵略高于蹄尖。有结构缺陷或修蹄不良的马通常会外侧先着地，蹄叶炎的马通常有非常明显的长蹄尖-低蹄踵步态，有蹄尾疼痛的马可能会蹄尖先着地。

b.快步检查。使马在背向检查者的直线上快步（图1-231），马停下慢步，牵马员牵马向右转弯，然后直接快步直线返回。马应该主动向前移动，不应太快，缰绳也不能松动，这样头部的任何动作都可以被注意到，通常快步时跛行最明显。

图1-231 快步检查

[在坚硬地面上快步检查，应该从前面（A）、后面（B）和侧面进行检查]

一般来说，前肢的跛行是通过马的"点头"来识别，当跛行前肢撞击地面时，马会抬头，当健康前肢撞击地面时，马会低头。后肢跛行是通过骨盆的不对称来识别，发生跛行时患侧骨盆抬高。跛行马匹还可经常出现为不可负重的短步，为避免负重会出现蹄尖拖地。值得注意的是中等至严重的后肢跛行也会"点头"，容易被误认为是同侧的前肢跛行，应通

过进一步的诊断来确定头部的"点头"是来自后肢还是前肢或不止一后肢跛行。

　　c.屈曲试验。屈曲试验可能有益于跛行定位诊断，其原理是在选定的结构上施加额外的应力，四肢弯曲60秒后马上快步，观察跛行是否加剧。屈曲试验可分为远端肢体（指间关节和掌骨/跖趾关节）和近端肢体（腕关节和肘关节或飞节和膝关节）。然而，在实践中，特别是在后肢，因当一个关节弯曲时，后肢的所有其他关节也会弯曲，对结果的解释可能比较主观，经常会引起争议，结果并不特异（图1-232）。

图1-232　跛行检查——屈曲试验

（A）—膝关节屈曲；（B）—腕关节屈曲；（C）—后肢球节；（D）—前肢球节

　　d.打圈检查。直线检查无法发现的轻度跛行，在打圈时可加重跛行，因此更便于检查，同时也有利于双侧跛行检查。在软、硬地两种情况下，马应在20米的圈内进行快步检查（图1-233）。有些马（例如脾气暴躁的小马）在某些情况下，在坚硬的地面上打圈可能不安全，因此这部分检查可省略。在马慢跑时，在柔软的地面上用两根缰绳使马向前冲也很有用，因为这样可以识别其他双侧后肢跛行和/或背部疼痛，如冲力差、慢跑时不连贯、前肢经常变化和"兔跳"。

　　在进行跛行检查时，应先将马在柔软的表面上慢步。在小跑和慢跑时应先左里怀打圈，然后换缰，右里怀观察马匹的小跑和慢跑。通过观察马匹的步态变化来评估马匹是否愿意在正确的指引下奔跑和是否有能力保持正确的慢跑。

图1-233 对马打圈进行跛行动态观察（赵旭供图）

e.骑乘检查。有些马，特别有较轻度跛行问题或表现较差的马（例如盛装舞步的马，某些动作没有达到先前的标准），可能需要在马鞍上骑乘进行检查，以确定出现的问题。

f.诊断性局部镇痛。在许多情况下，特别是在慢性跛行的马，对于跛行没有查明定位来源，诊断性局部镇痛（神经和关节阻断）就是进一步检查的逻辑性步骤。

诊断性局部镇痛的目的是确定疼痛部位。局部麻醉是在不同的部位注射麻醉剂，消除特定解剖区域的感觉。如果通过注射后跛行减轻，那么疼痛一定来自阻断神经支配的部位。常用的局部麻醉有两种。

i.神经周围麻醉：神经周围注射局部麻醉药进行阻断。

ii.关节内麻醉：注射到滑膜结构中的局部麻醉。轻度跛行时给予局部麻醉药后无明显改善，而跛行只有达到一定的严重程度时，才会在给予局部麻醉药后观察到情况改善。马也应顺从、允许这一过程进行（见表1-3）。

表1-3 常见肢体远端的神经阻断

阻断的神经	注射部位	可阻断区域
掌侧指神经	系部背侧指深屈腱的任意一侧	蹄掌侧及蹄的其余大部分

续表

阻断的神经	注射部位	可阻断区域
轴外籽骨	近端籽骨的基部，球节两侧 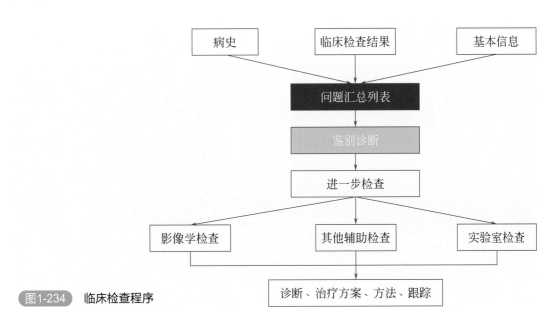	整个蹄部和系部
低位四点（前肢）	（1）在球节上方5厘米悬韧带、指深屈腱之间和指屈肌腱鞘近端之间 （2）第2/4掌骨末端	球节和相关结构以及更远端结构（前肢）

（四）临床检查程序和方案

临床检查须按一定顺序进行，才能使检查工作有系统、有秩序，才能获得更全面的材料，才能使检查结果更可靠，对马的检查大致按如图1-234所示的程序进行。

病史　临床检查结果　基本信息

问题汇总列表

鉴别诊断

进一步检查

影像学检查　其他辅助检查　实验室检查

诊断、治疗方案、方法、跟踪

图1-234　临床检查程序

（1）病例基本信息　登记信息主要有马主姓名、品种、性别、年龄、用途、毛色、特征等。目的在于了解个体特征，为诊断提供某些参考性条件，如青马易发生黑色素瘤（图1-235），马腺疫病主要发生于青年马，速度赛马容易发生疲劳/应力性骨折、夸特马易发遗传性皮肤松弛症。

（2）病史　通过问诊获得。

（3）现症的临床检查　包括以下几方面。

① 整体及一般状态的检查：包括精神、体格、发育、营养、姿势与运动、行为、皮肤、眼结膜、浅在淋巴结的检查，以及体温、脉搏、呼吸数的测定等。

② 系统检查：包括心血管、呼吸、消化、泌尿生殖、神经等系统的检查。

③ 实验室检查：血、尿、粪常规，肝功能、肾功能、胸腹液、血液生化等项目的检查。

（4）进一步检查　包括X射线（图1-236）、心电图描记（图1-237）、超声波（图1-238）、计算机断层扫描（CT）（图1-239）、磁共振检查（MRI）（图1-240）检查。

图1-235　黑色素瘤，常发于尾部、会阴部的恶性皮肤肿瘤

图1-236　X射线检查

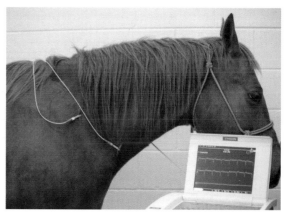

图1-237　心电图描记（心尖-心基导联）

图1-238　马急腹症超声波进行腹部评估（摄于英国利物浦大学马医院）

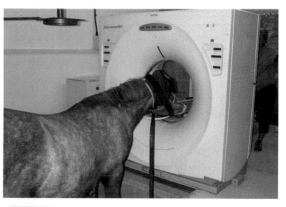

图1-239　马站立进行计算机断层扫描（CT）检查，评估头部和牙齿（摄于英国利物浦大学马医院）

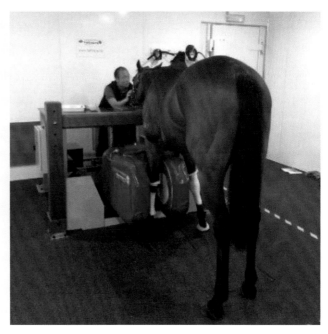

图1-240 站立MRI检查（Michael 提供）

在实际工作中，临床检查的程序并不是固定不变的，要根据临床的实际需要、病畜的具体情况，灵活掌握。

二、中兽医临床检查的基本方法、顺序、内容

要正确地诊断和有效地防治疾病，就必须对患马的有关情况进行系统而周密的调查了解，中兽医检查疾病主要有望、闻、问、切四种基本方法，简称"四诊"。四诊是从不同角度诊察疾病，各有侧重及作用，不可相互取代。在临床运用时，只有"四诊合参"，才能全面而系统地掌握病情，做出正确的判断。

动物体是一个有机的整体，"有诸内者，必形诸外"。运用四诊，观察患马在疾病过程中所显现出的症状和体征，就可以了解或推断出病因、病位、病机，从而为论治提供依据。

1.望诊

运用视觉有目的地观察患马全身和局部及其分泌物、排泄物等的变化，以获得病情的诊断方法。

望诊时，首先应站在距患马适当的地方（图1-241、图1-242），对患马全身进行一般性的观察，注意其精神、形体、被毛、动态、呼吸、腹围等有无异常，然后从头颈部看到胸腹部，再看其背腰部、臀部及四肢，注意有无异常表现。在对患马全身做了总体观察以后，再仔细察看各个局部，有目的地进行局部望诊。具体内容包括望全身、望局部及察口色三个方面。

（1）望全身

① 精神。精神，中医称之为"神"，是机体生命活动的外在表观。神的盛衰是机体健

图1-241　人马体位1

图1-242　人马体位2

康与否的重要标志之一。观察神的变化，可以初步判断动物脏腑、气血、阴阳的变化；病位的深浅；病情的轻重及预后的好坏。

　　神是一身之主宰，于全身皆有表现，但以目、耳、心神反应最为突出。健康马匹目光明亮有神，反应敏捷，两耳运动灵活，休态自如，四肢匀称，运动协调，不胖不瘦。有人接近时马上就有反应，称之有神或得神（图1-243～图1-245），一般为无病状态，即使有病，也属正气未衰，病情轻，病期短，预后良好。反之，患马精神萎靡，双目滞呆无神，反应迟钝，动作迟缓，头低耳耷，四肢倦怠，毛焦欣吊，称之无神或失神（图1-246～图1-248），表示正气已伤，病情较重，预后不良。

　　精神失常主要表现有"狂"（兴奋）和"痹"（抑制）两种类型。兴奋型表现狂躁不安、乱奔乱跑、转圈顶墙、尖声怪叫，甚至攻击人畜，不能拘束。抑制型表现为无精打采、神情淡漠、行动缓慢、反应迟钝，或目暗神昏、站立痴呆、靠墙顶桩、驱牵不动、行如酒醉，或嗜睡不起，有时四肢划动，不知避让。

图1-243　得神1

图1-244 得神2

图1-245 得神3

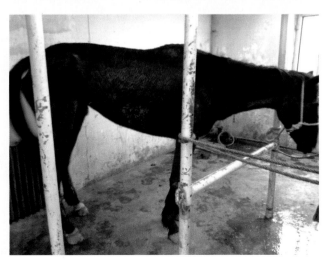

图1-246 失神

图1-247 失神（腹痛致精神极度沉郁，曲膝下卧）

图1-248 失神（眼眶上方肿瘤致精神沉郁，低头闭目）

② 形体。马匹外形、体质与脏腑相应。一般来说，脏腑正常，形体强健；脏腑虚弱，形体衰弱。发育不良者则体躯矮小，躯干与四肢比例失衡等。

③ 胖瘦。肥胖或消瘦均不健康。肥而能食，为形盛有余；肥而食少，是形盛气虚，多为脾虚有疾。形瘦食多，为中焦有火；形瘦食少，是中气虚弱。若骨瘦如柴，肌肉塌陷，肉削著骨者，为气液干枯，脏腑精气衰竭，多预后不良（图1-249）。

图1-249 消瘦（马驹患有佝偻病，前肢屈腱挛缩，极其消瘦）

④ 强弱。强壮马匹（图1-250），肌肉丰满，强健有力，骨骼结实，体型匀称，皮毛光润，说明内脏坚实，气血旺盛，一般不易患病，即使发病也多表现为实证和热证，预后良好。衰弱马匹，见于脾胃虚弱，或重病久病过程中，肌肉消瘦，倦怠无力，发育不良，骨骼细小，毛焦毤吊，说明内脏功能低下，正气不足，较易发病，常表现为虚证和寒证，预后较差。

图1-250　强壮（肌肉强健、体型匀称、胸廓宽厚、隐约可见肋骨、被毛光亮润泽）

⑤ 皮毛。皮毛为一身之表，内合于肺。外邪侵袭，皮表首当其冲，脏腑气血的病变，也可通过经络反映于肌表，因此，皮毛的变化可反映气血的盛衰以及肺气的强弱。望皮毛，即观察被毛的色泽、皮肤的弹性，及有无疮疡、黄肿、斑疹、痘疹、出汗和寄生虫等情况。

⑥ 动态。不同的病证，有不同的动态表现。如破伤风，形如木马；风湿证，呈粘着步样；邪入心包，昏迷痴呆或狂奔乱走等；患一般性疾病时，怠行好卧，反应迟钝；垂危重证时，步态蹒跚，有倒地不起或四肢划动、头颈贴地等濒死动态（图1-251）。

图1-251　动态（腹痛病致四肢抽搐、拘挛，项背强直，角弓反张，回头顾腹，四脚朝天）

健康马匹喜长时间站立，昂头不动，轮歇后蹄，形态自然。有时卧地，有人接近即行站立，一旦患病则可表现出各种不同的姿势。腹痛时，常表现起卧打滚、前肢刨地、后肢踢腹等动作。一般来说，冷痛初期肠鸣泄泻，连连起卧，回头顾腹，后期呈间歇性腹痛；结症时，肚腹胀痛，不时起卧，站立不安，摇头摆尾，回头顾腹，粪便难下。四肢疼痛时，常表现出各种异常姿势和点头行步。

马匹的外形动态表现在区别重症危症上很有参考价值。如精神萎靡，喘息低微者危；行走蹒跚，张口呼吸者危（濒死期）；急起急卧，突然住卧者危（内脏破裂）；汗出无休，心经危（虚脱、心衰、中毒）；鼻回粪水，命须危（食滞性胃扩张及胃破裂前期）等。

（2）望局部

① 望眼。眼为肝之外窍，五脏六腑之精气皆上注于目。因此，眼的变化不仅与肝有关，而且与五脏六腑都有密切的关系。望眼时，首先对双眼进行整体观察，然后检查单个眼睛。检查时，术者一手握住笼头，一手食指掀起上眼睑，拇指拨开下眼睑，眼结膜和瞬膜即可露出（图1-252）。

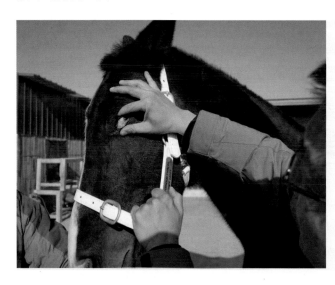

图1-252　看结膜

健康马匹眼结膜呈淡红色。若双目赤肿，结膜潮红，多为肝经风热或全身发热性疾病的表现。若忽见单眼赤红暴肿、结膜潮红，常见于外伤或系局部炎症所致。结膜苍白，见于各种类型的贫血、寄生虫病、大失血或内出血。结膜黄染，是血液中胆红素增加的结果，见于肝炎、溶血性黄疸和阻塞性黄疸等。结膜发绀，是因缺氧血中还原血红蛋白增多或变性血红蛋白增多的结果，见于呼吸困难性疾病、心力衰竭、亚硝酸中毒等。

患马眼泡浮肿而不红者为气虚、水肿初起之征；眼窝下陷，多见于大泻之后的伤津脱液。第三眼睑外露，是破伤风的早期症状之一。

古人认为，眼内、外眦为血轮，内应于心；上、下眼睑为肉轮，内应于脾；白睛为气轮，内应于肺；黑睛为风轮，内应于肝；瞳仁为水轮，内应于肾。若目眦红赤多属心火；目眦淡白多属血虚。眼睑色红，甚则红肿湿烂为脾胃有热或脾胃湿热；白睛红，多是热证；白睛黄浊，多是有湿；黑睛内混浊昏黄，多为月盲。瞳孔散大，多见于脱证、中毒或其他重危病证（图1-253）。

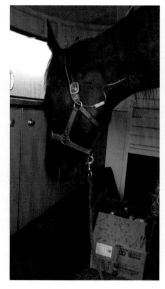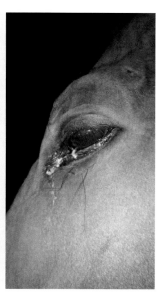

图1-253　眼无神（低头闭眼，眼睛晦滞，失却精彩；脓性分泌物）

②望耳。耳为肾之外窍，"十二经脉皆连于耳"，因此，耳的动态与肾及其他脏腑的某些病证有关。查耳包括耳的轮廓、位置及皮肤变化等。

健康马匹两耳灵活，听觉正常，对触摸有所反应。若两耳下垂无力，多为肾气亏乏、心气不足，或劳伤过度；若单耳下垂，弛缓无力，兼有口眼歪斜，多为面神经麻痹。两耳热而竖立，有惊急状态者，多为热邪侵心。两耳背部血管暴起而延至耳尖者，多为表热证。两耳凉而背部血管缩小不见者，多为表寒证。对呼唤无反应者，多属耳聋。两耳歪斜，不时前后转动，多为失明患畜的警惕表现。

③望鼻。鼻为肺之外窍，故鼻的外观变化多与肺有关。望鼻主要应注意鼻孔的张缩、鼻涕的有无及鼻液的性质。

健康马匹鼻孔周围洁净而湿润，鼻孔微有张缩，呼吸均匀，能够分辨饲料和饮水的气味，如果发生疾病，必然出现异常表现。鼻孔的张缩主要反映呼吸机能的变化。鼻孔开张，鼻翼扇动，并兼有呼吸迫促者，多为肺经实热；鼻孔开张如喇叭状，并兼有呼吸极度困难者（图1-254、图1-255），为呼吸道狭窄或阻塞。

鼻涕的性状对判断病性、病位有一定意义。鼻液清白滑利，多属寒证。鼻液黄稠黏滞，多为热证。鼻液灰白污秽，腥臭难闻，多为肺痈。若两侧鼻孔流脓性鼻液，下颌淋巴结肿大，常见于腺疫（图1-256）；一侧鼻孔流脓性鼻液，或团块状或豆腐渣样者，常见于脑

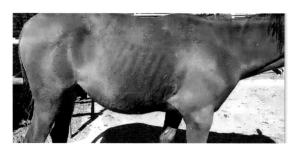

图1-254　呼吸极度困难（肺气肿和肺炎时引发的喘沟和肋间肌运动）

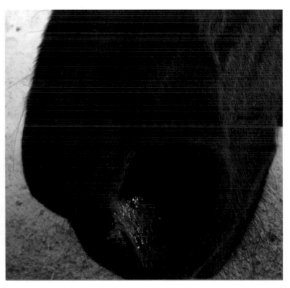

图1-255 鼻煽（肺气肿、运动后引发的呼吸困难，鼻翼煽动频繁，呼吸喘促，呈喇叭口状）

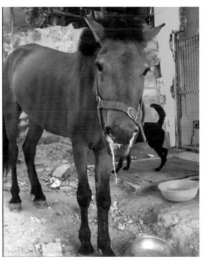

图1-256 马腺疫（鼻流浊涕而腥臭）

颡（副鼻窦炎）。此外，鼻浮面肿，松骨肿大，口吐混有涎沫的草团，多为反胃吐草（骨软症）。饮食难咽，饮水时常由鼻孔反流出来者，多为颡黄（咽炎）。

④ 望口唇。口唇是脾之外应，口唇的变化可以反映脾气的盛衰。望口唇，不仅要从外部观察唇的形态及运动，还要打开口腔，观察唇、颊、舌、齿、颚、咽等各部位的情况和变化。

健康马匹口唇端正，运动灵活。如褰唇似笑（上唇揭举），为冷伤脾的表现，常见于痉挛疝的病程中；下唇不收，为脾虚的表现，常见于慢性消化不良。在病证垂危、气脱不收时，也可出现口唇松弛无力、下垂的现象。其他脏腑或经络的疾病也可在口唇上反映出来，如口禁难开、牙关紧闭，多为破伤风；口唇歪斜、咀嚼障碍，则为歪嘴风。

口内检查除观察口色之外，还应注意唇、舌、颊、颚有无疮肿、水泡、溃烂、斑疹和破伤，牙齿是否整齐以及牙关松紧。若口内生疮，口舌糜烂，多为心经有热。如上颚发红肿胀，多属胃热。舌体肿胀板硬，则为木舌症。

涎，健康马匹分泌正常，一般不流出口外。如涎呈泡沫状者，多属肺寒叶沫，见于唾液腺炎。口垂清涎，不思水草者，多属胃寒。涎黏稠牵丝者，多属脾胃积热。此外，药物中毒，也可引起流涎。口津减少，多见于久病或热性疾病。

⑤ 望躯干。主要观察胸背、腰、肚胯、尾等部位的变化。注意有无胀、缩、拱、陷等外形异常。健康马匹的胸背端正，左右对称。若鬐甲及脊背两侧肿胀，破溃流血水、脓液，多为鞍伤。肋骨折伤时，胸部陷塌。腰部的病变多反映肾功能的变化。如腰部拱起，腰背紧硬，常为肾受寒湿。腰胯疼痛，难起难卧者，多为闪伤。腰背板硬，全身肌肉强直，牙关紧闭，瞬膜外露，则为破伤风。健康马匹胯部稍凹而平整，随呼吸与胸腹部协调运动。胯部胀满，伴有腹痛，多为胀肚或结症。肚痛卷缩，伴有肢体瘦弱，多为消化不良或久病虚弱等。腹部被牛顶伤时，呈现浮动性肿胀。尾的检查应首先观察尾位置和摆动情况，观察有无肿块或毛发的缺损，同时向头部轻拉尾，检查有无腰骶疼痛。

⑥ 望四肢。望四肢，即观察患马四肢站立和走动时的姿势和步态，以及四肢各部分的形状变化，可通过触摸、弯曲和拉伸每一个关节，看是否疼痛、发热和有渗出物等现象，从而确定患肢和具体部位（图1-257～图1-260）。

图1-257　前肢痛（身体后移，重心向后）

图1-258　佝偻病（驹前、后肢及蹄变形）

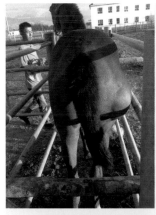

图1-259 血肿（触诊肿胀部位波动明显，穿刺排出大量脓血）

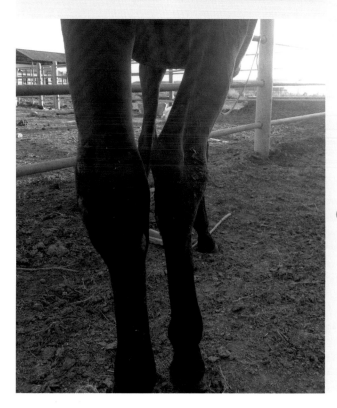

图1-260 跗关节肿大

　　健康马匹站立时四肢平稳，轮歇后蹄，行走时步调均匀整齐、屈伸灵活有力，各部关节、筋腱和蹄爪的形态均无异常。在疾病情况下，四肢的异常表现多种多样。患肢有疼痛性疾病，在站立时表现不敢负重，经常伸向前方、后方、内方或外方，用蹄尖、蹄踵或蹄侧负重，有时患肢完全不负重而提举悬垂，有时则负重不实而体重偏向健侧；在运步时随着患肢及病变所在部位的不同，在点头及臀部升降、肢蹄负重、关节屈伸及步样等方面发生相应的变化。如病痛在肢的上部，行走时表现以抬举和迈步困难为主；如病痛在肢的下部，行走时则表现踏地小心和不能着地为主。

　　⑦ 望二阴。二阴即前阴和后阴。前阴，指阴茎、睾丸与阴门；后阴指肛门。

　　阴茎萎缩，交配时不能勃起，为阳痿，多属肝肾不足。阴茎勃起，未交即泄，为早泄；或不交即泄，为滑精，均属肾虚精关不固。阴茎长期垂脱于包皮之外，不能缩回，为垂缕不收，属肾经虚寒。病程中出现垂缕不收，病情危重。阴囊或睾丸肿胀，为外肾黄，硬而凉者为阴肾黄，热而痛者为阳肾黄。但若肿大而柔软，时大时小，常伴有腹痛症状者，可能是肠入阴（阴囊疝）。

　　观察阴门应注意其形态、阴道黏膜色泽及分泌物有无异常。母马发情时，阴门略红肿，频频开张，并有少量黏性分泌物排出。产后阴门经久排出紫红色或污黑液体，为恶露不尽。妊娠未到产期而阴户虚肿、外翻，有黄白色分泌物流出者，多为流产征兆。

　　望肛门，一般应注意其松紧、伸缩及周围的情况。若肛门松弛、内陷，多为气虚。肛门随呼吸而前后伸缩运动，常为劳伤气喘的症状之一。直肠脱出于肛门之外，为脱肛，因中气下陷所致。肛门、尾根及飞节有粪渣污染，则常见于泄泻。

　　⑧ 望呼吸。呼吸异常往往与肺有关，多见于各种肺病的过程中，但发热、疼痛、气血瘀滞或不足，以及其他脏腑的功能失调等，均可造成呼吸功能的变化，因此，在临床上不论何种疾病都要对呼吸进行检查。

　　健康马匹呼吸调匀，随呼吸动作而胸腹部微有起伏。呼吸计数可观察其胸廓及腹肌起伏动作，在冬季可观察呼出的气流。呼吸频率可随马匹品种、年龄、运动、气候有一定的变动范围。一般幼龄呼吸数比成年稍多，外界气温过高、妊娠后期，呼吸数可生理性增多。

　　在疾病过程中，呼吸的次数及状态常发生变化。虚寒证，呼吸多慢；实热证，呼吸多快。呼吸时腹部起伏加快加深，多为胸内有病，如胸膜炎、胸痛、慢性肺泡气肿、肋骨骨折等。胸部起伏加快加深，多为肚腹内有病，常见于肚胀、胃扩张、腹膜炎、肠臌胀疾病等。若吸气时间延长、费力，说明上呼吸道狭窄。危重患马出现呼吸哽噎，张口咽气，不相连接，往往是气机将绝的表现。

　　⑨ 望饮食。望饮食，包括观察饮食欲、饮食量、采食动作和咀嚼吞咽情况等。

　　在正常情况下，脾胃功能良好，食欲旺盛，机体活动正常。草料减少或食欲废绝，是最常见的症状之一，与脾胃功能有最直接的关系。但是五脏六腑及其他组织的病患也常常出现食欲改变。在各种疾病过程中，食欲的好坏，反映"胃气"的强弱，对判断病情和预后上有重要意义。病情虽重若食欲尚好，胃气尚存，预后良好；反之，草料不进，胃气衰败，百药难施。

　　疾病不同，食欲改变的程度也有所不同。食欲减退，见于各种疾病的初期或感冒和胃肠道疾病。食欲废绝，多由急性热性病引起。食欲时好时坏，多为消化不良。有异食癖，常见于矿物质、微量元素和维生素缺乏或某些寄生虫性病。如连续几天不思饮食，为病情严重，多预后不良；经过治疗，饮食逐渐增加，为疾病好转的表现。

观察饮食动作及咀嚼、吞咽情况，也有助于诊断。唇舌运动灵活，咀嚼有力，吞咽自如。采食动作异常，如不能用唇摄而用牙啃，或欲食而口紧难开，多见于唇舌麻木肿痛或破伤风牙关紧闭。咀嚼缓慢无力，表现小心或疼痛，多为口腔或牙齿有病，如口疮、生长贼牙、牙齿磨缺不齐。

⑩ 望粪尿。粪尿的数量、颜色、气味、形态等，随饲养管理情况的不同而有所差异，但总的来说，在正常情况下是比较恒定的，患病以后，则出现各种异常变化。

大便不出，为胃肠积食、肠梗阻、肠套叠；粪便干燥，多为实热或津液耗伤；粪便稀软带水或清稀如水，多属虚寒；粪渣粗糙，完谷不化，稀软带水，稍有酸臭，多见于脾胃虚弱。粪成糊状，腥臭难闻，或见脓血，则为大肠湿热。粪便带血，为便血。在严重的全身性虚弱、肛门括约肌松弛、脊髓麻痹和意识丧失时，见有不随意的排粪。阻塞性黄疸时，粪呈灰白的黏土色，质地坚硬等。

尿色深而少，多属热证；尿色淡而多，多属寒证。尿淋漓，点滴而下，或久时排不出尿，排尿时卷尾、蹲腰、踏地，有腹痛症状者，为淋证。常见于膀胱积热、尿结石等证。尿液色红带血者，为血尿。尿液完全不能排出，为尿闭，见于膀胱麻痹及膀胱括约肌痉挛。排尿失禁或遗尿，见于脊髓挫伤及虚脱证。

（3）察口色 察口色（图1-261），就是观察口腔各有关部位的色泽、舌苔、舌形、舌态及口津等的变化，以诊断脏腑病症的方法。口色是气血的外荣，是脏腑功能活动的外在表现，口色的变化反映着体内气血盛衰和脏腑虚实。因此，口色对病证诊断和预后具有重要意义。

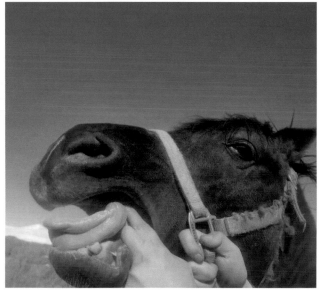

图1-261 察口色

检查时，医生一手拉住笼头，一手的食指和中指在近嘴角处拨开上下唇，观察唇内、口角、排齿的颜色，然后再将两指从口角伸入口腔，感觉其干湿温凉，同时两指上下撑开口腔，即可仔细观察舌色、舌苔、舌形、舌态及卧蚕情况。

① 正常口色：正常口色（图1-262）一般是舌质淡红，不胖不瘦，灵活自如，舌苔微有薄白，稀疏均匀；干湿得中，不滑不燥。由于四季气候、品种、年龄不同，或一些其他因素的影响，正常口色会有差异和不同的变化。

② 有病口色：有病口色可从舌色、舌苔、舌形、舌态等方面观察。

a.舌色。常见的病色有白色（主虚证）（图1-263、图1-264）、赤色（主热证）、青色（主寒、痛证、风证）、黄色（主湿证）（图1-265～图267）和黑色（主寒极、热极）。

图1-262　正常口色

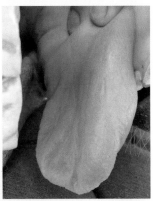

图1-263　淡白

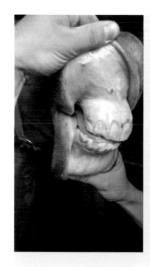
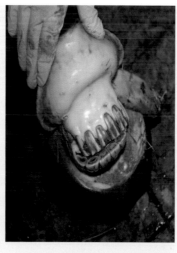

图1-264　苍白（马患有梨形虫病，极度贫血）

图1-265　黄色

图1-266　黄白

图1-267　红黄

b.舌苔。舌苔的变化可反映胃气的强弱、病邪的深浅、病性的寒热和病情的进退。健康马匹舌苔薄白，稀疏均匀，干湿得中。有病舌苔，主要在苔色和苔质发生变化。苔色常见的病色有白苔（主表证、寒证）、黄苔（主里证、热证）和灰黑苔（主热证、寒湿证）（图1-268～图1-270）；苔质指舌苔的有无（病情的进退和胃气的复衰）、厚薄（病情进退及病位深浅）、润燥（津液变化）及腐腻（湿浊与阳气的消长）（图1-271）。

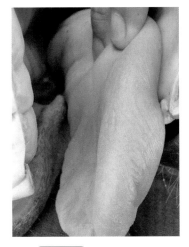

图1-268 正常薄白苔

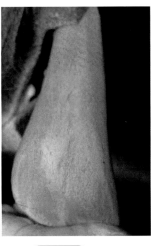

图1-269 黄苔

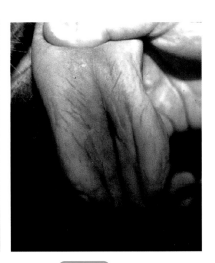

图1-270 灰黑苔

图1-271 腻苔

c.舌形。指舌体的形状，包括胖瘦（舌体的大小）、老嫩（舌质纹理粗糙与细腻）和荣枯（阴液与热盛）。

d.舌态。指舌体的运动变化。如舌体僵硬，运动不灵，见于木舌症；舌体绵软，运动无力，见于虚证；舌体颤动不定，不能自主，见于虚证；舌伸长吐露于口外，见于高热神昏或正气已绝；舌体偏于一侧，见于中风。

③ 绝色：绝色是危重症或濒死期的口色。一般认为，青黑或紫黑是绝色。《元亨疗马集·脉色论》又有："青如翠土者生，似靛染者死；亦如鸡冠者生，似衄血者死；白如豕膏者生，似枯骨者死；黑如乌羽者生，似炲煤者死；黄如蟹腹者生，似黄土者死。"颜色光泽鲜明，说明正气未伤，生机尚存，预后良好；颜色晦暗无光，表示正气已伤，生机全无，预后可疑，甚至是死候，故有"明泽则生，枯夭则死"的记载。

2.闻诊

是通过听觉和嗅觉了解病情的一种诊断方法，包括耳闻声音和鼻嗅气味两个方面。

（1）闻声音

① 叫声。健康马匹在求偶、呼群、唤子、警告等情况下，往往发出洪亮、明快而有节奏的各种叫声。疾病过程中，叫声的宏微高低、节奏、方式常有变化。叫声洪亮者，多为正气未衰，病情较轻；声音低微者，多为正气已衰，病情较重。叫声平起而后延长的，正气尚存，病虽严重，仍有救治希望；叫声怪猛而音短促的，多属毒邪攻心，病较难治，叫声清脆者，病轻好治；叫声嘶哑如破锣者，病重难医。马匹在病情严重及异常痛苦时，常发出低微的呻吟声。应当注意，喉颡的局部疾患，往往影响叫声。

② 呼吸音。健康马匹呼吸平和，一般不易听到声音。但用听诊器在胸部听诊时，可听到不同的呼吸音，剧烈运动和劳役时，呼吸音变为粗大。在患病过程中，如患马气息平和，表示病情轻；气息不调的，则病情较重。若呼吸气粗，多属热属实；气息微弱者，多见于内伤劳损，属虚。呼吸时伴有痰声作响者，为痰饮壅聚之症。呼吸困难而促迫，甚则发出抽锯声，则为病重；呼吸鼻出哽气者，为病势重危。呼吸时气息急促称为喘。

③ 咳嗽声。健康马匹一般不咳嗽。咳嗽是肺经病的一个重要证候。由于疾病的性质和病程不同，咳嗽的声音、时间及伴随的症状也不相同。凡咳嗽声音洪大而有力的属实，多系暴发性新病；咳嗽声音低弱而无力的属虚，多见于劳伤久病。咳嗽有痰为湿咳，见于支气管炎的中、后期；咳嗽无痰为干咳，见于慢性支气管炎，胸膜肺炎等。大声咳嗽的，为肺气盛而病轻；半声咳嗽的，为肺气滞塞而病重。白天咳嗽频繁，为阳咳，多属肺经实热，易于治疗；夜间咳嗽频繁，为阴咳，多属肺经虚寒，治疗较难。

④ 咀嚼声。健康马匹在采食时可听到清脆而有节奏的咀嚼声。患病过程中，如咀嚼缓慢小心，声音很低时，多为牙齿松动、疼痛。口内无食物而牙齿咬磨作响，称磨牙，多由疼痛引起，常常是病重病危的象征。

⑤ 肠音。肠蠕动时发出的鸣响音。健康马匹小肠音如流水声，大肠音如远方雷声，有一定的节律。患马肠音增强或亢进，肠鸣如雷，多属肠中虚寒，如冷痛、冷肠泄泻等证。肠音减弱或寂然无声，多为胃肠滞塞不通，如胃肠积滞、便秘或结症等。肠臌气时，由于肠管充气紧张，可听到金属音。

（2）嗅气味

① 口气。健康马匹口内无异臭，带有草料味。若口气秽臭，多为胃内有热；若口气酸臭多属胃内积滞、消化不良；口气腥臭、腐臭，多是口腔黏膜糜烂溃疡的表现。

② 鼻气。健康马匹鼻无特殊气味。若出现难闻的鼻臭，主要见于肺经疾患。若鼻流黄灰色脓涕，气味腥臭，多属肺痈。鼻流黄色或黄白色脓涕，气味尸臭，多属肺败，也见于异物呛肺后期、肺脓肿及鼻疽等。一侧鼻孔流出黏稠的灰白色或黄白色鼻液，气味恶臭，常见于鼻窦蓄脓。

③ 粪便。在某些胃肠疾病过程中，粪便的气味会发生变化。如粪便稀薄带水，臭味不显者，多属脾虚泄泻。如粪便气味酸臭，多属伤食。如粪便腥臭难闻，多属湿热证，见于痢疾等。

④ 尿液。马尿有一定的刺鼻臭味，较其他动物尿液的气味为重。若尿液浓稠短少，气味熏臭，多为实热；若尿液清长，无异常臭味，多属虚寒。如尿液短少，混浊而有恶臭者，多为膀胱积热；如尿色深褐而气味腥臭者，多为肾受损伤。

⑤ 带下。母马带下的气味和性状对疾病诊断有一定意义。带下气味不重、清稀而色白者，多属脾肾虚寒。气味较重黏稠而色黄者，多属湿热下注。

⑥ 脓汁。脓汁的气味及性状对疮疡的鉴别有重要意义。脓汁恶臭、黄稠、混浊者，属实证、阳证，多为毒火内盛；脓汁腥臭、灰白、清稀者，属虚证、阴证，多为毒邪未尽、气血衰败。

3.问诊

问诊，就是与马主及有关人员有目的地交谈，对患马进行调查了解的一种方法。通过问诊可以获得很多与疾病有关的材料。

（1）问发病　主要询问发病的时间、起病时的主要症状和发展过程。从发病的时间可以了解病证处在初期、中期或后期，是急性病还是慢性病。如系突然发病、死亡头数多、症状基本相同，就应考虑急性时疫或中毒。了解疾病的发展情况，对于诊断也有意义。如病程长、饮食时好时坏、排粪时干时稀、日渐消瘦，则可能是脾胃虚弱。如病初排少量干小粪球，随之排粪停止，而腹痛随之加重，多为结症。

（2）问病因

① 马匹来源。了解患马是自繁自养的，还是由外地引进的。如属引进不久，则应考虑原产地的疫病情况，引进后气候水土及饲养管理条件的改变等对马匹发病的影响。如属自繁自养，还应了解是否因运输而外出某些地区，结合当时各地区的情况进行分析。

② 饲养管理。询问饲料的种类、来源、品质、调制和饲喂方法等情况。如长期饲喂干草、饥饱不匀、空肠饮冷水，或突然改变饲料，或饲料霉败不洁等，容易引起腹痛、腹胀、腹泻等胃肠道疾病。询问有无圈舍，厩舍的保暖、通风、防暑、光照、卫生等情况。如寒夜拴系于外，厩舍寒冷、污秽、潮湿、泥泞，均易引起风寒感冒、风湿痹痛、蹄部疾患等。饲槽不洁，常引起脾胃病。马体卫生不良，常引起皮肤病。

③ 生产使役。从生产性能、使役种类、使役量、使役方法、鞍具、挽具、役畜搭配等方面了解。如使役过重，长途乘挽，容易发生心、肺经病证，四肢病和劳伤等。鞍挽具不

良，容易发生鞍伤、背疮等。夏季烈日下使役，易引起中暑。奔驰跳跃，易致闪伤、骨折。

④ 疫病流行。对于突然发病、病势紧急、病情严重的病例，应询问同群或附近马匹患类似疾病的数目和比例，其他种动物是否也有类似疾病发生。这对判断是否为时疫流行，并及时采取防治措施是很重要的。如同群或附近同类马匹也类似的疾病，发病急促，数目较多，并伴有高热，则可能为瘟疫流行。如无发热，且为误食某种饲料后发病者，可疑为中毒。如发病不甚急促，但数目很多，又无误食毒物的病史，应考虑某种营养物质缺乏。

（3）问病史

① 既往病史。询问患马以往的发病情况。如曾发生过破伤，可能引起破伤风。眼病反复发作，可能是月盲。长期吐草、跛行，可能是翻胃吐草等。另外，久病多虚、病程较久的多为虚证或虚实错杂。

② 诊疗经过。包括是否进行过诊断治疗，曾诊断为何种病证，用过什么药，用药后有什么变化和反应与效果等。了解这些情况，对于疾病的确诊、合理用药、提高疗效、避免医疗事故的发生，以及判断预后等方面，都是非常重要的。例如，结症患马在短时期内已用过大量泻剂，而药效尚未完全发挥出来，如不询问清楚，盲目再用大量泻剂，必致过量，产生不良后果。

③ 生殖性能。配种、妊娠、产仔，与病的发生、诊断、治疗有密切关系。公马配种过于频繁，往往导致性欲降低、滑精、阳痿等肾虚证。母马在胎前产后容易发生某些胎产病，如产前不吃、难产、子宫内膜炎等。所以在治疗用药方面，产前应避免使用妊娠禁忌药，在哺乳期，应注意药物对乳质和哺育后代及人类的影响。马驹的某些疾病也与其父母的配种和胎产情况有密切关系，需要询问清楚等。

4.切诊

切诊是医生用手指对马体进行切、按、触、叩，从而获得病辨证资料的一种诊查方法，包括切脉和触诊两部分。

（1）切脉　切脉又叫脉诊，是医生用手指切按患马的颌外动脉，根据脉象了解和推断病情的一种诊断方法（图1-272）。切脉时，医生站在马头一侧，一手握住笼头，一手拇指置于下颌骨外侧，食指、中指、无名指伸入下颌支内侧，前后、上下滑动寻找颌外动脉。

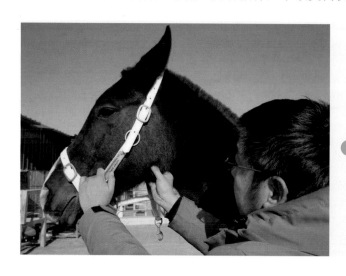

图1-272　切脉

摸到脉动后，三指布于寸、关、尺部位，先轻按（浮取），再中度用力（中取）、重度用力（沉取）诊察脉象，此为"三部九候"。切脉时，首先环境应宁静，患马若刚刚经过较大的劳役和运动，应先让其休息片刻，待停立安静、呼吸平稳、气血调匀后再行切脉。此时医生也要保持呼吸稳定，全神贯注，仔细体会。每次诊脉时间，一般不少于3分钟。

脉象，就是脉动应指的征象，包括部位、速率、强度、节律、流利度及波幅等。脉象分健康无病之脉象、反常有病之脉象和病势垂危之脉象三种，分别简称为平脉、反脉和易脉。

① 平脉。表现为不浮不沉，不快不慢，至数一定，节律均匀，中和有力，连绵不断。正常脉象随机体内外因素（如四季气候、性别、年龄、体格）的差异变化而稍有相应改变。

② 反脉。因病证多样，故脉象变化相应复杂，临床上常见的有浮脉（主表证）与沉脉（主里证）、迟脉（主寒证）与数脉（主热证）、虚脉（主虚证）与实脉（主实证）、滑脉（主痰饮、食滞、实热）与涩脉（主精亏血少、气滞血瘀）、洪脉（主热盛）与细脉（主诸虚劳损，以阴血虚为主）、促（主阳盛实热，气滞血瘀）结（主阴盛气结、寒痰瘀血）代脉（主脏气衰败、痛证、跌打损伤）。因为疾病是复杂的，临证时，一种疾病并不是只出现一种单一的脉象，而常常出现两种或两种以上的相兼脉，即复合脉象。如表热证，脉见浮数；里寒证，脉见沉迟；贫血、失血性疾病时，脉见细数；某些中毒性疾病时，脉见迟缓。

③ 易脉。也称"绝脉"，多是脉形大小不等、快慢不一、节律全无、散乱无序的脉象。表示生机已绝，疾病已到垂危阶段。其有雀啄、屋漏、虾游、解索、鱼翔、弹石、釜沸等多种脉象表现。

（2）触诊　触诊是对患马各个部位进行触摸按压，以探察冷热温凉、软硬虚实、局部形态及疼痛感觉等方面的变化，为辨证论治提供有关资料和依据。

① 凉热。就是触摸耳、鼻、口、体表、四肢等部位的温度，以判断病证的寒热虚实。体温升高，见于发热性疾病、流行性感冒、内科病等。体温低下，见于心力衰竭、贫血、某些中毒病、各种疾病的垂危期等。有口温、鼻温、耳温、体表及四肢温凉等项目。

② 肿胀。摸肿胀主要为了察明肿胀的性质、形状、大小及敏感度等方面的情况。肿胀坚硬如石，多为骨肿；肿胀坚韧，多为肌肿或筋胀；手压有痕，多为水肿；按压软而有波动感，则为脓肿、血肿或淋巴外渗。淋巴结急性肿胀、有热痛感，提示周围组织、器官的急性感染。

③ 咽喉及槽口。触诊咽喉主要注意有无温热、疼痛及肿胀等异常变化。常用两手同时由两侧耳根部向下逐渐滑行并轻轻按压以感知其周围组织的状态。如咽喉部触诊敏感，出现明显的肿胀和热感并有疼痛，多属嗓黄；触之喉部即发咳嗽者，多属肺经有病。必要时，可用开口器打开口腔，将舌向前拉出，观察咽喉。

健康马匹槽口清利，皮肤柔软松弛而有弹性。若有肿胀疙瘩，甚则肿满槽口，触之热痛，常为槽结或肺败。

颈部食道可通过外部触诊，判断有无敏感疼痛或异物阻塞。胸部食道，需用胃管探诊。以探查食道有无阻塞、扩张及狭窄。必要时用X射线造影进行检查。

④ 胸腹。用手按压或叩打两侧胸壁时，患马躲避或拒按，则多为胸内疼痛，常见于肺痛（胸膜肺炎）。触诊两侧腹壁，腹肌紧张，腹部下沉，有拍水音和疼痛反应者，多为腹膜

炎。按压腹部主要探察腹内的虚实，如胧部膨胀，叩击呈鼓音者为肠胀（肠臌气）。

⑤ 谷道入手。谷道入手是直肠检查和按压破结的手法，具有重要的临床意义。中兽医在此方面积累了丰富的经验。《元亨疗马集·起卧入手论》中对直肠检查的准备、方法、步骤和破碎结粪的手法有较详细的记述。谷道入手还可用以诊断其他疾患，如骨盆和腰椎骨折、骨瘤、肾脏、膀胱以及公马的肠入阴和母马的子宫、卵巢等脏器疾病。

第三节　马的给药方法

马使用的药物种类繁多，可以通过多种途径给药，以达到全身或局部的作用效果。

一、口服给药

口服给药是最简单的全身给药方法。由于胃肠系统吸收药物可能很慢，当马不愿意经口服给药时，非肠道途径是首选。马需要口服的物质有很多，包括抗生素、抗炎药、驱虫药、益生菌或其他营养补充品，主要以膏剂为主，多数马匹都能接受将物质放入口腔。

（一）方法

图1-273　口服给药-使用注射器（膏剂）
（王征远供图）

（1）口服药物可与饲料混合　添加糖蜜的饲料或切碎的胡萝卜有助于马接受难以接受的药物味道。另一种方法是把药物藏在苹果或胡萝卜里给药。

（2）使用注射器给药　马直接口服给药不便时，呈膏状（如驱虫药）或可与水混合成膏状或溶液的药物，可采用注射器给药。具体操作程序（图1-273）为：① 给药人员站于马的一侧，需要一位经验丰富的马工来控制马的头部，必要时可用鼻捻子保定；② 检查口腔排空后，将注射器的尖端插入口腔一侧，向上指向舌，将药物直接放于舌头上；③ 抬起马头，尽量闭上马嘴，防止药物被吐出来。

（二）并发症

（1）难以确保摄入全部剂量。

（2）药物误吸，引起吸入性肺炎。

（3）与非肠道途径相比，疗效低。

二、鼻胃管给药

鼻胃管给药是马的常规给药方法，可补充体液和电解质，特别适用于保证给入完整剂量的药物。此外，胃管最常被用于诊断和治疗马的急腹症（疝痛），如判断小肠绞窄性梗阻，解压、缓解腹胀，导出积聚在胃的内容物、液体和气体（图1-274、图1-275），也可用于诊断和治疗食道梗塞。

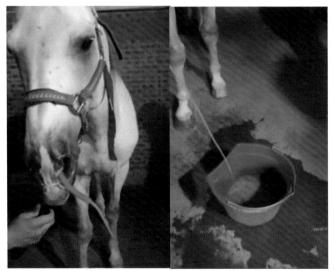

图1-274　鼻胃管导胃减压（液体）

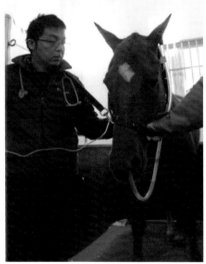

图1-275　鼻胃管导胃减压（气体）

（一）方法

（1）马带好笼头和缰绳进入柱栏，必要时采用鼻捻子保定，在马站立的情况下将胃管经鼻腔进入食道及胃。尽可能不镇静，避免由于镇静引起吞咽困难而不便操作。

（2）投胃管前应将其外部涂润滑剂润滑。站在马的侧前方，将胃管插入鼻孔的腹内侧。用食指或拇指确保胃管指向腹侧，可最大限度地减少鼻甲的损伤，从而减少鼻出血的发生［图1-276（A）、图1-276（B）］。将一只手放在鼻梁上有助于头部固定，但一定不要阻塞气道［图1-276（C）］。若发生鼻出血，等待5～10分钟，然后使用另一个鼻孔投入。

（3）当胃管到达咽部会厌软骨时，通常会感觉到通过时有阻力（在投之前将胃管用标记物体外标记插管，可以帮助识别确定胃管到达会厌软骨的时间和位置及何时在咽内。当刺激会厌软骨，马吞咽时，应使马的颈部向内弯曲，以方便胃管进入食道，而不是进入气管）。

（4）若胃管很容易通过，无阻力及无负压产生，管子可能进入了气管。同时马也会发生咳嗽。此时应将胃管立即拉回咽部，然后再试着马吞咽时将胃管投入食道。

（5）当胃管在食道内时，投送过程中应该会有轻微的阻力，吸吮时应产生负压（压扁的洗耳球不回复），并在颈段食管内触摸到硬的胃管。由胃管向下吹气时，可看到食管（颈

图1-276　鼻胃管投入（单然供图）

部左侧）膨起（图1-277）。通过检测负压或触诊食管内的导管，确认导管已进入食管。慢慢地向管子里吹气把它推进胃里。胃管应穿过贲门进入胃，以减轻胃内积存的气体和液体。

（6）为防止胃破裂，马和马驹在鼻胃管给液体之前，应检查是否有反流。检查反流的方法是先通过胃管灌入500～1000毫升温水，然后将胃管末端放在一个空桶中，使其低于马胃的高度，形成虹吸（图1-278）。

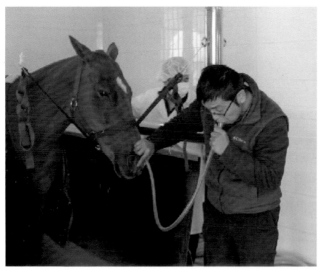

图1-277　胃管内吹气判断胃管进入食道

图1-278　检查胃反流

（二）并发症

（1）常见的并发症包括鼻出血（1-279）、咽部和食道损伤、吸入性肺炎或胃管液体给药误入气管。

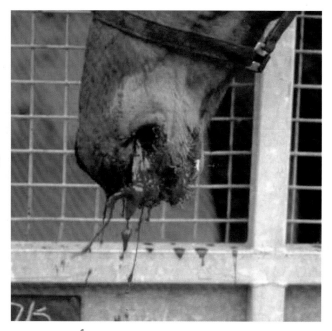

图1-279　鼻胃管投入常见并发症——鼻出血

（2）出血通常会停止，马头应该保持在一个不高不低的位置，以便促进凝血。把马头抬得太高会引起吸血和肺炎。应该监测出血量，可口服硫糖铝治疗严重的咽部和食管创伤。

（3）矿物油和其他润滑剂或泻药的吸入性肺炎通常致命。

三、注射给药

注射给药比口服给药在体液中的浓度更容易预测。采用肠外给药途径，如肌内注射、皮下注射或静脉注射，取决于药物配方和许可的途径。当药物可以通过多种途径给药时，通常首先采用静脉注射途径，以便快速达到最佳的血药浓度。有时选择肌内注射是由于作用时间更长或药物不适合静脉注射。

注射24～48小时内，注射部位可能会感到不适（特别是肌内注射），因此应在不同的部位分点注射。随着注射疗程的延长，注射部位应轮换。注射部位偶尔也可能发生脓肿。非肠道给药的一个潜在并发症是过敏反应，症状包括注射部位的疼痛、肿胀、出汗、急腹症和虚脱。

（一）肌内注射

肌内注射适用于许多药物和疫苗注射，指将生物制剂或其他药物注入肌肉。无明确标记为肌内注射给药的特定物种的药物不应该通过这种途径给药。

1.注射部位

药物最好注射到大的肌肉群中。主要给药部位为颈部、臀肌和半膜肌/半腱肌、胸肌，具体部位特点见表1-4。颈部肌内注射的合适位置是在颈椎腹侧、颈韧带背侧和肩胛骨尾侧

表1-4　常用肌内注射部位及部位特点

注射部位	特点
颈部	用于小体积或偶尔大体积注射。对技术人员来说更安全，因为马不太可能踢到人。该部位的外边界包括颈韧带、肩胛骨头侧缘和颈静脉沟
胸肌	主要用于接种疫苗。场地对技术人员来说更安全，因为与个太可能踢到人。强大的肌肉可以容纳更大的容量或重复注射
半膜肌或半腱肌	马驹最常用的部位。技术人员应该谨慎行事，避免被踢。不要注射到两个肌肉间的韧带区域。肌肉位于尾部区域
臀部	大块肌肉可以容纳大容量或反复注射。当脓肿形成时，难以引流

组成的三角形区域内［图1-280（A）］。马臀肌是注射的一个大靶点［图1-280（C）］，但在形成脓肿时，臀肌最难引流，且在进行注射时，臀肌有被踢伤的危险。半膜肌/半腱肌容易引流，但像臀肌一样，给药者受伤的风险更高。胸肌注射引发的脓肿最易引流［图1-280（B）］。

图1-280　肌内注射常用部位

（A）—颈部；（B）—胸肌；（C）—臀部及半腱肌和半膜肌

2.方法

（1）给马套上笼头，鼻捻子或柱栏保定。切记不要在马不佩戴笼头的情况下注射，即使是关在马厩里。

（2）70%酒精擦拭注射部位。

（3）注射前在注射部位捶打一两下，手持装好针头（21G或18G）的注射器垂直于马，迅速刺入肌内注入。确保针完全插入。在拔出注射器之前，注射器与针头应牢固连接，抽吸确保没有刺穿血管。如果在注射器中吸入血液，则应将针头取出并换到另一个位置，切记不要在无抽吸的情况下肌内注射，许多生物制剂如果注射到血液中可以导致死亡。另一种方法是一只手抓捏马皮肤，然后在附近刺入进行注射（图1-281）。

（4）中等速度注入药物，每个注射部位的最大注射容量不超过15毫升。新生马驹每个部位的最大注射容量为10毫升以内。如果需要注射的总量超过最大容量，需分点注射。

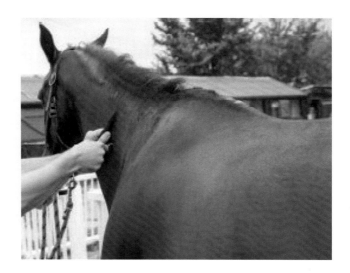

图1-281　颈部肌内注射

（5）注射完毕，拔出针头及注射器。拔出针头时，注射部位偶尔会出血，可能是由于皮下组织的血管破裂所致，并不意味着进入了血管。用棉花或纱布擦掉血迹即可。

3.并发症

（1）肌炎。

（2）注射部位形成脓肿（图1-282）。

（3）不慎注入血液。

（二）皮下注射

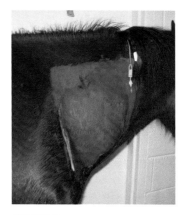

图1-282　颈部注射引发的脓肿

皮下注射部位通常在颈部一侧肩胛骨前缘的前面。注射部位消毒后，将适当大小（如21G）的无菌皮下注射针头与注射器连接后，插入用手提起的皮肤皱褶处。回抽注射器柱确保没有刺入血管后注射药物。

（三）静脉注射

静脉用药可以使用注射针头（通常为16/18/20G，4厘米长）和注射器注射到静脉，也可以通过留置针注射（图1-283）。

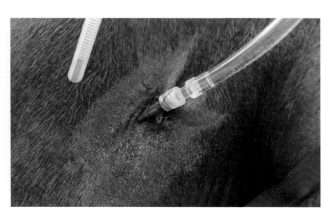

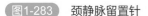　颈静脉留置针

1.注射部位

颈静脉是最常用的注射部位［图1-284（A）］，必要时也可使用其他部位，如胸外侧静脉、头静脉和隐静脉［图1-284（B）］。

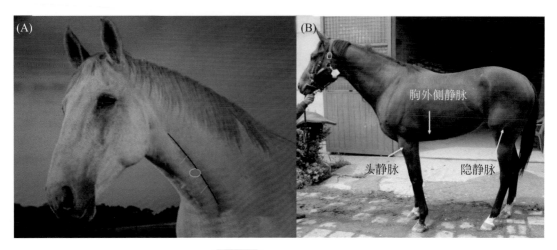

图1-284　静脉注射部位

（A）—颈静脉（颈部中1/3）；（B）—胸外侧静脉、头静脉和隐静脉

2.方法

（1）给马套上笼头，马工牵马，放在或不放在柱栏内，适当保定或不保定。

（2）确定颈静脉沟。

（3）用酒精棉签（球）对颈静脉沟进行消毒，然后从注射器中取出针头［图1-285（A）］。

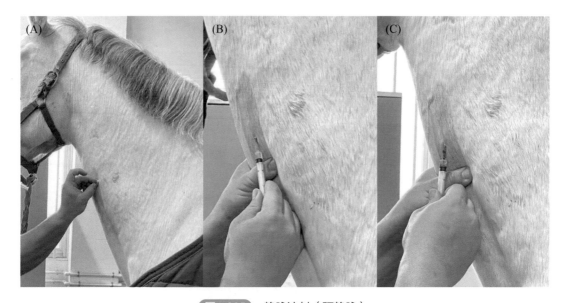

图1-285　静脉注射（颈静脉）

（针可向上或向下穿刺，向下指向心脏，可减少意外刺穿颈动脉的概率，可使进入静脉的空气量最小）

（4）颈部两侧都有颈静脉，拇指按压胸腔入口附近，当血液充盈或静脉压力释放时，观察其膨起。

（5）膨起充分后，将针斜向上30°指向颈部中1/3皮肤处，迅速刺入膨胀的颈静脉[图1-285（B）]。

（6）抽吸回血以确认刺入静脉，然后以适中的速度注射[图1-285（C）]。

（7）拔出针，按压1～2分钟。

3.并发症

（1）动脉穿刺、血肿　在寻找颈静脉时，如果针插得太深，可能会意外刺穿其他结构，如颈动脉内注射。在这种情况下，血液可能会在压力作用下从针中喷出。静脉给药不应该在动脉内进行，因为可能会发生急性塌陷等不良反应。

（2）血管外注射　当注射刺激性物质时，血管外注射可能导致注射部位疼痛/感染，并可能导致组织脱落。

（3）药物不良（过敏）反应。

四、局部给药

局部给药包括将药物涂抹或注射到皮肤和眼、肺、直肠、子宫和关节等部位。局部给药可提供高浓度的药物而使总剂量减少，全身给药需要增加剂量才能达到同样的效果。

治疗眼部疾病有时需要直接将药物涂抹在眼睛表面，应小心避免用药物喷嘴的末端接触眼睛或眼睑，也可以通过灌洗装置给药（图1-286），或者可以结膜下注射。

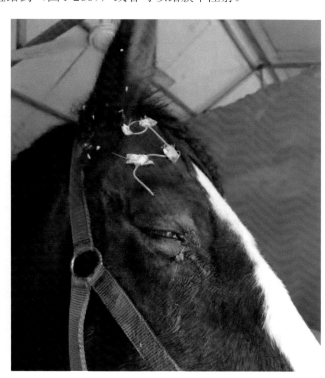

图1-286　眼球灌洗术（李航提供）

皮肤病可以用多种药物治疗，包括软膏、粉末、乳液和喷雾等。皮内注射偶尔用于过敏检测。可以使用带口罩的雾化吸入器或计量吸入器以相对低的剂量直接给肺用药（图1-287）。关节内注射用于局部麻醉诊断（神经阻断）及给药（图1-288）。为将感染风险降到最低，必须在注射前对注射部位进行严格消毒。有些药物是直肠用药，如灌肠应注意避免直肠撕裂。对雌性生殖道内部用药是治疗子宫内膜炎等疾病的常用方法。

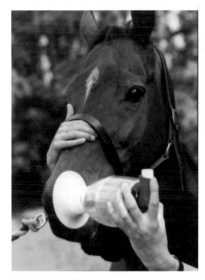

图1-287　雾化吸入给药

图1-288　关节内注射（神经阻断）

第四节　一般外科技术

一、消毒

消毒是兽医临床外科操作的基本技术之一。该技术主要应用于无菌术。其中，无菌是指没有活的微生物的状态。无菌术是指在外科范围内，防止创口（包括手术创）发生感染的综合预防性技术。因此，无菌术包括灭菌法、消毒法和无菌操作规程。临床常综合使用灭菌法和消毒法，这两种方法统称为"消毒"。外科无菌操作管理规程是指防止已灭菌和消毒的物品及已进行无菌准备的手术人员和手术区域不再被污染的方法。

（一）消毒的方法

1.灭菌法

是利用物理方法彻底杀灭一切活的微生物的方法，包括热力性灭菌、人工紫外线辐射灭菌、环氧乙烷灭菌、微波灭菌、辐射灭菌、超声波灭菌等。热力性灭菌有干热灭菌（如干燥灭菌箱）和湿热灭菌［如流动水蒸气消毒（高压蒸汽、普通蒸汽）和煮沸灭菌］。

（1）煮沸灭菌法 最经济实惠的灭菌法。只需在一个铝锅或铁锅、不锈钢锅内倒入清洁的自来水，加热煮沸3～5分钟后放入物品（如棉花、纱布、敷料、玻璃注射器、钢制针头等）进行二次煮沸，从水沸开始计时15分钟即可将一般的细菌杀灭，如煮沸1小时以上则可杀灭芽孢细菌，如破伤风杆菌、炭疽杆菌、坏死杆菌等。如水中还加入$NaHCO_3$成为2%的碱性溶液，不仅可防止金属器械生锈，还可提高沸点缩短灭菌时间。

（2）高压蒸汽灭菌法 是兽医临床最常用、最可靠的消毒方法。需要高压蒸汽灭菌器即高压锅（图1-289），利用蒸汽聚集产生的压力增高内部温度，常用的蒸汽压力为0.1～0.137兆帕，温度可达121.6～126.6℃，维持30分钟左右，可杀灭所有病原微生物。但更高的压力或更长的时间灭菌则会影响物品的质量，没有必要。高压后的物品还需置于干燥箱中进行干燥。为注明已高压灭菌物品，还需在外包装粘贴氧化锌胶带，胶带宽2厘米，胶带上有斜形线条状指示剂，经高压后由淡黄色变为黑色，则表明符合灭菌条件（图1-290）。另一种121℃压力蒸汽灭菌化学指示卡可被放在灭菌物品中间，一端涂有指示剂，变黑表明符合灭菌条件。置入高压锅内进行高压灭菌的物品需进行单独封装，图1-291所示封口机和封口袋，一般用于手术常规器械的单个包装。纱布块、创巾等可以放入高压灭菌储物槽进行高压（图1-292）灭菌，高压时打开储物槽的通气孔，灭菌后取出时关闭通气孔。

图1-289 立式高压蒸汽灭菌锅

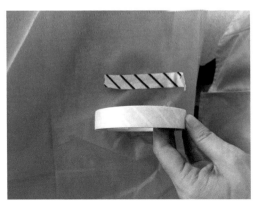

图1-290 高压灭菌指示条

图1-291 封口机及封口袋

图1-292 高压灭菌储物槽

（3）人工紫外线辐射灭菌法　购置紫外消毒车或安装紫外灯管，通过紫外消毒灯的照射，可以有效地净化空气，明显减少空气中细菌的数量和杀灭物体表面附着的微生物。一般在无人的空间开灯照射2小时，有明显的杀菌作用。照射距离以1米内为最佳，超过1米则杀菌效果减弱。物体表面要求直接照射，因为紫外线的穿透力很差，只能杀灭物体表面的微生物。如果空间内的紫外线强度低于50微瓦·秒/厘米^2，则杀菌效果差，不宜使用。另外，紫外灯管要保持干净，不可沾有油污等，否则杀菌力下降。人员不可长时间处于紫外线的照射下，否则可以损害眼睛和皮肤，造成轻度灼伤。

（4）环氧乙烷灭菌法　是目前医疗器械广泛采用的灭菌方法。环氧乙烷是一种光谱灭菌剂，属易燃易爆的有毒气体，具有芳香的醚味，在4℃时相对密度为0.884，沸点为10.8℃，密度为1.52克/厘米^3。在室温条件下，很容易挥发成气体，当浓度过高时可引起爆炸，需专门设置消毒间和由专人管理使用。环氧乙烷灭菌的优点是：在常温下能杀灭所有微生物，包括细菌芽孢；灭菌物品可以被包裹、整体封装，可保持使用前呈无菌状态（图1-293）；环氧乙烷不腐蚀塑料、金属和橡胶，不会使物品发生变黄变脆；能穿透形态不规则物品并灭菌；可用于那些不能用消毒剂浸泡、干热、压力、蒸汽及其他化学气体灭菌之物品的灭菌，如液体灭菌。

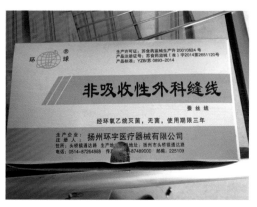

图1-293　经环氧乙烷灭菌的非吸收性缝线

2.消毒法

又称抗菌法，即防腐术，是指使用化学药物使微生物的生命活动受到抑制或杀灭微生物的方法。化学药品消毒法并不理想，尤其对细菌的芽孢往往难以杀灭。此外，化学药品消毒的能力受到药物浓度、温度、作用时间等因素的影响。但化学药品消毒法不需特殊设备，使用方便，尤其对于某些不宜用热力灭菌的用品的消毒，仍不失为一个有用的补充手段。常用的有下列几种：

（1）新洁尔灭　是应用最多、最普遍的一种消毒液，使用时多配制成0.1%的溶液，浸泡至少30分钟，可用于浸泡消毒手术器械、手臂或其他可以浸湿的用品等。新洁尔灭属于阳离子表面活性剂，使用时可以直接浸泡消毒物品，不再需用灭菌水冲洗。稀释后的水溶液比较稳定，可长时间贮存，但一般不宜超过4个月。如果需要长期浸泡器械，必须按比例加入0.5%亚硝酸钠，配成防锈新洁尔灭溶液。如果溶液中存在有机物，会使新洁尔灭的消毒能力显著下降，故在应用时需注意不可带入血污或其他有机物。器械上的血污必须清洗干净，然后才能浸泡入药液中。否则很快使药液变为灰绿色而降低其杀菌能力。注意：使用新洁尔灭时，不可与各种清洁剂如肥皂混用，忌与碘酊、升汞、高锰酸钾和碱类药物相混合应用，否则会降低新洁尔灭的消毒效能。

（2）洗必泰　也称为葡萄糖酸氯己定、醋酸氯己定，是一种双胍氯苯，有相当广泛的抗微生物活性。在pH5.0～8.0时，对抗革兰氏阳性菌和革兰氏阴性菌的活性最有效。氯己定的作用比醇类开始得慢，但是它在皮肤上有相当长的持续性（残留物附着）。低浓度的氯己定被广泛用作眼药的防腐剂，但高浓度的氯己定会对角膜（手术前备皮消毒液含4%葡萄糖酸氯己定）造成严重的角膜炎及视力的逐渐降低。因此，皮肤的抗菌氯己定制剂在手术前不能用于面部及头部。马兽医临床常用洗必泰进行肌肉、静脉及一般皮肤穿刺前消毒，采血部位皮肤消毒和手术部位的皮肤消毒。

（3）酒精 一般采用70%的酒精，用于浸泡器械，特别适用于有刃的器械。浸泡不少于30分钟，可达理想的消毒效果。70%酒精亦可作为手臂的消毒液，但消毒之后需用灭菌生理盐水冲洗一下。其他可浸湿物品也可使用70%酒精浸泡消毒。

（4）聚维酮碘和碘伏 聚维酮碘是碘伏中最常用的品种，不需用乙醇脱碘。碘伏是洗必泰酒精和碘加表面活性剂络合而成，聚维酮碘是聚乙烯吡咯酮和碘的有机复合物。碘伏的有效碘浓度为0.2%，而聚维酮碘的有效碘浓度为0.5%～1%。使用的对象不同，杀菌的效果也是不同的，碘伏要强于聚维酮碘。聚维酮碘是通过不断释放游离碘而发挥抗菌作用，其作用机制是使菌体的蛋白变性，对细菌、真菌、病毒均有效。其广谱杀菌力强、毒性低，几乎没有什么刺激性和腐蚀性，适合于牲畜消毒。马兽医临床上使用的聚维酮碘，0.75%溶液用于消毒皮肤、0.1%可用于口腔消毒、1%溶液用于阴道黏膜消毒、0.5%溶液以喷雾方式用于腔洞黏膜（鼻腔、咽、阴道等）防腐。

（二）消毒的应用

1.手术耗材的消毒

包括手术器械、敷料、手术衣帽、口罩、创巾等物品的消毒。高压蒸汽灭菌时，所有的物品都需清洁后，单独使用密封袋密封包装、储槽或包巾包裹后粘贴高压灭菌指示条，标明其内物品名称和高压日期才可放入高压锅内高压。一次性的环氧乙烷灭菌耗材如注射器、纱布块、缝合材料、创巾、手术衣、手术乳胶手套等比较流行于兽医临床。注意：不可吸收缝线——丝线经多次高压灭菌后易变脆，用时易断裂，如经济条件允许，最好使用一次性医用可吸收缝线进行缝合（图1-294）。

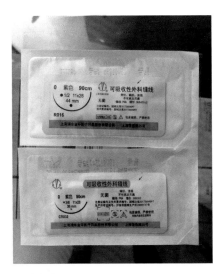

图1-294 一次性医用可吸收外科缝线

2.手术人员的消毒

兽医的工作环境和条件相对复杂，但对于执行无菌术的要求不可放松。

（1）更衣 进行无菌术前，手术人员要更衣，穿着清洁的衣裤和鞋，上衣最好是短袖衫，即短袖洗手服（图1-295），鞋应套上一次性鞋套，并戴好口罩和手术帽，穿戴法如图1-296和图1-297所示。然后，再进行手和臂的清洁与消毒。手术帽完全覆盖头发，帽缘应置于眉毛上方和耳根处，手术口罩应完全遮住口和鼻，对防止手术创发生飞沫感染和滴入感染极为有效。

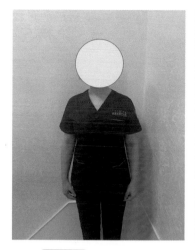

图1-295 短袖洗手服

图1-296 口罩和手术帽 穿戴法1

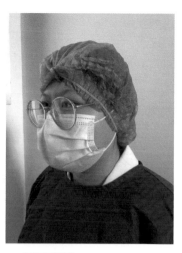

图1-297 口罩和手术帽 穿戴法2

（2）手臂消毒 兽医手术人员平常需修理指甲、磨平甲缘，操作时不戴任何首饰，皮肤如有小的新鲜伤口，则需碘伏消毒后包扎创口，再进行手的消毒，但尽量在手部皮肤完整状态下实施手术操作。如果手术人员有化脓感染创，则不能参加手术。

手臂消毒准备物品包括肥皂、0.1%新洁尔灭溶液、泡手桶（图1-298）、洗手刷（图1-299）、感应式洗手池、高压灭菌巾。对手、臂进行刷洗时，最好用洗手刷沾肥皂并按一定顺序擦刷。首先对甲缝、指端进行仔细擦刷，然后按手指、指间、手掌、掌背、腕部、前臂、肘部及以上顺序擦刷，历时5～10分钟。然后用流水将肥皂泡沫充分洗去。冲洗时手应朝上，使水自手部向肘部方向流去，然后用2块高压灭菌巾（或纱布）分别按上述顺序拭干。具体的操作步骤如图1-300～图1-302所示，第一步在洗手池前，先将手臂浸湿，涂抹肥皂，然后用洗手刷刷洗指端和甲缝，从指端依次刷洗指缝和手掌、手背、手腕和小臂。刷洗手和手臂的每个部位后，在洗手池感应水龙头下从指端冲洗干净整只手和手臂。如果不具备流水条件，则最少要在2～3个盆内逐盆清洗。

图1-298 泡手桶

图1-299 洗手刷

图1-300 用洗手刷刷洗甲缝

图1-301 用洗手刷刷洗指缝和手掌、手背、手腕和小臂

图1-302 水龙头从指端冲洗干净整只手和手臂

拭干后的双手立即伸入泡手筒，直到没过肘关节，5分钟后抬起双手。临床上一般采用0.1%新洁尔灭溶液浸泡手臂，待自然风干形成薄膜，再穿着手术衣和戴手套。如在户外，也可采用简化方式如用70%酒精和碘伏或聚维酮碘涂擦5分钟，自然风干再穿手术衣、戴手套。

（3）着手术衣 工作人员提前将准备好的一次性灭菌手术衣和外科手术手套的外包装，按照无菌操作的要求撕开并摆放整齐（图1-303）。手术人员在洗手并消毒手臂之后，取出高压灭菌的手术衣自己穿好，这时应小心手臂不可接触未经消毒的其他部位。由助手协助在其背后将衣带或腰带系好。具体的操作过程如图1-304～图1-320所示。

图1-303 一次性灭菌手术衣和外科手术手套摆放整齐

图1-304 手术人员打开一次性包纸

图1-305 手术人员双手要藏于袖口内

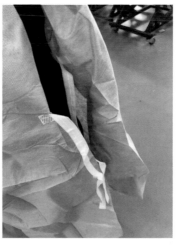

图1-306 助手帮助系带

图1-307 腰部系带应打活结

图1-308 戴手套先戴左手

图1-309 右手帮助整理手套

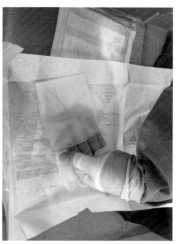

图1-310 左手给右手戴手套

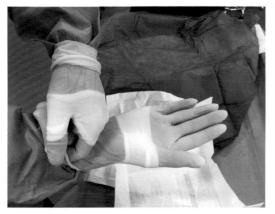

图1-311 左手帮助整理右手手套边缘

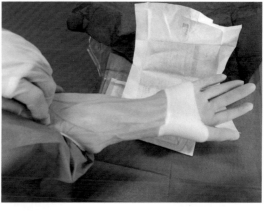

图1-312 手套应最大范围地覆盖和包裹手臂

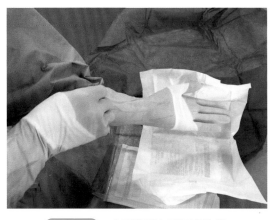

图1-313 右手整理左手手套边缘

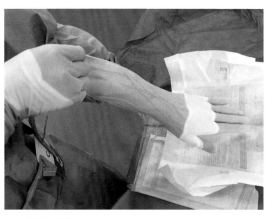

图1-314 拉展手套以便手套充分包裹手臂

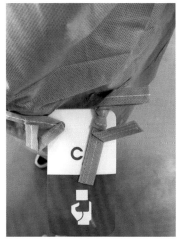

图1-315 手术衣绿色纸片

图1-316 手术人员拉开蝴蝶结

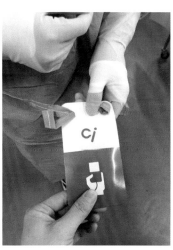

图1-317 助手捏住绿色端

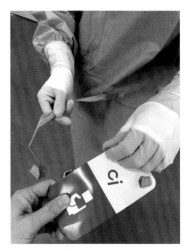

图1-318 手术人员拉出白色端系带

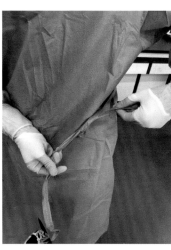

图1-319 手术人员自己系腰带

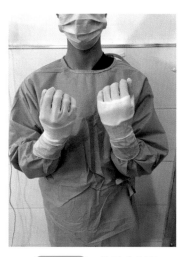

图1-320 着手术衣后手臂姿势

第一步是手术人员将一次性手术衣的灭菌包巾和外科手套的包纸打开，打开时小心手不能触碰包装外的任何物体。

第二步是手术人员将手术衣穿好，注意双手要藏于袖口内，不可伸出。此时，助手站在手术人员背后，先将手术衣的颈部系带系好后，再找到手术衣腰部的白色系带。

第三步是在助手系带期间，手术人员开始戴手套。先用右手在袖口内将左手的手套边缘提起，左手顺势小心连带袖口伸入手套内，慢慢伸出手指，并在右手的辅助下，将手套口完全包裹左手袖口。接着换左手辅助右手戴手套，左手四指伸入右手手套口的折叠空间内，将其套在右手，左手通过小心地牵拉右手手套边缘，将手套口完全包裹右手袖口外。左、右手互相调整手套的舒适度后即完毕。在拉展左手手套的过程中，调整手的方向，以便手套充分包裹手臂。注意戴手套过程中不可触碰任何其他物体。

第四步是手术人员戴好手套后，寻找腰间的纸片。绿色端是助手拿持端，蝴蝶结是手术人员牵拉用的。手术人员将蝴蝶结的游离端拉展后，便使得纸片游离。手术人员手持游离纸片的白色部分，并递给助手绿色端。助手捏住绿色端从手术人员身后绕到身前，将白色端递到手术人员手前，方便手术人员拉出系带的末端。手术人员手持两条蓝色的系带，自己戴手套打活结。手术衣系好后，戴手套的双手屈于胸前，手指微弯，手心向胸部，避免触碰任何有菌物体，准备开始手术。

（4）戴手套　分为干戴（经高压灭菌，或由工厂生产已经消毒处理并包装好的灭菌手套）和湿戴（用化学药液浸泡消毒，如用0.1%新洁尔灭浸泡30分钟）。前者在清洗消毒处理手部之后，用灭菌的干纱布擦干（或涂布少量灭菌的滑石粉）后穿戴。而后者则需在手套内灌注一些无菌的药液，在溶液的滑润下容易穿戴。如果手术时间较长或期间手套和手术衣被污染，则需术中再次清洗和浸泡手臂，更换手套和手术衣继续手术。穿戴好手术衣和手套后，绝对不可与任何未经消毒的物品接触，为了防止手臂被污染，应弯曲手臂，双手放在胸前，开始手术操作。

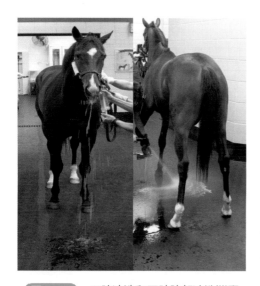

图1-321 口腔冲洗和四肢蹄部冲洗消毒

3.手术动物和术部的消毒

（1）术前动物的清洁　手术前应对马体进行清洁、揩拭或洗刷，且术前应绝食。如术部位于后躯、臀部、肛门、外生殖器、会阴以及尾部，为防止施术时粪尿污染术部，可考虑在术前进行灌肠或导尿。但要注意绝不可在手术前进行灌肠，否则将会在手术时频繁排便，反而造成污染。四肢末端或蹄部手术时，应充分冲洗局部，及施行局部药浴（图1-321）。

（2）术部剃毛　手术前马匹的术部及周围被毛必须用肥皂水刷洗，然后用电推子和专用剪毛剪去除手术区域内的被毛（电推子逆毛方向进行），再用剃刀、手术刀、刮胡刀等顺毛方向剃毛，将术部被毛剪短、剃净。术部剃毛的范围要超出切口周围20～25厘米，小的手术切口可剃毛范围达到10～15厘米（图1-322）。手术部位的剃毛范围要根据手术部位的体表面积判断，最小的范围是10厘米×10厘米。在紧急手术时仅将被毛剪去，用消毒水洗净即可。

（3）术部的皮肤消毒　最常用的药物是5%碘酊和70%酒精，或单用聚维酮碘液、洗必泰液。在涂擦碘酊或酒精时要注意：如进行无菌手术，应由手术区的中心部向四周涂擦（图1-323），如是已感染的创口，则应由较清洁处涂向患处（图1-324）；已经接触污染部位的纱布，不要再返回清洁处涂擦。涂擦所及的范围要相当于剃毛区。碘酊涂擦后，必须稍待片刻，等其完全干后，再以70%酒精将碘酊擦去，以免碘沾及手和器械，带入创内造成不必要的刺激。口腔、鼻腔、阴道、肛门等处黏膜的消毒不可使用碘酊，以免灼伤。一般先以水洗去黏液及污物后，再用1：1000的新洁尔灭、高锰酸钾、利凡诺溶液洗涤消毒。眼结膜多用2%～4%硼酸溶液消毒。蹄部手术应在手术前用2%煤酚皂温溶液脚浴。

（4）铺创巾　使用有孔创布或用四块创布依次围在切口周围，用巾钳固定，使术部与周围完全隔离。创布要有足够的大小，以完整覆盖马匹为宜。创布铺好后，只准向手术区外移动，不许向手术区内移动。根据需要再铺一层创巾，一旦污染，及时更换。手术期间进行污染操作时，还需铺一层隔离创巾。操作结束后，撤隔离创巾可继续手术。

4.手术室的消毒

一般采用紫外灯进行室内消毒。手术室应有一定的面积和空间，一般大动物不小于40～50平方米。房间的高度在2.8～3.0米较为合适。天花板和墙壁应平整光滑，以便于清洁和消毒。地面应防滑，有一定倾斜度。手术室应有良好的给排水系统，尤其是排水系统，管道应较粗，便于疏通。在地面应设置排水良好的地漏和排水系统。固定的顶灯应在天花板以里，外表应平整；室内要有足够的照明设备和紫外消毒设备。除了自然通风，有条件的可在天花板内安置新风系统，让空气流从天花板流向地面，再由排风设备排出，强制通风。手术室内应保持适当的温度，以20～25℃为宜。经济条件允许时，最好分别设置无菌手术室和染菌手术室，以防交叉感染。如果在室内做

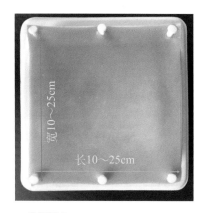

图1-322　手术部位的剃毛范围

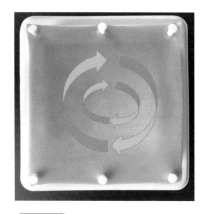

图1-323　无菌手术时顺时针消毒

图1-324　感染创口逆时针消毒

过感染化脓手术，必须在术后及时严格消毒手术室。手术室内仅应放置重要的器具，一切不必要的器具、与手术无关的用具都不得摆放在手术室里。比较完善的手术室，可设置仪器设备的存贮间（用以存放麻醉机、呼吸机以及常用的检测仪器、麻醉药品和急救药品）、还需设置消毒室、更衣室（可以洗手、着衣）、洗刷室（清洗手术用品）、器械室（保存器械）、厕所和淋浴室。

5.临床场所的消毒

（1）场地的选择原则上应远离大路，避免尘土飞扬，也应远离畜舍、畜场和积肥地点。最好选择能避风而平坦的空地或草地，事先清扫地面上的杂物。尘土多的地面应该洒水或消毒药液。在普通房舍进行手术操作时，也要尽可能创造手术室应备的条件。地面、墙壁能洗刷的进行洗刷，否则亦应用消毒药液充分喷洒，避免尘土飞扬。为了防止屋顶灰尘跌落，必要时可在适当高度张挂布单、油布或塑料薄膜等。有时对于不能起立的危重病畜，不得不在厩舍内就地进行手术，此时更应注意环境的清洁、消毒。水泥或地板地面可洒水打扫，干燥泥地注意勿扬起尘土，可小心铲除积粪后，地面充分喷洒消毒药液。

（2）需要侧卧保定的手术，应设简易倒马褥或铺柔软干草，其上盖以油布或塑料布作为简易手术床使用。

（3）如无自来水供应，可利用河水或井水。事先在每100千克水中加明矾2克及漂白粉2克，充分搅拌，待澄清后使用。

二、切开

切开组织是显露手术野的重要步骤。手术刀切开是指利用手术刀片，直接在病变部位上或其附近，保持刀刃与皮肤、肌肉垂直，顺着组织纹理走向，一次性切开组织。临床上，除了应用刀片切开，还可选用激光手术刀、高频电刀和超声刀进行组织切开。因此，进行组织切开时，需了解局部解剖结构，根据解剖特点，有效地暴露术野，且尽量避免损伤过多的组织。

（一）术者切开组织时需注意的事项

（1）切口大小必须适当　切口过小，不能充分显露；作不必要的大切口，会损伤过多组织。

（2）切开时，须按解剖层次分层进行，并注意保持切口从外到内的大小相同。切口两侧要用无菌巾或手术贴膜覆盖、固定，以免造成污染。

（3）切开组织必须整齐，力求一次切开，防止斜切或多次在同一平面上切割，造成不必要的组织损伤。

（4）切开深部筋膜时，为了预防深层血管和神经的损伤，可先切一小口，用止血钳分离张开，然后再剪开。

（5）切开肌肉时，要沿肌纤维方向用刀柄或手指分离。尽量避免切断肌肉组织，影响断端缝合操作和术后愈合。

（6）切开腹膜、胸膜时，可用食指和中指（或无齿镊子头端）伸入膜下起隔离保护作用，分开手指，在空隙中间切开，防止内脏损伤。

（7）切割骨组织时，先要十字或工字形切开骨膜，并用骨膜剥离器向四周分离，充分显露骨组织。在闭合手术通路时，尽可能地保存其健康部分，将骨膜向中心拉展，以利于骨组织愈合。

（8）在进行手术时，还需要借助拉钩或组织撑开器帮助显露术野。

（二）适宜切口应符合的条件

（1）切口须接近病变部位，最好能直接到达手术区或在其正上方，术中可根据需要进行切口延长，即扩创。

（2）切口在体侧、颈侧时，以垂直于地面或斜行顺着皮肤纹理方向的切口为宜（图1-325）；切口在体背、颈背和腹下时，则需沿体正中线或靠近正中线的矢状线的纵行切口较为合理。

图1-325　手绘马皮肤纹理示意图

（3）切口切开时需避开大血管、神经和腺体的输出管，将其游离并绕开进行操作，如被损伤可影响术部组织或器官的机能。

（4）切口应该有利于创液的排出，特别是脓汁的排出。

（5）二次手术时，应该避免在瘢痕上切开，因为瘢痕组织再生力弱，易发生弥漫性出血。

（三）不同组织的切开方法

1.皮肤切开法

皮肤的切开通常采用直线切开，也可根据需要做梭形、U形、十字形、T形的切开。

（1）紧张切开法　皮肤的活动性较大，切开时可由术者和第一助手在切口两侧或上下将皮肤展开绷紧，或术者自己用拇指和食指在切口两旁将皮肤撑紧，刀刃与皮肤垂直，用力均匀地一刀切开所需长度和深度的皮肤和皮下结缔组织。根据需要可补刀，但要避免多次或重复补刀，尽量做到切口边缘整齐，如出现锯齿状切口，需用心修剪，以有利于创缘愈合为宜。

（2）皱襞切开法　如果在切口下方有大血管、大神经、分泌管和重要器官，并且皮下组织较为松弛时，术者和第一助手可在预设切线两侧，用各自的手指或手持有齿镊同时提起皮肤呈垂直的皱褶状，再用刀刃垂直褶脊切开。

2.皮下组织及其他组织的切开

（1）筋膜和腱膜的切开　用刀在筋膜或腱膜上切一个小口，或者用有齿镊将膜组织提起，用反挑式执刀法切一小口，再顺着切口上下剪开膜组织，长度与皮肤切口等长。

（2）腹膜的切开 先用组织钳或止血钳将腹膜提起，再用刀刃切一个小口，伸入食指和中指或有齿镊子头端为导向，继续用刀刃切开膜组织或用组织剪剪开膜组织。

（3）肠管的切开 一般肠管的切开部位位于肠管侧壁或结肠纵带，顺着肠管方向纵向切开，注意刀刃用力避免损伤对侧肠管组织。

（4）骨膜的切开 长骨的骨膜切开用工字形，平面骨的骨膜切开用十字形，切开时刀刃与骨膜垂直，一次性切开需要的长度。

（5）蹄壁的切开 蹄壁角质可用电动摆锯进行切开，对于浸软的蹄壁可用柳叶刀切开。

三、止血

止血是手术过程中不断重复操作的基本操作技能。有效的止血措施可预防马匹大量失血的风险和保证术部良好的操作视野和术部的显露。及时的止血关系到切口的愈合速度和动物健康的恢复等。止血的适应证包括血管的可见出血和不可见出血（例如组织内或腔体内出血）。止血操作要因地制宜地选择一种或多种方法，有效地控制出血状况。

（一）术前全身性预防性止血法

（1）输血 马匹通过静脉输注全血的方式，增加机体血液凝固性，刺激血管运动中枢反射性地引起血管的痉挛性收缩，以预防性地减少术中出血量。即在术前30～60分钟，输入同种同型血液500～1000毫升。

（2）注射止血药 术前30分钟，马匹肌内注射提高血液凝固性以及血管收缩的药物，如维生素K注射液、安络血注射液、止血敏注射液、对羧基苄胺等。

（二）术前局部预防性止血法

（1）肾上腺素止血 术前局麻操作时，在1000毫升普鲁卡因溶液中加入0.1%肾上腺素溶液2毫升，进行局麻注射。利用肾上腺素收缩血管的作用减少术中局部出血，但作用只能维持20分钟至2小时。如果术部有炎性病灶，肾上腺素与炎性组织发生酸性反应而作用减弱；肾上腺素作用消失后会引起小动脉扩张，造成血栓凝固不牢，引发二次动脉出血。

（2）止血带止血 用于四肢、阴茎和尾部的术前止血。方法是在组织局部垫以灭菌纱布或创巾，保护局部组织，再用较粗的橡皮管止血带或替代品如绳索或绷带等扎紧，以触诊止血带远端的脉搏消失为度，暂时性地阻断血流，减少术中的出血，便于手术操作。扎紧时间2～3小时，冬季40～60分钟。如在此时间内没有完成手术，可将止血带临时松开10～30秒，再重新扎紧。松开时注意要多次地松、紧，严禁一次性松开。

（三）术中止血法

（1）机械止血法 有压迫止血、钳夹止血、钳夹扭转止血、钳夹结扎止血、创内留钳止血和填塞止血等。压迫止血必须是按压而不是擦拭；钳夹方向应与血管垂直，利用止血钳最前端夹住血管的断端，禁止大面积钳夹；结扎止血可单纯结扎，也可贯穿结扎，贯穿时避免穿透血管，此法较可靠，不会发生结扎线脱落的问题；填塞止血采用灭菌纱布填塞入解剖腔内且填满，压迫血管断端，然后于12～48小时后取出。

（2）电凝及烧烙止血法　采用高频电刀的电流凝固作用止血，称为电凝止血法。适用于浅表性小出血点或渗血。注意选择合适的电流，以防烧伤范围过大，影响切口愈合。禁用于空腔器官、大血管及皮肤等组织，以防组织坏死，造成并发症。烧烙止血法则采用电烙铁使血管断端收缩封闭而止血，多用于弥漫性出血。注意应将电阻丝烧得微红，按压出血处后迅速移开进行止血，过热可引起组织碳化过多，不能有效止血或将组织扯离。

（3）局部化学及生物学止血法　压迫止血时，纱布可浸有0.1%肾上腺素溶液进行按压，或填塞止血；止血明胶海绵（图1-326）止血可用于难以止血的创面出血，例如实质器官、骨松质和海绵质出血。填塞加缝合可更有效地止血；活组织填塞止血一般采用网膜填塞于出血部位，也可手术分离带蒂的腹膜瓣、筋膜瓣和肌肉瓣，并牢固地将这些组织瓣缝在出血实质器官上；骨蜡止血用于骨质渗血。

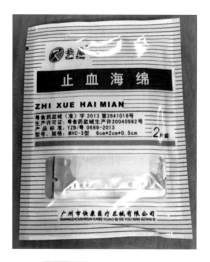

图1-326　止血明胶海绵

四、缝合

缝合是将已经切开、切断或因外伤而分离的组织、器官进行对合或重建其通道，保证组织良好愈合的基本操作技术。在愈合能力正常的情况下，愈合是否完善与缝合的方法及操作技术有一定的关系。在临床上，对于各种软组织或实质器官的缝合，要灵活应用各种缝合方法，按照操作要求正确缝合，确保缝合组织不易开裂，对合严密，但不能缝线过于密集，影响断端血供；缝线间距过宽暴露皮下组织时，也可补充使用皮肤用粘胶（图1-327）进行粘合，保证皮肤组织完整对合。

（一）缝合的目的和原则

（1）严格遵守无菌操作，保护创内免受感染。

（2）缝合前必须彻底止血，清除凝血块、异物及无生机的组织。

（3）为了使创缘均匀接近，在两针孔之间要有相当距离，以防拉穿组织。

（4）缝针刺入和穿出部位应彼此相对、针距相等，否则易使创伤形成皱襞和裂隙。

（5）凡无菌手术创或非污染的新鲜创经外科常规处理后，可作对合密闭缝合。具有化脓腐败过程以及

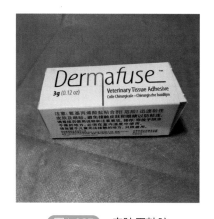

图1-327　皮肤用粘胶

133

具有深创囊的创伤可不缝合，必要时作部分缝合。

（6）在组织缝合时，一般是同层组织相缝合，除非特殊需要，不允许把不同类的组织缝合在一起。缝合、打结应有利于创伤愈合，打结时既要适当收紧，又要防止拉穿组织，缝合时不宜过紧，否则将造成组织缺血。

（7）创缘、创壁应互相均匀对合。皮肤创缘不得内翻，创伤深部不应留有无效腔、积血和积液。在条件允许时，可作多层缝合。

（8）缝合的创伤，若在手术后出现感染症状，应迅速拆除部分缝线，以便排出创液。

（二）软组织的缝合方法

兽医软组织的缝合方式要求能够抵消不同器官、组织的张力强度，实行间断缝合或连续缝合。根据缝合器官、组织的解剖学特性，软组织缝合模式分为对接缝合、内翻缝合和张力缝合3种类型，具体分类如图1-328所示。

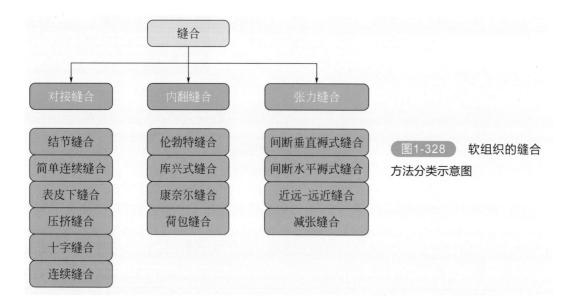

图1-328　软组织的缝合方法分类示意图

1.对接缝合

（1）结节缝合　用于皮肤、皮下组织、筋膜、黏膜、血管、神经、胃肠道的缝合。缝针带线长度为15～25厘米，创缘两侧针距一般为0.5～1.5厘米，以创缘刚好对合为宜。线结的线尾留长为0.8～1.2厘米，统一偏向一侧。每缝一针，打一次结，打结时第一个结最好是外科结。缝合皮肤时，打结在切口一侧，防止压迫切口（图1-329）。

（2）简单连续缝合　用于皮肤、皮下组织、筋膜、血管、胃肠道的缝合。缝针引入很长的缝线或可吸收带针缝线，自始至终连续地缝合一个创口，最后打结（图

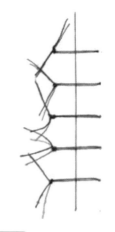

图1-329　结节缝合法示意图

1-330）。第一针和结节缝合一样，只是不剪断缝线继续对合创缘进行缝合，保证同一缝线等距离缝合，每一针都要拉紧缝线，最后一针在一侧打结，同结节缝合。

图1-330　简单连续缝合法示意图

（3）表皮下缝合　该法与库兴氏缝合法相同，只是缝针刺入的组织是真皮下，即皮内。注意采用可吸收缝线，该法适用于马匹没有张力的皮肤缝合。缝线在切口一端开始，刺入真皮下在组织深处打结，不剪断缝线继续刺入真皮下连续缝合，最后缝针翻转刺向对侧真皮下打结，缝针继续刺入深部组织从切缘远端皮肤穿出并剪断，将缝线断端埋置在深部组织。

（4）压挤缝合　也称为单层间断缝合法，方法类似于皮肤张力缝合的间断水平褥式缝合法，只是缝合的对象是马匹肠管的断端吻合。缝针引入很长的缝线或可吸收带针缝线，刺入断端一侧肠壁的浆膜、肌层、黏膜下层和黏膜层进入肠腔。在越过切口前，从肠腔再刺入黏膜到黏膜下层。越过切口，转向对侧，从黏膜下层刺入黏膜层进入肠腔。在同侧从黏膜层、黏膜下层、肌层到浆膜刺出肠表面。两端缝线拉紧、打结。这种缝合是浆膜、肌层相对接，黏膜、黏膜下层内翻。这种缝合是肠组织本身组织的相互压挤，具有良好的防止液体泄漏、肠管吻合的密切对接和保持正常的肠腔容积的特点。

（5）十字缝合　用于张力较大的皮肤缝合。从第一针开始，缝针从一侧到另一侧作结节缝合，第二针平行第一针从一侧到另一侧穿过切口，缝线的两端在切口上交叉形成X形，拉紧打结（图1-331）。

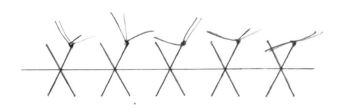

图1-331　十字缝合法示意图

（6）连续锁边缝合　用于皮肤直线形切口及薄而活动性较大的埋置在深部部位缝合。这种缝合方法与单纯连续缝合基本相似。在缝合时每次将缝线交锁（图1-332）。此种缝合能使创缘对合良好，并使每一针缝线在进行下一次缝合前就得以固定。

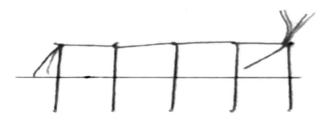

图1-332　连续锁边缝合法示意图

2. 内翻缝合

（1）伦伯特缝合法　又称为垂直褥式内翻缝合法，用于胃肠道的外层缝合，分为间断与连续伦伯特缝合法两种。间断伦伯特缝合法是缝线分别穿过切口两侧"浆膜肌层"即行打结，使部分浆膜内翻对合；连续伦伯特缝合法于切口一端开始，先作一浆膜肌层间断内翻缝合，再用同一缝线作浆膜肌层连续缝合至切口另一端（图1-333）。

图1-333　连续伦伯特缝合法示意图

（2）库兴氏缝合法　又称为连续水平褥式内翻缝合法，适用于胃、子宫"浆膜肌层"缝合。缝合方法是于切口一端开始先做一浆膜肌层间断内翻缝合，再用同一缝线平行于切口做浆膜肌层连续缝合至切口另一端（图1-334）。

图1-334　库兴氏缝合法示意图

（3）康奈尔氏缝合法　多用于胃、肠、子宫壁缝合。这种缝合法与库兴氏缝合相同，仅在缝合时缝针要贯穿"全层组织"，当将缝线拉紧时，则肠管切面即翻向肠腔。

（4）荷包缝合法　即作环状的浆膜肌层连续缝合（图1-335）。主要用于胃肠壁上小范围的内翻缝合，如缝合小的胃肠穿孔。此外，还用于胃肠、膀胱等引流固定的缝合方法。

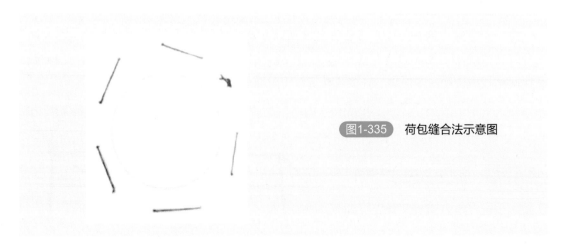

图1-335　荷包缝合法示意图

3.张力缝合

（1）间断垂直褥式缝合法　用于皮肤的张力缝合。缝针刺入皮肤，距离创缘约8毫米，创缘相互对合，越过切口到相应对侧刺出皮肤。然后缝针翻转在同侧距切口约4毫米刺入皮肤，越过切口到对侧距切口约4毫米刺出皮肤，与另一端缝线打结（图1-336）。该缝合要求缝针刺入皮肤时，只能刺入真皮下，接近切口的两侧刺入点要求接近切口，这样皮肤创缘对合良好，不能外翻。缝线间距为5毫米。

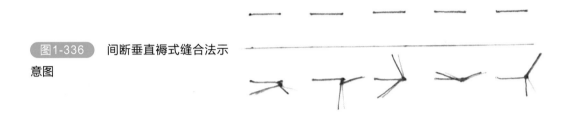

图1-336　间断垂直褥式缝合法示意图

（2）间断水平褥式缝合法　特别适用于马的皮肤张力缝合，也可用于血管的外翻缝合。缝针先从创缘一侧刺入和穿出，针眼距离为8毫米且平行于创缘，然后垂直于创缘向对侧等距（2～3毫米）刺入和穿出，针眼距离依旧为8毫米且平行于创缘，缝线呈"∏"字形，线尾统一在一侧打结（图1-337）。该缝合要求缝针刺入皮肤时刺在真皮下，不能刺入皮下组织，这样皮肤创缘对合才能良好，不出现外翻。根据缝合组织的张力，每个水平褥式缝合间距为4毫米。

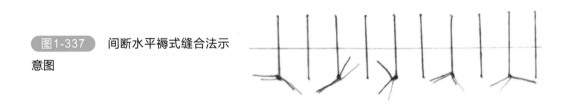

图1-337　间断水平褥式缝合法示意图

（3）近远-远近缝合法　适用于皮肤的张力缝合。第一针接近创缘垂直刺入皮肤，越过创底，到对侧距切口较远处垂直刺出皮肤。翻转缝针，越过创口到第一针刺入侧，距创缘较远处垂直刺入皮肤，越过创底，到对侧距创缘近处垂直刺出皮肤，与第一针缝线末端拉紧打结。

（4）减张缝合法　对于缝合处组织张力大、为防止切口裂开时可采用此法，主要用于马的腹壁切口的减张。缝合线选用较粗的丝线或不锈钢丝，在距离创缘2～2.5厘米处进针，缝针不穿透组织全层，垂直于创缘，一侧刺入对侧穿出，间距为3～4厘米，然后收紧缝线使创缘对合打结。为防止皮肤张力过大造成缝线割裂皮肤，可在缝线下放置纱布垫衬或线尾套上长约2厘米的橡皮管再打结。结扎时切勿过紧，以免影响血液运输。

五、注射

注射技术是临床常用的诊疗技术之一。注射技术包括肌内注射（intramuscular injection，IM）、皮下注射、皮内注射和静脉注射（intravenous injection，IV），操作需要掌握局部解剖知识和无菌操作理念。肌内注射适用于许多药物和疫苗，操作技术较为容易。静脉注射如操作不当，则会引起注射部位形成脓肿或其他意外。因此，正确的注射位置和操作技术，将降低意外事故的风险，并使局部感染和脓肿发生的风险降至最低。

（一）肌内注射

在进行肌内注射时，务必核对药物的给药方式，对于没有注明可用于肌内注射给药的药物，决不能通过此途径给药。肌内注射操作时最好选择大的肌肉群进行，马兽医临床常用的给药部位为颈部夹肌（图1-338）、臀部臀中肌（图1-339）、臀部半膜肌/半腱肌（图1-340），偶尔也使用胸肌（图1-341）。在马兽医临床，颈部夹肌是最主要的注射部位和首选部位。

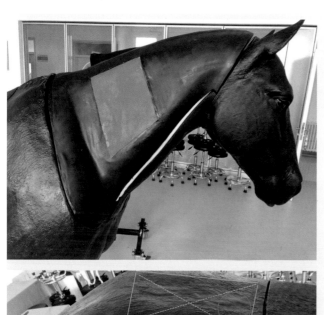

图1-338　颈部夹肌的肌内注射区域

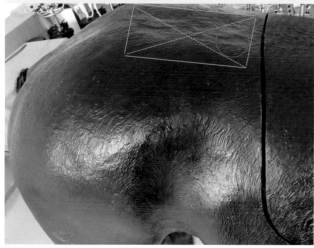

图1-339　马臀中肌注射部位（圆圈区域）

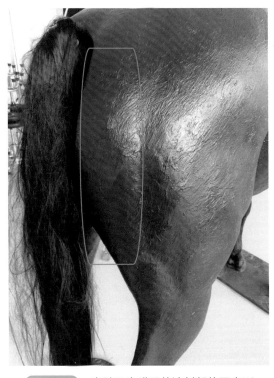
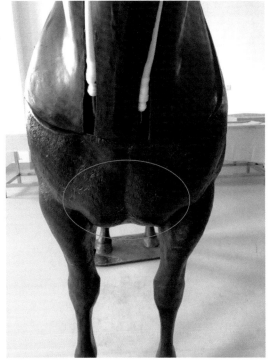

图1-340　半腱肌半膜肌的注射部位示意图　　　　图1-341　马胸肌注射部位示意图

（二）皮下注射

皮下注射通常选择被皮较薄和皮下疏松结缔组织丰富的部位，马多在颈侧。注射时，针头刺入皮下先回抽是否有血，再慢慢注入药物。

（三）皮内注射

皮内注射部位同皮下注射，同样选择被皮较薄和皮下疏松结缔组织丰富的部位，马多在颈侧。使用1毫升注射器水平刺入皮肤真皮层，并给药0.2毫升，观察皮肤是否出现隆起。

（四）静脉注射

静脉注射在马兽医临床主要用于采血化验和滴注药物进行补液。静脉内注射需放置静脉留置针。马的采血部位和放置静脉留置针的部位主要包括颈静脉、头静脉、胸外侧静脉和后肢隐静脉。

1.颈静脉注射

马输液用的静脉留置针一般选择型号为14G和16G的留置针（图1-342、图1-343）。在套管针刺入颈静脉的过程中，一边继续将套管推入静脉内，一边将钢质针芯外退并拔出，在套管针的尾端拧上肝素帽（图1-344），接着用可吸收线缝合固定于皮肤（图1-345），外裹自粘绷带包扎固定和保护（图1-346）。颈静脉的输液操作具体如图1-347～图1-352所示流程。马颈静脉采血前，在颈静脉中1/3的区域中点处剃毛，剃毛范围3厘米×3厘米。然后对颈部颈静脉沟剃毛区域进行由内向外的画圆式消毒，消毒约3～5分钟，备皮结束。然后，操作者戴灭菌手套，左手按压颈静脉近心端使得颈静脉怒张，右手持留置针朝向心脏的方向经皮刺入静脉内，拔除针芯，检查回血确保留置针放置于静脉内。留置针尾端还可连接延长管，但包扎时尽量大范围包扎，以防绷带移位。

图1-342　马用16G留置针

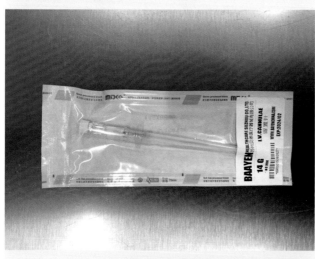

图1-343　马用14G留置针

图1-344　留置针专用肝素帽

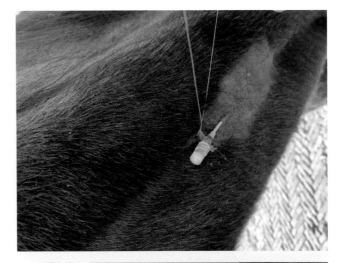

图1-345 留置针的防滑

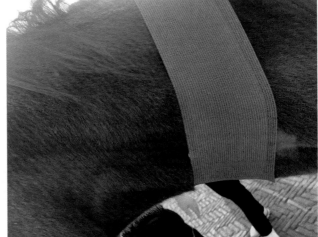

图1-346 留置针的粘绷固定

图1-347 马颈静脉沟区域

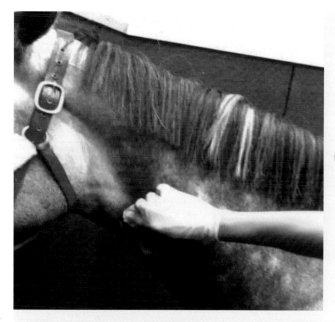

图1-348　颈静脉沟局部剃毛和消毒

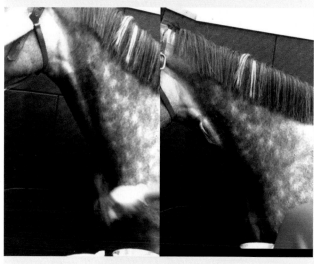

图1-349　颈静脉沟剃毛区域示意图

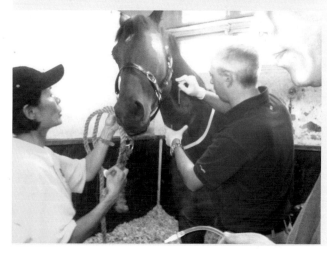

图1-350　放置留置针入静脉内

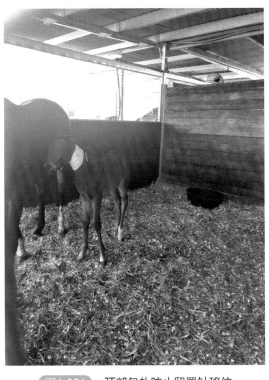

图1-351 颈部包扎防止留置针移位

图1-352 颈静脉输液

静脉输液所采用的留置针材质为聚四氟乙烯时，在静脉内放置3天即需更换；为聚氨酯时，在静脉内放置2周即可更换。静脉补液可减少胃肠道扩张和刺激结肠蠕动，但补充量大会加重疝痛。

2.后肢隐静脉注射

由于注射部位在肢体远端，可能存在严重的污染，必须先对针刺部位进行剃毛消毒，针刺部位如图1-353所示。然后，用止血带扎紧浅表肌腱周围，结扎部位位于掌骨/跖骨中部，并在肌腱两侧放置衬垫，以便使整个肢体扎紧部位周围受到均匀的压力，防止肌腱张力不均匀，从而更有效地止血。

图1-353 隐静脉的注射

注射时将静脉留置针或充有0.9%生理盐水的20号或22号灭菌注射针头刺入隐静脉中，如果针头尾端有回血，说明针头位置正确放置，再连接注射器或输液器；如果针头刺入位置不正确，而是刺入了静脉周围组织时，马匹会对针头的刺入有不适反应。

隐静脉区域注射分为逆行静脉内注射和局部区域灌注，用于四肢远端指间关节和掌指关节感染性疾病的治疗，通过注射的方式，药物经血渗透入关节内滑液，发挥药效。当针头放置正确部位后，尾端连接注射器，在3～5分钟内缓慢推注药物。

① 逆行静脉内注射：需将药物（例如阿米卡星）用20～60毫升0.9%生理盐水稀释，通过针头刺入局部隐静脉内进行注射。拔针之前在注射部位施加指压，然后拔针并立即局部包扎弹力绷带，以防止药液向肢的近端渗透。

② 局部区域灌注（图1-354）：用止血带在球节上方扎紧，药物用20～40毫升0.9%生理盐水稀释，针头刺入隐静脉后推注药物，止血带应保持在原位至少20～30分钟，以便药物充分渗透关节内组织。

图1-354 局部区域灌注示意图

六、输液

输液是挽救生命的一种措施，常用于马匹急救，例如疝痛、腹泻、失血和严重感染所引起的休克状态。因此，输液需要兽医根据病情选择液体类型和计算补液量。

（一）体液

成年马匹体重的60%为体液，其中1/3为细胞外液，2/3为细胞内液；另40%为干物质。对于幼驹，妊娠、哺乳动物，体液占其体重的75%～85%，干物质占其体重的15%～25%。12周龄以上的幼驹体液比重则与成年马相同。

体液的66.6%（2/3）在细胞内，称为细胞内液（ICF）；33.3%（1/3）在细胞外，称为细胞外液（ECF）；另有0.1%为脑髓液、胃肠道液、淋巴、胆汁、滑液、腺体和呼吸道分泌液，它们为特殊的细胞外液，可理解为过渡液。ECF 的 75% 在组织间，叫组织间液；25% 在血管内，叫血液。

（二）体液的补充原因

体液来源于饮入水、食物中水分和动物体内物质代谢产生的水分。例如每克糖、蛋白质和脂肪在体内代谢分别产生的水量为 0.6 毫升、0.4 毫升和 1.07 毫升。马匹丢失体液的途径包括汗液、尿液、粪便、呼吸和泌乳。正常体况的马匹每日需额外摄入的水分为每 500 千克体重需 25 ～ 80 毫升/（千克·天）。

当马匹处于低血容量、脱水状态和需要纠正机体酸碱平衡或离子失衡状态时，需要对机体进行补液。

（三）补液的评价指标

（1）病史调查 例如呕吐、腹泻、出汗等。

（2）体况检查 心率、可视黏膜再充盈时间、皮肤弹性、体温、尿量。实验室检查指标有血细胞比容（PCV）和血清总蛋白浓度（TP）、肌酐、乳酸和尿比重。马匹脱水程度判断见表 1-5。

表 1-5 马匹脱水程度判断

脱水程度	皮肤回弹/秒	可视黏膜再充盈/秒	可视黏膜	PCV
3% ～ 6%	2 ～ 3	1 ～ 2	轻度湿润	40% ～ 50%
7% ～ 9%	3 ～ 5	2 ～ 4	发黏	50% ～ 65%
> 10%	> 5	> 5	干燥	> 65%

（四）补液途径

补液途径有静脉内补液和口服补液，可以持续性补液，也可间断性补液。静脉内补液用于马匹休克需短时间内快速扩充血容量的需求。当机体状态稳定，且马匹胃肠道功能正常时，可选择口服补液。

（五）补液类型的选择

（1）晶体液 临床常用液有乳酸林格氏液和林格氏液（复方氯化钠）。晶体液进入血管可在数分钟内快速进入细胞间质，一份补液量可扩充 3 倍的血容量。

（2）高渗液 7.2% NaCl 液可进入细胞内和细胞间质，通过体液再分布扩充血容量。1 升 7.2% NaCl 可扩充 4.5 升血容量，须在 1 小时内快速滴注。7.2% NaCl 的给液剂量为 4 毫升/千克体重或 2 升/500 千克体重，需尽快滴注。

（3）胶体液 含大分子物质的液体可潴留于血循环系统，常用的胶体液有血浆、羟乙基淀粉、右旋糖苷，易引起副作用，因此需要缓慢滴注（比晶体液滴速慢），通过体液再分布作用分布于细胞间质。1 升胶体液可扩充血容量 2 升。补液剂量为 10 毫升/千克体重或 5 升/500 千克体重。

（六）补液量的计算

体重（千克）×脱水程度（%）=补液量（升）

补液量（升）=已经丢失量（升）+维持量（升）+正在丢失量（升）

脱水程度的判断见表1-5，根据皮肤回弹情况、可视黏膜再充盈时间和PCV综合判断脱水量。

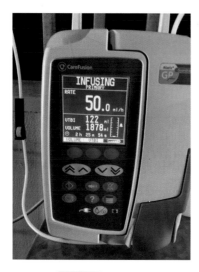

图1-355　输液泵

（1）已经丢失量的补充　幼驹：补液量为每10～20分钟补液20毫升/千克体重，每补液一次结束后需再次评估脱水程度。成年马：补液速度为10～20毫升/（千克体重·小时）。输液速度可用专用的输液泵（图1-355）进行调控。休克状态时的第1个小时内需补液60～90毫升/千克体重或35～45升/500千克体重，需用输液泵或加压袋完成快速补充。成年马的补液耐受速度为20～45毫升/（千克体重·小时）。对于心血管正常的马1小时内最大耐受量为180升。当机体液量补足后可进行维持液量的补充，为10毫升/（千克体重·小时）。补充胶体液血浆时，补液速度为2～4毫升/（千克体重·小时）。

（2）维持液量的补充　维持液常选择生理盐水或其他等渗液，以便额外添加机体所需的离子。生理盐水可用于马匹机体Na^+浓度不足125mEq/L，例如高钾血症、肾衰或高血钾周期性麻痹。如果长期使用生理盐水补液，需注意额外补充K^+、Mg^{2+}、Ca^{2+}；马发生疝痛时，体液会发生Mg^{2+}和Ca^{2+}浓度下降。维持液量计算公式如下：

幼驹为最高100毫升/（千克体重·天）。

成年马为60毫升/（千克体重·天）或2毫升/（千克体重·小时）

（3）正在丢失量　患马需在补充丢失量和维持量时，每4～6小时再次评估生理指标，如PCV、乳酸、心率、TP和血气指标等，以便计算正在丢失量。当脉搏、体温、肠音正常，开始排尿，精神状态恢复和血压恢复时，说明机体液体已补足。然后每12～24小时再次评估上述指标。

（七）补液方式

口服补液可采用自饮或鼻胃管直接灌入胃内（图1-356）。马需口服补液时插鼻胃管，在马厩内操作时需助手充分保定。操作者站在马前方，左手握紧马鼻背侧面，并用拇指扩开一侧鼻翼。右手持鼻胃管头端向鼻腔内插入。鼻胃管末端则绕在操作者颈部，以方便操作。操作期间需助手用鼻捻子保定马头部，马夫牵拉缰绳以控制马匹。如在四柱栏内操作则更安全。鼻胃管可补充8升液体量，2～4小时后重复灌服。禁用侧躺马，而且鼻胃管使用的前提是胃肠道吸收功能正常的马，不可用于急救、大量补液和消化道疾病。口服补液可自配，每升液体含5.27克NaCl、0.37克KCl和3.78克$NaHCO_3$。

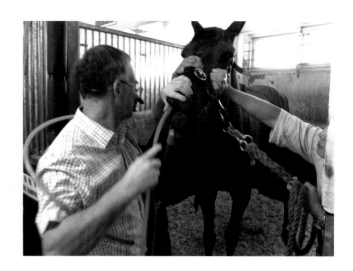

图1-356 鼻胃管插入操作

（八）离子补充计算

1.钙离子的纠正

低血钙症时，采用23%葡萄糖酸钙0.25～1毫升/千克体重，在12～24小时内慢输。

2.钾离子的纠正

（1）低钾血症 厌食会造成钾离子丢失，当［K^+］<3毫摩尔/升时，需采用KCl口服补充，每6～12小时补充5～40克KCl。静脉补充KCl，则需钾离子浓度为5～40毫摩尔/升，缓慢滴注。

（2）高钾血症 可采用$NaHCO_3$降钾，或注射胰岛素0.1～0.5单位/千克体重降钾；5%葡萄糖（6毫升/千克体重）+$NaHCO_3$静脉滴注纠正；或采用$CaCl_2$ 0.5毫升/千克体重，慢输。

3.血钠的纠正

（1）低钠血症 采用乳酸林格氏液或0.9% NaCl进行纠正。

（2）高钠血症 采用5%葡萄糖液进行纠正。当发生脑水肿时，采用糖盐水（0.4% NaCl+2.5%葡萄糖）进行纠正，同时给予速尿利尿排液。

4.酸碱的纠正

（1）酸中毒时用乳酸林格氏液纠正酸碱平衡。$NaHCO_3$的补充适用于血［HCO_3^-］<15毫摩尔/升或者［H^+］≥10～15毫摩尔/升时。计算公式为：HCO_3^-补充量=体重×0.4×（15–检测浓度）（毫摩尔/升）。输液方法为第1～2小时内补充缺失的二分之一量。

（2）碱中毒见于热应激、低氯血症、低钾血症、胃反流时，可采用复方氯化钠（含K^+、Na^+、Ca^+）或0.9%NaCl+KCl进行纠正。

5.血镁的纠正

采用硫酸镁静脉滴注，剂量为150毫克/（千克体重·天）。

6.血糖的纠正

高脂血症的患马和怀孕母马需要补充血糖以提供能量，静脉滴注剂量为1～2毫克/

（千克体重·分）。新生幼驹发生全身炎症反应可导致机体低血糖状态，需补充葡萄糖。

7.血总蛋白的纠正

当血清总蛋白浓度低于40毫克/分升或白蛋白浓度低于20毫克/分升时，需补充胶体液，例如血浆、羟乙基淀粉。

参考文献

[1] 杨宏道，李世骏，于船.中国针灸荟萃·兽医针灸卷.长沙：湖南科学技术出版社，1987.

[2] 杨宏道，李世骏.兽医针灸手册.2版.北京：农业出版社，1983.

[3] 于船.中国兽医针灸学.北京：农业出版社，1984.

[4] 赵阳生.兽医针灸学.北京：农业出版社，1993.

[5] 赵阳生，张继东.中国动物保定法.石家庄：河北科学技术出版社，1999.

[6] 杨英.兽医针灸学.北京：高等教育出版社，2006.

[7] 韦旭斌，胡元亮.马病妙方绝技.北京：中国农业出版社，2010.

[8] 刘钟杰，许剑琴.中兽医学.3版.北京：中国农业出版社，2003.

[9] 刘钟杰，许剑琴.中兽医学.4版.北京：中国农业出版社，2011.

[10] 喻本元，喻本亨.重编校正元亨疗马牛驼经全集.北京：农业出版社，1963.

[11] 中国农科院中兽医研究所.元亨疗马集选释.北京：农业出版社，1984.

[12] 杨英.马病针灸学.北京：中国农业出版社，2016.

第二章 马寄生虫病与诊治

第一节 概述

马寄生虫病是由蠕虫、节肢动物和原虫寄生于马体内或体表所引起的一类疾病，其中尤以胃肠道线虫为甚。临床症状以慢性消耗过程为主，表现为瘦弱、贫血、营养障碍和生长发育不良等；急性表现不多见，但严重者也可致患马死亡。一匹马可能同时遭受多种寄生虫的侵袭，而且往往出现重复感染，严重威胁着马的健康及马养殖业。

1.病原

马寄生虫病的病原体主要分属于蠕虫、节肢动物和原虫3大类的各纲中，其中蠕虫主要包括吸虫纲、绦虫纲、线虫纲和棘头虫纲的虫体，节肢动物主要包括蜘蛛纲和昆虫纲的虫体，原虫主要包括动鞭毛虫纲、根足虫纲、孢子虫纲、梨形虫纲和纤毛虫纲的寄生原虫。

2.马寄生虫病的流行

马寄生虫病的感染来源有罹患某种寄生虫病和带虫的马匹，相应寄生虫的中间宿主、补充宿主、保虫宿主、带虫宿主及贮藏宿主等。寄生虫的感染途径随其种类的不同而异，主要有经口感染、经皮肤感染、接触感染、经节肢动物感染、经胎盘感染和自身感染，其中以经口感染为主，即寄生虫虫卵与幼虫随同患畜粪尿排出后污染水源和牧地，许多直接发育的蠕虫和部分原虫均由此感染；部分疾病如伊氏锥虫病和梨形虫病是由于蚊虫叮咬而感染；部分外寄生虫常由病马与健马直接接触感染，或由污染的用具间接感染而发生皮肤寄生虫病，如螨病；马媾疫是通过与病畜交配而引起的；马副蛔虫可经胎盘感染。

3.寄生虫的主要危害

（1）夺取营养 寄生虫掠夺马体营养供自身发育和繁殖，从而使宿主出现营养不良、消瘦和衰弱等症状。如马圆形线虫以宿主血液为营养，导致宿主机体贫血，大量寄生时更为明显；体外寄生的吸血昆虫和蜱等则直接叮咬马匹皮肤，吸食血液。

（2）机械性损害 寄生虫对马匹的机械性危害包括对宿主器官的损伤、阻塞或组织压迫等。如马副蛔虫幼虫移行时可造成某些器官的毛细血管出血，而成虫大量寄生时则可引起肠管及其他器官的阻塞；棘球蚴寄生于肝脏后可引起肝脏压迫性萎缩等；寄生虫的寄生可损伤宿主皮肤或黏膜的完整性，成为细菌或其他病原体的感染途径，从而继发其他疾病。

（3）毒性作用 寄生虫在寄生过程中产生的分泌物或排泄物，或虫体自身的分解产物对宿主来说是一种毒性物质，可带来严重的毒性损害，使马匹出现体温升高、白细胞增多、中枢神经系统功能紊乱等全身症状。

4.诊断

寄生虫病的诊断除个别具有临床指征性症状的疾病外，多需结合流行病学和症状加以诊断，必要时还需借助适宜的实验室诊断方法，如粪、尿和血液等的检验，虫卵的培养，免疫学诊断以及试验动物接种等（图2-1、图2-2），方能确诊。

图2-1　以接种环蘸取漂浮后的样品（王瑞供图）

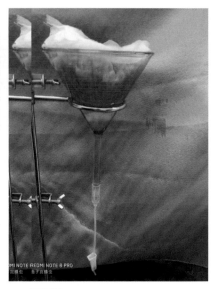

图2-2　贝尔曼氏幼虫分离装置（王瑞供图）

5.防治

预防主要有保持厩舍卫生，对粪便采用堆积发酵处理、扑杀中间宿主及其他各类宿主，牧区可实行划区轮牧，在流行地区采用广谱驱虫药或相应疫苗进行预防。

治疗主要是采用化学药物进行驱虫或杀虫。

第二节　蠕虫病

一、裸头绦虫病

（一）概念

马裸头绦虫病是由裸头科裸头属（*Anoplocephala*）和副裸头属（*Paranoplocephala*）的绦虫寄生于马属动物小、大肠内引起的一类寄生虫疾病。对幼驹危害较大，可导致高度消瘦，甚至因肠破裂而死亡。

（二）病原

在我国对马匹危害严重且常见的种类有叶状裸头绦虫（*Anoplocephala perfoliata*）（图2-3）、大裸头绦虫（*A.magna*），少见侏儒副裸头绦虫（*Paranoplocephala mamillana*）（图2-4）。

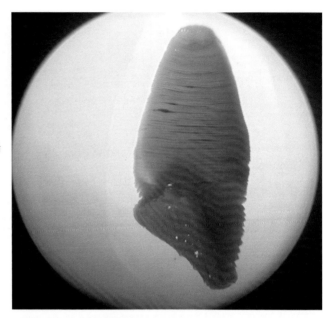

图2-3 叶状裸头绦虫的头部（王瑞供图）

——头节
生殖器正在成熟

子宫开始充满虫卵

孕卵节片

即将脱落的节片

图2-4 侏儒副裸头绦虫整个虫体
（引自Dwight D Bowman）

叶状裸头绦虫（图2-5）寄生于马小肠的后半部，也见于盲肠，常在回盲的狭小部位群集寄生。虫体为乳白色，短而厚，大小为（2.5～5.2）厘米×（0.8～1.4）厘米，头节小，头节上有吸盘4个，每一吸盘后方各具一个特征性的耳垂状附属物，无顶突和小钩。体节短而宽，成节有一套生殖器官，生殖孔开口于体节侧缘。虫卵直径为65～80微米，内含梨形器（图2-6）。

图2-5　马肠道中的叶状裸头绦虫（引自K.Tomczuk）

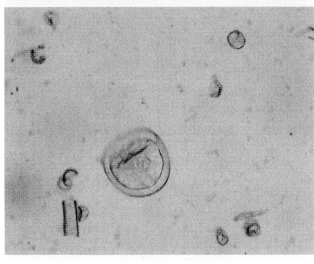

图2-6　叶状裸头绦虫虫卵（引自Charles M. Hendrix，Ed Robinson）

　　大裸头绦虫寄生于马的小肠，主要是空肠，偶见于胃。虫体大小为8.0厘米×2.5厘米，头节大，吸盘4个，无顶突和小钩。颈节极短或无。体节短宽，每节有一套生殖器官，生殖孔开口于一侧。子宫横行，睾丸在虫体中部，孕节子宫充满虫卵。卵直径为50～60微米，内有梨形器。

　　侏儒副裸头绦虫（图2-7）的虫体短小，大小为（6～50）毫米×（4～6）毫米，头节小，吸盘呈裂隙样，无耳垂状附属物。虫卵大小为51～37微米，梨形器发达，其长度超过虫卵的半径。

（三）流行过程

　　裸头绦虫的易感动物为马属动物，幼驹相比更易感。传染源为带虫马匹和患病马匹及感染有似囊尾蚴的地螨。裸头绦虫的发育过程中均需要尖棱甲螨科（Cera-tozetidae）和大

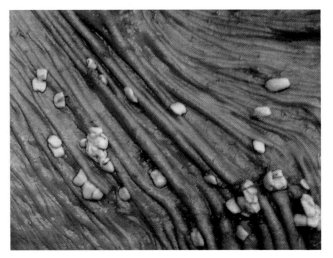

图2-7 马肠道中的侏儒副裸头绦虫
（引自K.Tomczuk）

翼甲螨科（Galtunnidae）的地螨作其中间宿主。虫卵或孕节随马粪排至体外，地螨吞食虫卵后，六钩蚴在其体内，在19～21℃的条件下，经140～150天发育为似囊尾蚴。含似囊尾蚴的地螨被马吞食后而受感染，经4～6周发育为成虫。

本病呈世界性分布，我国各地均有报道，特别在西北和内蒙古牧区呈地方性流行。马裸头绦虫以牧区多见，有明显季节性，以8月份最高；农区较少见。5～7个月的幼驹到1～2岁的小马易感，随年龄的增长而获得免疫力。

（四）临床症状

虫体可引起寄生部位发生黏膜炎症、水肿、环形出血性溃疡，如果溃疡穿孔，可引起急性腹膜炎而导致死亡。大量感染叶状裸头绦虫时，回肠、盲肠、结肠均遍布溃疡，回盲口堵塞，发生急性卡他性肠炎和黏膜脱落，多导致死亡。重度感染大裸头绦虫和侏儒副裸头绦虫时，可引起卡他性或出血性肠炎。临床可见消化不良、渐进性消瘦和贫血。

（五）病理变化

病理变化主要见于回盲口，常有环形出血性溃疡，重剧感染时可见网球状肿块。在少量急性和大量感染的病例，回肠、盲肠与结肠部遍布溃疡。重剧感染大裸头绦虫时，出现卡他性、出血性肠炎。

（六）诊断

结合临床症状，进行粪便检查，发现大量虫卵或孕节可确诊。死亡病例在寄生部位发现虫体可确诊。

（七）防治

对马匹进行预防性驱虫，驱虫后的粪便应集中堆积发酵，以杀灭虫卵；马匹勿在易滋生地螨的低洼潮湿地带放牧，有条件的在人工种植牧草的牧地放牧，以减少感染机会。

对患病马匹进行药物治疗，常用药物有氯硝柳胺，剂量为88～100毫克/千克体重，灌服；南瓜子＋槟榔，给药前绝食12小时，先投服炒熟碾碎的南瓜子末400克，经1小时后，灌服槟榔末5克，再经1小时投服硫酸钠250～500克。还可选用阿苯达唑、吡喹酮等药物。

二、马副蛔虫病

（一）概念

马副蛔虫病是由蛔科副蛔属的马副蛔虫（*Parascaris equorum*）寄生于马属动物的小肠内引起的疾病。为马属动物的一种常见寄生虫病，对幼驹危害很大。

（二）病原

马副蛔虫虫体近似圆柱形，两端较细，黄白色，口孔周围有3片唇。雄虫长15～28厘米，雌虫长18～37厘米（图2-8～图2-10）。虫卵近似圆形，直径90～100微米，呈黄色或黄褐色；卵壳厚，卵内含一圆形未分裂的胚细胞；表面凹凸不平但颇为细致（图2-11）。

图2-8　马副蛔虫雌虫成虫
（王瑞供图）

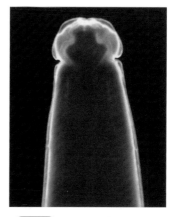

图2-9　马副蛔虫雌虫头部
（引自Dwight D Bowman）

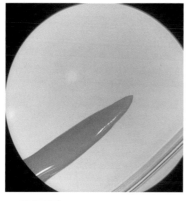

图2-10　马副蛔虫雌虫尾部
（王瑞供图）

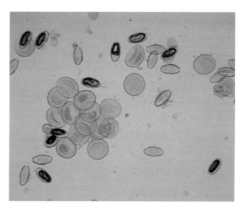

图2-11　马副蛔虫的虫卵
（王瑞供图）

（三）流行过程

传染源为带虫的幼驹及老马，主要经粪口途径传播，马属动物饮水或采食时吞入感染性虫卵而感染。感染多发于秋冬季。感染率与感染强度和饲养管理有关，厩舍内的感染机会一般多于牧场，虫卵对外界因素抵抗力较强。

（四）临床症状

主要危害幼驹，病初可出现不同程度的咳嗽；常流出浆液性或黏液性鼻液，短暂体温升高后出现肠炎，消化障碍，腹围增大，常有腹痛现象，腹泻与便秘交替。严重病例发生肠梗阻或肠穿孔。病畜表现精神呆滞，体瘦毛焦，发育停滞。

（五）病理变化

马副蛔虫寄生于小肠的成虫（图2-12）和在肝、肺中移行的幼虫可造成一系列的刺激。成虫能引起卡他性肠炎，引起肠黏膜出血，严重感染时可能发生肠阻塞，甚至肠破裂。有时虫体钻入胆管或胰管，并引起相应的病症。幼虫移行时，可引起肝细胞变性和肺出血及炎症。马副蛔虫的代谢产物作用于黏膜时，可引起发炎并导致消化障碍。幼虫钻进肠黏膜移行时，可能带入其他病原微生物，造成继发感染。

图2-12　小肠上的马副蛔虫
（王瑞供图）

（六）诊断

结合临床症状和流行病学特点，通过粪便检查发现特征性虫卵（图2-13）即可确诊；必要时可进行诊断性驱虫。死后剖解时，在小肠内发现大量虫体即可确诊。

（七）防治

注意厩舍卫生，粪便及时清理到远离饲草和厩舍的地方进行堆积发酵。定期对饲槽和水槽等用具消毒。注意饲料和饮水的清洁卫生。每年对马群进行1～2次预防性驱虫。孕马于产前两月驱虫，对幼驹应经常检查，发现蛔虫病及时驱虫。对放牧马群应分区轮牧或互换轮牧。

驱虫药有精制敌百虫、噻苯达唑、阿苯达唑、驱蛔灵、左旋咪唑、氯氰碘柳胺钠和伊维菌素等。

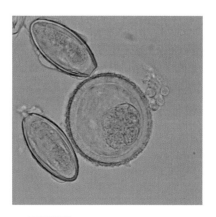

图2-13　马蛔虫卵与马蛲虫卵
（王瑞供图）

三、圆线虫病

（一）概念

马圆线虫病是由圆线目多种科、属的40多种线虫寄生于马属动物的盲肠和结肠所引起的一类线虫病的总称。大量寄生时可引起卡他性肠炎，使幼驹发育受阻，而成年马多呈慢性卡他性肠炎，使役力降低。普通圆线虫的幼虫移行时，引起动脉瘤，常发血栓性疝痛，严重时常导致死亡。

（二）病原

常见且危害大的有3种（图2-14～图2-16），均属圆线属（*Strongylus*）。① 马圆线虫，寄生于马属动物和斑马的盲肠和结肠。雄虫体长25～35毫米，雌虫长38～47毫米，呈红褐色或灰红色。口囊呈卵圆形，基部有一个背齿和二个亚腹侧齿。② 无齿圆线虫，寄生于马属动物的盲肠和结肠。外形与马圆线虫相似，但头部稍大，颈部稍细。口囊亦呈卵圆形，但前宽后窄，无齿。雄虫体长23～28毫米，雌虫长33～44毫米。③ 普通圆线虫，寄生于马属动物的盲肠和结肠。虫体较前两者小，深灰色或血红色，雄虫体长14～16毫米，雌虫长20～24毫米。口囊卵圆形，背侧壁上有两个猫耳状齿。三者的虫卵非常相似，均呈椭圆形，卵壳薄。除以上三种外，寄生于马的盲肠和结肠的有圆线科和毛线科的一些种属。

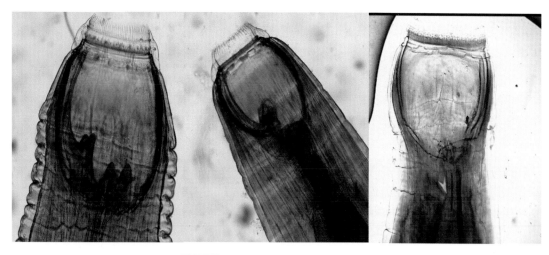

图2-14　马圆线虫头部（王瑞供图）

马圆线虫（左）；普通圆线虫（中）；无齿圆线虫（右）

（三）流行过程

马圆线虫主要寄生于马属动物，以感染性幼虫经口感染。该病分布于世界各地，我国流行普遍，马匹圆线虫感染率平均高达87.2%，寄生强度最多可达10万条。感染性幼虫对

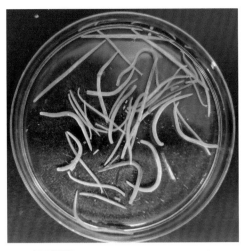

图2-15　大型圆线虫（王瑞供图）

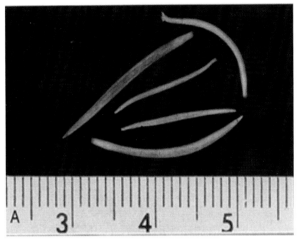

图2-16　不同种类的小型圆线虫虫体

（引自Charles M Hendrix，Ed Robinson）

环境具有较强的耐受性，在含水量较少的马粪中可以存活超过一年，在薄层马粪中也能够存活65～75天；若在青贮饲料上则能保持更久的感染力，但在阳光直射下很容易死亡。马圆线虫病在放牧马群和舍饲马匹中均可发生，阴雨、多雾的清晨和傍晚更易感染马圆线虫。马圆线虫从感染至发育为成虫约需8～9个月。

（四）临床症状

马属动物圆线虫病所引起的症状，可分为肠内型（由成虫在肠内寄生引起的）和肠外型（由幼虫发育过程移行而引起的）两种类型。

成虫大量寄生于肠道时，表现为大肠的卡他性炎症、拉粪带汤、贫血和进行性消瘦，先食欲不振，进而出现下痢，粪恶臭，腹痛，有时可于粪便中发现虫体，最后因恶病质或继发感染而死亡。少量寄生时，呈慢性过程，马匹食欲减退，下痢，轻度腹痛，精神不振，幼驹则发育不良，生长停滞，若不及时治疗，病情会日趋严重。

幼虫移行时所引起的症状，以普通圆线虫引起的血栓性疝痛最为常见，病马常在不明原因的情况下突然出现疝痛，持续时间长短不一，且间歇性发作；马圆线虫幼虫移行时引起肝脏和胰脏损伤，无齿圆线虫幼虫则引起腹膜炎、急性毒血症、黄疸和体温升高等症状。

（五）病理变化

病畜消瘦、贫血。盲肠和结肠腔内有大量虫体吸附于黏膜，并见有许多小出血点、小啮痕和溃疡灶。肠壁上有大小不等的结节。前肠系膜动脉和回盲结肠动脉上有由普通圆线虫幼虫引起的动脉瘤和肠梗死（图2-17，图2-18），其中有虫体寄生。无齿圆线虫幼虫在腹膜下常见形成的许多红黑色斑块状的结节。马圆线虫幼虫在肝内造成出血性虫道、肝实质的损伤和胰脏的纤维性病灶。

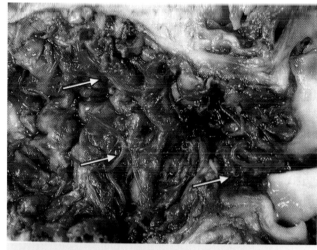

图2-17 普通圆线虫引发的马的动脉瘤（引自Peter Deplazes）

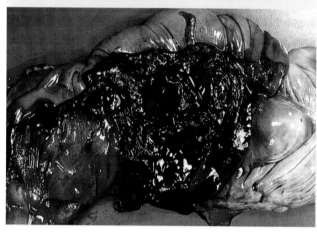

图2-18 普通圆线虫引发的马的肠梗死（引自Johannes Eckert，J.Pohlenz）

（六）诊断

马圆线虫病可根据临床症状和流行病学资料做出初步诊断。在粪便中发现此类虫卵即可确定有线虫寄生，若超过1000个/克粪便，即可认为患病。但由于圆线虫的虫卵形态极其相似，鉴别时可作幼虫培养，根据第三期幼虫形态进行鉴别；幼虫寄生期的诊断较困难，可依据症状推测，确诊需进行尸体剖检，检查幼虫，观察病变（图2-19～图2-22）。

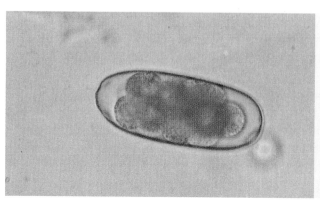

图2-19 普通圆线虫卵（引自Charles M. Hendrix，Ed Robinson）

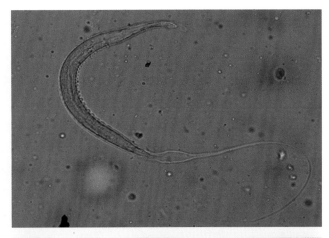

图2-20　成熟的圆线虫幼虫
（王瑞供图）

图2-21　马大肠黏膜上的大型圆线
虫（约3～5厘米）（引自K.Tomczuk）

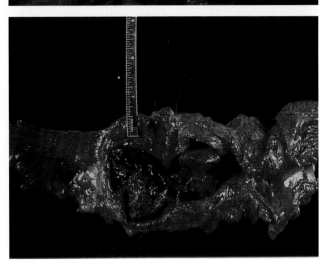

图2-22　马的普通圆线虫引起的动
脉血栓（引自Charles M. Hendrix, Ed
Robinson）

（七）防治

　　牧场应避免载畜量过多，有条件时可实行分区轮牧或与牛、羊轮牧，幼驹和成年马应分群放牧。每年对马进行定期驱虫，一年不少于两次；对于感染严重的牧场可服用低剂量硫化二苯胺进行预防。搞好马厩的清洁卫生，粪便应及时清除并堆积发酵。

治疗药物有：苯硫达唑，每千克体重5毫克，一次口服；噻苯哒唑，每千克体重50毫克，一次口服；噻嘧啶，每千克体重12.5毫克，口服；丙硫咪唑，每千克体重3～5毫克，口服或腹腔注射；硫化二苯胺，按30～35克/匹剂量，混入饲料中给予；敌百虫，每千克体重30～50毫克，配成10%～20%水溶液，胃管投服。

四、马胃线虫病

（一）概念

马胃线虫病是由旋尾科（Spiruridae）德拉西属（*Drascheia*）的大口德拉西线虫及柔线属（*Habronema*）的蝇柔线虫（图2-23、图2-24）、小口柔线虫所引起，成虫寄生于马属动物的胃内，其机械性损伤和有毒代谢产物可致患马全身性慢性中毒、慢性胃肠炎、营养不良及贫血；幼虫侵入伤口可引起寄生性皮肤炎（夏季溃疡）；移行到肺可引起肺炎。

图2-23 大口德拉西线虫和蝇柔线虫（引自Dwight D Bowman）

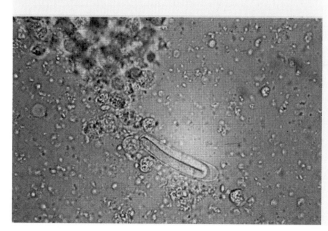

图2-24 蝇柔线虫（引自Charles M. Hendrix，Ed Robinson）

（二）病原

柔线虫属线虫具有圆筒形的口囊，边缘有两片侧唇。食道的前部为肌质部，后部为腺质部。雄虫的尾部常卷曲，有侧翼和乳突；交合刺不等长，异形。雌虫阴门靠近虫体中部。卵壳厚，含幼虫。

1.蝇柔线虫

虫体呈浅黄白色，角皮有柔细的横纹，咽呈圆筒状，唇部与体部分界不明，有唇两片，每片再分三叶，无齿。雄虫长8～14毫米；雌虫长13～22毫米。虫卵圆柱状，稍弯，大小为（40～50）微米×（10～12）微米，内含幼虫，但在粪中常见到已孵出的幼虫。

2.小口柔线虫

形态与柔线虫相似，但较大，咽的前部有背齿和腹齿各一。卵的大小为（40～60）毫米×（10～16）毫米，内含幼虫。

3.大口德拉西线虫

虫体白色线状，两片唇大而不分叶，无齿，特征是咽（口囊）为漏斗状，唇部后方有明显的横沟与体部截然分开。雄虫长7～10毫米，尾部短，呈螺旋状弯曲。雌虫长10～15毫米，尾部直或稍弯曲，尾端尖。虫卵为半圆柱状，两端钝圆，大小为（40～60）微米×（8～17）微米，常含有已成形的幼虫。

（三）流行过程

大口德拉西线虫和蝇柔线虫的中间宿主为家蝇和厩螫蝇，小口柔线虫的中间宿主为厩螫蝇。虫卵或幼虫随宿主粪便排出体外，被宿主蝇的幼虫（蝇蛆）吞下，与蝇蛆并行发育；待蛹羽化为成蝇后，感染性幼虫随厩蝇吸血落入被叮咬的伤口中，或家蝇舔舐马唇部时，幼虫逸出而被马吞咽入胃，抑或当马匹采食、饮水时，吞食带有感染性幼虫的蝇子而感染。大口德拉西线虫的幼虫在马胃内经44～64天发育为成虫，寄生在马胃壁上的肿瘤内。蝇柔线虫和小口柔线虫寄生在胃黏膜上，以头端钻入胃的腺体中。

（四）临床症状

严重感染时，马匹出现慢性胃肠炎，进行性消瘦，食欲不振，消化不良，还有周期性的疝痛现象。

皮肤柔线虫病多发生在温暖地带的夏季，并多发生于马体上容易受伤的部位。小伤口可能因之扩大，表面粗糙，有干酪性肉芽增生。至冬季逐渐平息，并自行康复。

（五）病理变化

大口德拉西线虫在马胃的腺部形成肿瘤或结节（图2-25），当化脓菌侵入时，导致肿瘤化脓，严重的可造成胃破裂，引起腹膜炎。蝇柔线虫及小口柔线虫能引起胃黏膜的创伤以至溃疡。患畜出现慢性胃肠炎、渐进性消瘦、食欲不振、消化不良，有时出现周期性的疝痛；虫体的毒性产物被吸收后引起心肌炎、肝机能异常、造血机能障碍，出现营养不良、贫血。

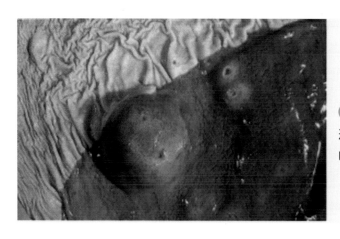

图2-25 大口德拉西线虫在马胃中形成的纤维性结节（引自Charles M. Hendrix，Ed Robinson）

在夏季，幼虫侵入伤口时，可使创口扩大、久不愈合，并发生颗粒性肉芽增生，创口周围变硬，较难治疗，至冬季逐渐平息；侵入肺脏时能引起结节性支气管周围炎。

（六）诊断

由于粪便中的胃虫卵特别稀少，粪便检查难以检出，可用胃管抽取马胃液离心后在沉渣中寻找虫卵或虫体。病理剖检时可于胃内发现虫体。伤口感染时，可在溃疡面上采集病料检查幼虫，再根据幼虫尾端特异的刺束确定种类。

（七）防治

逐日打扫马厩，并将粪便堆积发酵，以杀死柔线虫幼虫和蝇类幼虫。在秋、冬季进行预防性驱虫。消灭厩舍内的蝇类。保护伤口，以预防皮肤柔线虫。

治疗可用二硫化碳，每100千克体重服5毫升，对蝇柔线虫和小口柔线虫有良效。使用时，先停食一夜，次日清晨以胃管投服2%碳酸氢钠溶液8～10升洗胃，使寄生部位黏液软化，然后抽净胃内的碳酸氢钠溶液，后将二硫化碳混入面粉糊中，以胃管投服。四氯化碳，成年马20～40毫升，1～2岁马10～20毫升，1岁以下马5～10毫升，装入胶囊中口服或混入面粉糊中以胃管投服。碘液（碘1克，碘化钾2克，水1500毫升配成），4～4.5升，胃管投服。用药前15分钟给马皮下注射吗啡0.2～0.3克，使幽门括约肌收缩，药物在胃中可停留30～40分钟。

皮肤柔线虫病可用手术摘除。也可用2%～3%台盼蓝溶液涂擦溃疡并注射于溃疡四周边缘皮肤深处；也有将石膏粉100克、明矾20克、樟脑球10克和少量苦味剂，混合研细后撤布于创面；九一四甘油合剂涂于创面（九一四0.1份，甘油4.0份，水6.0份）。

五、尖尾线虫病

（一）概念

马尖尾线虫病，也称马蛲虫病，是由马尖尾线虫（*Oxyuris equi*）寄生于马属动物的盲肠和结肠内引起的一种寄生虫病，临床表现以尾臀发痒为特征，分布全国各地。

（二）病原

马尖尾线虫呈灰白色或黄白色，雌虫长40～150毫米，尾部细长而尖，可长达体部的3倍以上，雄虫长9～13毫米，尾端直而钝（图2-26，图2-27）。虫卵呈长卵圆形，90微米×42微米，两侧不对称，一端有卵塞（图2-28，图2-29）。

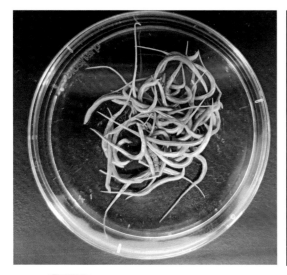

图2-26 马尖尾线虫一（王瑞供图）

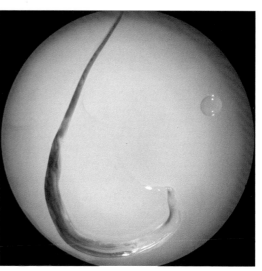

图2-27 马尖尾线虫二（王瑞供图）

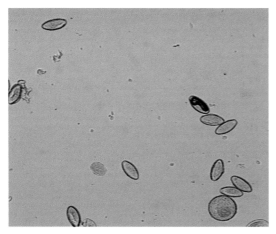

图2-28 马尖尾线虫虫卵一（王瑞供图）

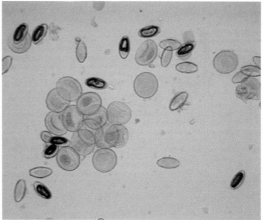

图2-29 马尖尾线虫虫卵二（王瑞供图）

（三）流行过程

易感动物为马属动物，且多见于1岁以下幼龄及老龄马。传染源为被虫卵污染的饲料及饮水，各季舍饲期均可发病。

雌虫成熟后将体前部伸出肛门外产卵，虫卵在肛门周围发育，经4～6天发育为感染性虫卵，由于卵块干燥或病马擦痒，虫卵落入饲料或饮水中，被马匹吞食后，到达肠内逸出幼虫，约经5个月至发育为成虫。

（四）临床症状

患马肛门部剧痒，常以臀部抵于其他物体上擦痒，使尾毛蓬乱倒立，甚至于尾根部发生脱毛、皮炎，或形成胼胝，皮肤破溃后如继发细菌感染，可发生化脓，有的进而发生湿疹。病马经常表现不安、食欲下降、消瘦，有时有肠炎症状。

（五）病理变化

幼虫寄生在肠黏膜腺窝时，破坏肠黏膜。如虫体过多，可引起肠黏膜损伤，有时发生溃疡，或引起大肠发炎。雌虫在肛门周围产卵时，引起尾根部剧痒，引起该部脱毛或擦伤。

（六）诊断

根据出现特有症状——经常摩擦尾部，可疑为马尖尾线虫病，此时用蘸50%甘油水溶液的湿棉球，涂擦肛门周围和会阴部皱襞上的黄色污垢物，在显微镜下检查。初排出的虫卵内含一团卵细胞，但从肛门周围收集到的，多数卵内含幼虫。严重感染时，可在粪便中发现虫体。

（七）防治

预防关键是要做好厩舍的卫生工作，饲槽、柱栏、用具均应经常消毒，保持饲料、饲草和饮水的清洁卫生，不要在地上喂草，发现病马立即分开饲养并驱虫。新购进的马匹先隔离检查，方可合群饲养。

治疗用药有：噻苯唑，按100毫克/千克体重，一次口服；敌百虫，按30～40毫克/千克体重，一次口服；伊维菌素，按0.2毫克/千克体重，一次皮下注射。驱虫同时应用消毒液洗刷肛门周围皮肤，清除卵块，防止再感染。

六、脑脊髓丝虫病

（一）概念

马脑脊髓丝虫病（cerebrospinal nematodiasis of horse）又名腰痿病、摇摆病，是由牛指形丝状线虫和唇乳突丝状线虫的晚期幼虫侵入马的脑或脊髓的硬膜或实质中引起，马患病后，逐渐丧失使役能力，重症者多因长期卧地不起，发生褥疮，继发败血症死亡。

（二）病原

牛指形丝状线虫的晚期幼虫为乳白色小线虫，长1.6～5.8厘米，体宽0.078～0.108毫米，其形态特征已基本近似成虫（图2-30）。

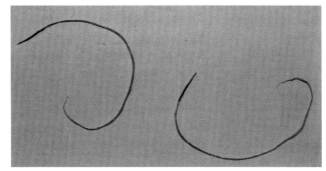

图2-30 指形丝状线虫（引自杨光友）

（三）流行过程

易感动物为马属动物，传染源为蚊虫；当蚊虫吸牛血时进入其体内，并进一步发育为感染性幼虫，后者集中到蚊的口器内。当蚊吸食马血时，幼虫侵入马体内，经血流进入脑脊髓表面或实质内发育为幼虫，引起脑脊髓损伤和相应的神经症状。

本病有明显的季节性，多发于夏末秋初，其发病时间约比蚊虫出现时间晚1个月，一般为7～9月份，而以8月中旬发病率最高。各种年龄的马均可发病，尤其是牛多蚊多的地区，极易引起发病。

（四）临床症状

潜伏期与症状不固定，5～30天不等。初期表现为腰髓支配的后躯运动神经障碍，呈现腰痿弱和共济失调。中晚期呈现精神沉郁，磨牙凝视，采食异常，腰僵硬，突然高度跛行，后躯摇摆，病情加重时，阴茎脱出下垂，尿淋漓或尿频，尿色呈乳状。体温、脉搏和食欲等无明显变化。

（五）病理变化

在脑脊髓的硬膜、蛛网膜有浆液性、纤维素性炎症和胶样浸润病灶，以及大小不等的红褐色或暗红色出血灶，在其附近有时可发现虫体。脑脊髓实质病变明显，以白质区为多，可见由虫体引起的大小不等的斑点或线条状的黄褐色病灶及损伤性空洞和液化坏死。膀胱黏膜肥厚，充满乳黄色或乳白色混有絮状物的尿液。若膀胱麻痹则尿盐沉着，蓄积呈泥状。肾呈间质性肾炎变化。

（六）诊断

病马出现临床症状时，才能做出诊断。早期诊断可用免疫学方法，用牛腹腔的指形丝状线虫提取抗原，进行皮内反应试验。

（七）防治

控制传染源——蚊子，蚊子出现季节，应尽量避免马与牛接触。普查牛只，消灭牛体内的微丝蚴。阻断传播途径，在疫区应将牛、羊、马分开饲养，并注意灭蚊。药物预防，新引进马用20%海群生进行预防注射，每月一次，连用4个月。

病马出现临床症状时再治疗已为时过晚，难以治愈。最好在皮内反应呈阳性、尚无临床症状或症状轻微时，才能收到较好的治疗效果。常用药物为海群生，口服和注射配合使用。

七、类圆线虫病

（一）概念

马类圆线虫病又称马杆虫病，是由杆形目、小杆科韦氏类圆线虫（*Strongyloides westeri*）寄生于马属动物十二指肠黏膜所引起，对幼畜危害甚大，可造成大批死亡。

（二）病原

韦氏类圆线虫属杆形目类圆线虫的一种，虫体毛发状，长7.3～9.5毫米，虫卵呈卵圆形，壳薄，大小为（40～51）微米×（40～51）微米。

（三）流行过程

易感动物为马属动物；传播途径为经皮肤或经口感染，也可经胎盘和母乳感染幼畜。韦氏类圆线虫在马体内只有雌虫，雌虫所产的卵随马粪排出，进入外界环境中孵化为幼虫，并进一步发育为雄虫和雌虫，交配后，孵出杆形虫幼虫，12天后蜕皮变为有感染性的幼虫，然后钻入幼驹皮肤或被吞食，在肺内发育，最后在十二指肠黏膜深处寄生，产卵。主要发生于夏季多雨季节。

（四）临床症状

幼虫经皮肤进入宿主体内时引起皮肤湿疹，移行到肺脏时可能引起支气管炎、肺炎和胸膜炎。少量成虫寄生于肠时不显症状，大量寄生时引起小肠黏膜发炎、出血和溃疡，患畜消瘦、贫血、腹痛、腹泻，间或引起死亡，死亡率可达50%；幼驹感染时，常有腹泻和疝痛。

（五）病理变化

剖解时，可见小肠，尤其十二指肠肿胀，内含白色黏液，刮黏膜压片镜检，可见大量雌虫。

（六）诊断

当病畜出现皮炎、腹痛、腹泻、肚胀症状时，可采用粪便检查法，发现大量虫卵即可确诊。尸体剖检时可刮取小肠黏膜置玻片上镜检，发现大量雌虫即可确诊。

（七）防治

保持马舍干净卫生；定期清理粪便；定期驱虫，幼畜和成畜分开饲养。
治疗用药有苯硫咪唑或康苯咪唑。

八、网尾线虫病

（一）概念

马网尾线虫病由网尾科的安氏网尾线虫寄生于马属动物的支气管所引起，以支气管炎为主要症状，呈世界性分布，散发性流行。

（二）病原

安氏网尾线虫（*Dictyocaulus arnfieldi*）属圆线目、网尾科、网尾属。虫体呈细线状，乳白色，雄虫长24～40毫米，交合伞的中侧肋与后侧肋上半段融合为一体，后半段分开，交合刺两根，棕褐色，略弯曲，呈网状结构（图2-31）。雌虫长50～70毫米，阴门位于虫体前半部内。卵呈椭圆形，大小为（80～100）微米×（50～60）微米，随粪便摒出时，卵内已含幼虫，多在外界孵化。

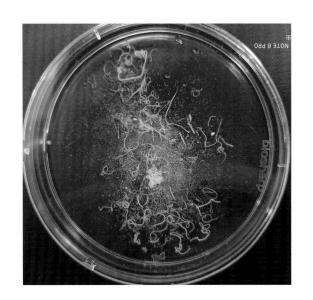

图2-31　安氏网尾线虫成虫（王瑞供图）

（三）流行过程

易感动物主要为马属动物，以幼驹为甚。传染源为被虫卵污染的饲料及饮水。传播途径为成虫寄生在支气管内产卵，虫卵随痰液进入口腔，再被咽下后随粪便排出，此时卵内已含幼虫。卵在外界孵化，经两次蜕化，约一周左右发育为感染性幼虫。经口感染马匹，进入马消化道的幼虫钻入肠壁，由淋巴系统进入血液循环，再移行至支气管，发育为成虫。主要流行于夏末至秋天以及冬季。

（四）临床症状

马匹轻度感染无明显症状；重度感染时，表现为干咳、湿咳、渐进性贫血、嗜酸性粒细胞增多，体温可达41℃，呼吸加快，甚至死亡。

（五）病理变化

剖检可见有慢性间质性肺炎，支气管黏膜发炎增厚，肺内有结节，相邻的肺组织有气肿病变。

（六）诊断

马重感染时有严重的咳嗽和支气管炎。根据临床症状和在粪便中发现多量带幼虫的卵和幼虫做出诊断，或死后剖检在肺内发现虫体和病变确诊。

（七）防治

流行地区应避免在低洼潮湿的草地放牧；注意饮水清洁；马、驴分开放牧，幼驹与成年马分开放牧。

治疗可用噻苯唑或甲苯唑驱虫。

九、浑睛虫病

（一）概念

浑睛虫病是由牛指形丝状线虫（*Setaria digitata*）、鹿丝状线虫（*Setaria cervi*）或马丝状线虫（*Setaria equina*）的幼虫寄生于马的眼前房引起，以马为多发的寄生虫病。

（二）病原

丝虫目、丝状科、丝状属的牛指形丝状线虫、鹿丝状线虫或马丝状线虫的幼虫。虫体乳白色，长约1～10厘米，形态构造与成虫近似，尾端部卷曲，口孔周围有角质环围绕，口环的后方有乳突。雄虫有交合刺1对，不等长，不同形，在泄殖腔前后有乳突数对。雌虫较雄虫大，尾尖上常有小结或小刺。虫体多寄生于马的一只眼内，数量为1～3条（图2-32）。

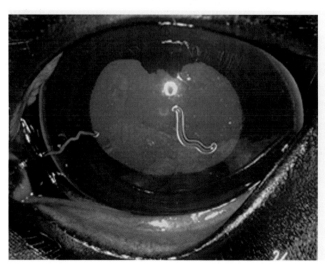

图2-32　马眼中的浑睛虫（引自 Peter Deplazes）

（三）流行过程

浑睛虫是经过蚊虫等吸血昆虫叮咬终末宿主，将宿主血液中的微丝蚴吸入蚊体内，并进一步发育至感染性幼虫，后再通过叮咬另一只动物而将病原体注入宿主血液中，微丝蚴随血液循环达到眼前房，发育为幼虫而致病。

（四）临床症状

虫体刺激眼前房，引起角膜炎、虹彩炎和白内障。病马表现羞明流泪，角膜和眼前房混浊，瞳孔散大，视力减退。结膜和巩膜充血，眼睑肿胀，畏光，食欲减退，影响使役。病马时时摇头或就马槽或木桩上摩擦患眼，严重时可致失明（视频2-1）。

视频2-1

马浑睛虫病的临床表现
（北京乐驰马医院
彭煜师、苏利德供）

（五）病理变化

虫体对眼睛的刺激，可引起角膜炎、虹彩炎和白内障，角膜和眼房液轻度混浊，瞳孔放大，视力减退，眼睑肿胀，结膜和巩膜充血。对光观察马的患眼时，常可见眼前房中有虫体游动。

（六）诊断

根据患畜的临床表现和病变可作出初步诊断，对光观察可见眼前房中有虫体游动。

（七）防治

预防应及时清除栏舍内的粪便、杂草，并进行填埋或发酵处理。保持圈舍清洁，减少疾病传播。措施应包括防止吸血昆虫叮咬和消灭吸血昆虫两个方面。

浑睛虫病的根本治疗方法为用角膜穿刺取出虫体（视频2-2）。将患畜于六柱栏内站立保定，头部保证不动；然后用2%利多卡因注射液滴入眼内2～3滴，每5分钟滴1次，共3次。另取6号针头，用绷带缠至直径约1.5厘米，漏出约4毫米长针尖。在开天穴以45℃穿刺角膜，退针时，虫体会随眼房液流出。术后为尽快消除手术炎症，可用眼药水滴入3～5天，每天2～3次，用抗生素消炎3～5天。或用中药：黄连15克、柴胡15克、防风15克、苍术30克、菊花30克、郁金25克、白蒺藜30克、栀子30克、连翘30克，研末后开水冲调，待温加鸡蛋清5个，一次灌服。

视频2-2

马浑睛虫的取出方法
（北京乐驰马医院
彭煜师、苏利德供）

十、腹腔丝虫病

（一）概念

腹腔丝虫病是指腹腔丝虫寄生于脊椎动物终宿主的腹腔、胸腔等处所引起，以动物下腹膨大为特征的一种寄生虫病。

（二）病原

马丝状线虫（*Setaria equina*）寄生于马属动物的腹腔，也可见于胸腔、盆腔和阴囊等处。虫体为乳白色线状。口孔周围有角质环围绕，由环的边缘上突出形成两个半圆形的侧唇，及乳突状的背唇和腹唇各两个。头部有4对乳突。雄虫长40～80毫米，交合刺两根。雌虫长70～150毫米，尾端呈圆锥状（图2-33，图2-34）。微丝蚴长190～256微米。

图2-33 马丝状线虫头端背腹面（左）和侧面（右）（引自Dwight D Bowman）

图2-34 马丝状线虫（王瑞供图）

（三）流行过程

马丝状线虫的成虫（图2-35）寄生于马属动物的腹腔，其微丝蚴周期性地出现在外周血液中，以黄昏时为最多。中间宿主为埃及库蚊、奔巴伊蚊和淡色库蚊等。当中间宿主刺吸终末宿主血液时，微丝蚴随血液进入中间宿主——蚊的体内，约15天后发育为感染性幼虫，并移行至蚊的口器内。此时蚊虫再刺吸健康宿主的血液时，感染性幼虫即进入终末宿主体内，再经8～10个月发育为成虫。

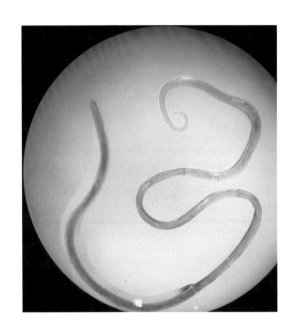

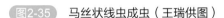 马丝状线虫成虫（王瑞供图）

（四）临床症状

病马营养不良，消瘦，被毛粗乱无光泽，下腹胀大，步态强拘，用拳头冲击腹部可听到拍水音。四肢肌肉萎缩、行走无力，卧下、站立困难，严重者不能站立，胃蠕动音弱。呼吸快而无力，心音较弱。

（五）病理变化

寄生于腹腔的虫体，可导致腹膜炎，马胃壁下明显可见长为40～80毫米、直径在1～1.5毫米的丝状线虫。

（六）诊断

从马颈静脉采血10毫升放至试管内，然后加入2～3滴20%柠檬酸钠溶液，在最初3天内腹腔丝虫幼虫能活动，因此容易发现。在检查澄清血液之前则要仔细混合，然后取1毫升血液至10毫升的锥形离心管内，接着加入10毫升蒸馏水，混匀后于1000转/分下离心沉淀7～10分钟；结束后，把上层液体倒出，留大约1毫升的液体，涂于载玻片上在显微镜下仔细检查，如发现微丝蚴可确诊。在剖检时，如在腹腔或临近部位发现马丝状线虫成虫也可确诊。

（七）防治

加强饲养管理，马厩保持清洁卫生，定期用溴氰菊酯处理马体，以减少吸血昆虫传播机会。

治疗可用左旋咪唑、乙胺嗪或伊维菌素，每日1～2次，连用7～10天。

注意乙胺嗪只能杀灭血液中的微丝蚴，使用剂量为每千克体重0.01克配成10%溶液投服，每日1次，连用10克；也可将卡巴肿2～3克、海群生2克，混合后1次投服，隔日1次，连用10天，可杀灭成虫和幼虫。

十一、盘尾丝虫病

（一）概念

盘尾丝虫病是由丝虫目（Filariata）、盘尾丝虫科（Onchocercidae）、盘尾丝虫属（*Onchocerca*）的丝虫寄生在马的肌腱、韧带和肌间引起的疾病。

（二）病原

盘尾属线虫虫体长丝状，口部构造简单，角皮上除有横纹外，尚有呈螺旋状的嵴。常见种有：

（1）颈盘尾丝虫　白色丝状线虫，雄虫长60～70毫米，雌虫长度估计有300毫米。微丝蚴长200～240微米，无鞘，尾短。成虫寄生于马的项韧带和鬐甲部，幼虫群栖在马的皮下组织中。

（2）网状盘尾丝虫　和前种相似，但较长，雄虫长270毫米，雌虫长达750毫米，微丝蚴长330～370微米，尾长。寄生于马的屈肌腱和前肢的球节悬韧带上。

（三）流行过程

发育过程需要吸血昆虫——库蠓、蚋或蚊作为中间宿主。成虫寄生于马匹皮下结缔组织，在寄生部位可存活5～10年，成熟后的雄虫与雌虫交配，然后雌虫产出大量的第1期幼虫，即微丝蚴；这些微丝蚴分布于寄生部位周围的皮下组织并逐渐聚集。当吸血昆虫叮咬宿主时，随血液进入昆虫体内，先由中肠移行至昆虫的胸部，再经两次蜕皮后发育为感染期幼虫，并从胸部移行到昆虫的吻部，当昆虫再次叮咬终末宿主时进入其体内，即可造成感染（图2-36）。

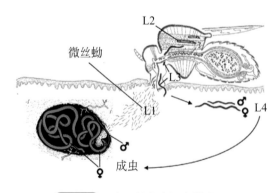

图2-36　盘尾丝虫生活史模式图

（引自Julia C. 2014）

L1—第一期幼虫；L2—第二期幼虫；
L3—第三期幼虫；L4—第四期幼虫

（四）临床症状

虫体寄生部位不同，其所表现的临床症状也不同。马的颈盘尾丝虫可成为鬐甲瘘和项肿的病因之一。网状盘尾丝虫寄生于屈腱时，可引起屈腱炎而致跛行。有人认为盘尾丝虫的微丝蚴可致马夏季过敏性皮炎，或成为马周期性眼炎的病因之一（图2-37）。

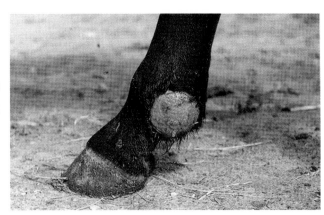

图2-37　患马腿部形成的夏疮
（引自Charles M. Hendrix, Ed Robinson）

（五）病理变化

盘尾丝虫的成虫在寄生部位形成纤维组织性结节。结节形态大小各异，并且随着时间的增长，局部发生变性，开始呈玻璃样变性，其后呈干酪样变性，结节内的虫体也逐渐退化和死亡，最后结节钙化变硬。感染颈盘尾丝虫的马在项韧带、背部和腹部皮下或肌肉组织内寄生，所形成的结节可导致寄生部位充血、出血及水肿等病变；在情况严重时可影响宿主的行动能力（图2-38，图2-39）。圈形盘尾丝虫寄生在主动脉近心端，引起动脉管壁粗糙、增厚，造成动脉粥样硬化等病变。

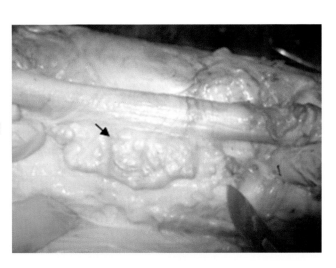

图2-38　位于项韧带的板状部内侧的盘尾丝虫结节横切（杨晓野供图）

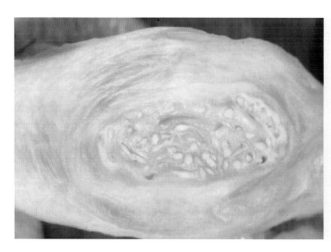

图2-39 钙化后的盘尾丝虫结节组织片（杨晓野供图）

（六）诊断

目前，盘尾丝虫病的生前诊断方法主要通过触诊，还可以根据虫体在宿主寄生部位造成的病变以及在病变部位检出虫体，或是取病变部位及周围的皮肤浸泡在生理盐水中，37℃放置4～6小时，然后离心观察沉淀中有无微丝蚴进行确诊。同时也可以利用分子生物学技术进行辅助诊断。

（七）防治

在盘尾丝虫病的预防方面，主要是在吸血昆虫活跃的季节，设法进行药物防治或避免人或家畜受到昆虫叮咬，同时结合消除昆虫的滋生地等措施。

本病可用伊维菌素、乙胺嗪、舒拉明钠等药物治疗，必要时可以进行手术，彻底清除坏死组织（含盘尾丝虫的结节）。

十二、副丝虫病

（一）概念

马副丝虫病是由丝虫科、副丝虫属的多乳突副丝虫寄生于马属动物的皮下组织和肌间结缔组织内引起的一种寄生虫病。本病的特征是于夏季在皮下形成结节，结节迅速破溃后出血，如同"血汗"，所以本病又称"血汗症"。

（二）病原

副丝虫属（*Parafilaria*）的多乳突副丝虫呈白色丝状，雄虫长28～30毫米，雌虫长40～70毫米。虫体表面布满横纹，前端有许多乳突状的隆起，因此被称为多乳突副丝虫；雄虫尾部短，尾端纯圆，有两根不等长的交合刺；雌虫尾端钝圆，肛门靠近后端，阴门位于虫体前端。雌虫产含幼虫的卵，卵的大小为（50～55）毫米×（25～30）微米。

（三）流行过程

传播媒介为吸血昆虫，主要为吸血蝇类。其成虫在马属动物皮下和肌间结缔组织中寄生，当移行至皮下时形成小结节，雌虫穿破结节并产下含有幼虫的卵，虫卵随结节内流出的血液至皮毛上，虫卵迅速孵化并逸出微丝蚴，微丝蚴被吸血蝇类等吸血昆虫吞食，并在其体内进一步发育为感染性幼虫，并在叮咬其他马属动物时继续传播。

所有马属动物均可发病。本病有明显的季节性，一般在每年的4月份开始发病，7～8月份达到高峰，以后月份发病逐渐减少，至冬季消失，到第二年夏季重复出现。

（四）临床症状

马鬐甲部、背部、肋部，或颈部和腰部出现直径为0.6～2厘米的半圆形结节，常突然出现，结节肿胀突出，毛竖起，内有血液蓄积，结节破溃后出血，血液沿被毛流淌形成一条凝结的血污；如果虫体较多，可形成多个结节和多条血污。出血多出现在炎热的中午；在个别情况下，虫体死亡，结节化脓，引起皮下脓肿和皮肤坏死；在温暖季节，这种结节发生一个阶段后，间隔3～4周，又重复出现，直到天气变冷为止，到次年天气转暖后，症状再度出现。如此反复，可持续3～4年。

（五）诊断

根据发病明显的季节性和典型的临床症状可作出初步诊断。如果条件允许可以采用实验室诊断，即将病马结节内的血液挤出1～2滴，滴于载玻片上，用10倍量蒸馏水稀释后制成涂片，在显微镜下观察，可发现丝状幼虫（图2-40）及含有活动幼虫的虫卵。另外，还可以收集流出的血液污染物，先用生理盐水洗涤，并用离心机离心后取沉淀物涂片镜检，发现含有幼虫的虫卵及逸出的丝状幼虫后确诊。

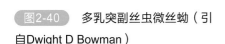
100微米

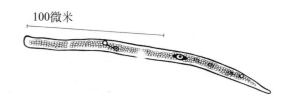

图2-40 多乳突副丝虫微丝蚴（引自Dwight D Bowman）

（六）防治

保持马厩内的环境卫生，及时清理粪便，定期用敌百虫溶液等药物喷洒处理马体体表和周围环境，以减少蝇类等吸血昆虫的传播机会。

治疗可用伊维菌素，0.3毫克/千克体重，1次皮下注射，连用3天；5%的敌百虫溶液0.5～2毫升，在出血点周围分点注射，或用3%的敌百虫溶液涂擦患部，2次/天，连涂5天。也可用海群生治疗。亦可内服中药杀虫汤：苦参、鹤虱、苦楝根皮各30克，贯众、大黄、黄连各20克，小蓟、侧柏叶各15克，赤芍、丹皮、使君子各10克，水煎两次，混合药液后灌服，1剂/天，连用7天。

第三节　原虫病

一、伊氏锥虫病

（一）概念

伊氏锥虫引起的疾病称伊氏锥虫病，亦称苏拉病，是马属动物的常见疾病。马属动物感染后，多取急性经过，病程1～2个月，死亡率高。

（二）病原

伊氏锥虫属于锥虫科锥虫亚属，虫体细长柳叶状，长15～34微米，宽1.0～2.5微米。前尖后钝，中央有一较大的椭圆形核，后端有一点状的动基体，附近有一生体毛，自生体毛生出鞭毛一根，沿虫体伸向前方并以波动膜与虫体相连，最后游离。姬姆萨染色后，核与动基体呈深红色，鞭毛呈红色，波动膜呈粉红色，原生质呈淡蓝色（图2-41，图2-42）。

（三）流行过程

感染而不发病的带虫者或未彻底治愈的病畜为主要传染源。主要由吸血昆虫传播，同时用于病畜的消毒不完全的手术器械等再用于健畜时也可造成感染。孕畜患病可传染给胎儿。流行季节与传播昆虫的活动季节相关，但也有一些耐受性较强的马匹经吸血昆虫传播后感而不发，待到枯草期或抵抗力下降时才发病。

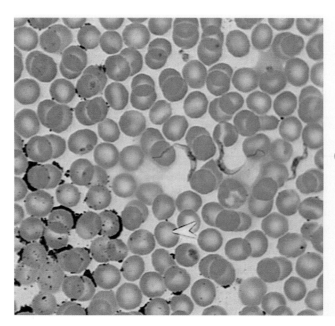

图2-41　血液中的伊氏锥虫（1000×）（王瑞供图）

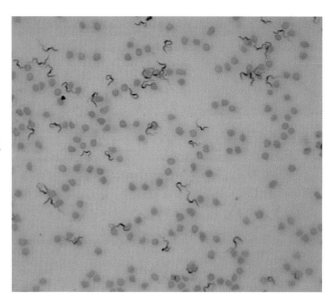

图2-42　血液中的伊氏锥虫
（200×）（王瑞供图）

伊氏锥虫寄生于动物的血液（包括淋巴液）和造血器官中以纵分裂法进行繁殖。由虻及吸血蝇机械性传播，即锥虫进入其体内并不进行任何发育，生存时间亦较短，而当虻等再吸食其他动物血时，即将虫体传给后者。

（四）临床症状

马属动物易感性强，经过4～7天的潜伏期，体温升高到40℃以上，稽留数日，体温则恢复到正常。短时间后，体温再度升高，如此反复。随着体温的升高，病马精神不振，呼吸急促，脉搏频数，食欲减退；数日后体温暂时正常时，以上症状亦有所减轻或消失。3～6天后，体温再度上升，以上症状也再次出现。病马逐渐消瘦，被毛粗乱，眼结膜初充血。后变为黄染，最后苍白，且在结膜、瞬膜上可见有米粒大到黄豆大的出血斑，眼内常附有浆液性到脓性分泌物。疾病后期体表水肿，以腋下、胸前多见。精神沉郁日渐发展，终至昏睡状，最后可见共济失调，行走左右摇摆，举步困难，尿量减少，尿色深黄、黏稠，含蛋白和糖，体表淋巴结轻度肿胀。血液检查，红细胞数急剧下降，白细胞变化无规律，有时血片中可见锥虫。

（五）病理变化

皮下水肿为主要特征，尤以胸前、腹下、公畜的阴茎部分多发。体表淋巴结肿大充血，断面呈髓样浸润，血液稀薄，凝固不良。胸腔和腹腔内常有大量浆液性液体，胸膜及腹膜上常有出血点。骨骼肌混浊肿胀。脾肿大，表面有出血点。肝肿大瘀血，表面粗糙，质脆，有散在性脂肪变性。肾肿大，混浊肿胀，有点状出血，被膜易剥离。部分病畜出现神经症状，脑腔积液，软脑膜下充血或出血，侧脑室扩大，室壁有出血点或出血斑。腰背部脊椎出现脊髓灰质炎。

（六）诊断

可根据流行病学、临床症状、血液学检查、病原学检查和血清学诊断等进行综合判断，但临床以病原学检查最为可靠。血液中虫体的检查方法主要有压滴标本检查、血片检查、试管采虫检查、毛细管集虫检查和动物接种试验等。但由于虫体在末梢血液中的出现有周期性，虫体数量波动较大，需多次检验以提高检出率。也可采用间接血凝反应检查。

（七）防治

加强饲养管理，尽可能消火虻、厩蝇等传播媒介，临床常用喹嘧胺、萘磺苯酰脲或氯化氮氨菲啶盐酸盐（沙莫林）可达到预防目的。

治疗要早，药量要足，常用的药物有萘磺苯酰脲（纳加诺或拜尔205，苏拉明），以生理盐水配成10%溶液，静脉注射。硫酸甲基喹嘧胺（硫酸甲酯安锥赛），每100千克体重0.5克，以注射用水配成10%溶液，皮下或肌内注射，隔日注射1次，连用2～3次。三氮脒（贝尼尔或称血虫净），以注射用水配成7%溶液，深部肌内注射，马按每千克体重3.5毫克，深部肌内注射，每日1次，连用2～3次。氯化氮氨菲啶盐酸盐，按每千克体重1毫克，以注射用水配成2%溶液，深部肌内注射，总量超过15毫升时分两点注射。

锥虫病畜经以上药物治疗后，有少数经过一定时间后可复发，复发的病例可对原使用药物产生一定耐药性，建议改用另一种药物治疗。

二、马媾疫

（一）概念

马媾疫（Dourine）是由马媾疫锥虫寄生于马属动物引起的生理功能紊乱、生产性能下降、繁殖功能失常的一种慢性接触性原虫病，亦称交配疹。

（二）病原

病原为马媾疫锥虫，单形性虫体，形态与伊氏锥虫相同（图2-43）。

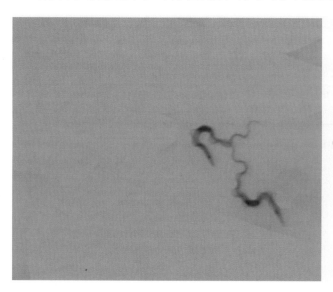

图2-43 马媾疫锥虫虫体（王瑞供图）

（三）流行过程

仅马属动物易感，病原主要寄生于病畜的生殖道黏膜、水肿液及短暂地寄生于血液中；感染后无明显症状者是主要传染源。主要通过病马与健康马交配接触传播，人工授精器械消毒不严格也可传播。主要流行于春夏3～8月份，马属动物的繁育旺季，多发生于配种之后。

（四）临床症状

本病的潜伏期一般为8～28天，少数长达3个月。主要症状有：① 生殖器官急性炎症；② 皮肤轮状丘疹，病马胸、腹和臀部等处的皮肤上出现无热、无痛的扁平丘疹，直径5～15厘米，呈圆形或马蹄形，中央凹陷，周边隆起，界线明显，称"银元疹"，其特点是突然出现，迅速消失（数小时到一昼夜），然后再于其他部位出现；③ 神经症状，可引起腰神经与后肢神经麻痹，表现为步样强拘、后躯摇晃、跛行等，症状时轻时重，反复发作，容易误诊为风湿病。少数病马有面神经麻痹。整个病程中，体温只一时性升高，后期有些病马有稽留热。病后期出现贫血，瘦弱，最后死亡，死亡率可达50%～70%。

（五）病理变化

公马尿道或母马阴道黏膜被感染后，在局部繁殖引起炎症；皮肤轮状丘疹；少数虫体周期性地侵入病畜血液和其他器官，产生毒素，引起多发性神经炎。

（六）诊断

根据临床症状、剖检病变及发病季节可做初步诊断。马患病多呈慢性经过，病程延长1～2年或更久，急性型比较少见。幼驹患病后则较剧烈，舍饲的公马也常发生急性过程。在疫区，马匹配种后，如果发现有外生殖器炎症、水肿、皮肤轮状丘疹、耳聋唇歪、后躯麻痹以及不明原因的发热、贫血、消瘦等症状时，可怀疑为马媾疫。病原学检查可取尿道或膣腔黏膜刮取物做压滴标本和涂片标本进行虫体检查；还可将上述病料注射于兔睾丸实质内进行动物接种试验。家兔接种后发病的症状为阴囊和阴茎浮肿、发炎及睾丸实质炎，往往从睾丸穿刺液、浮肿液和眼泪中可以发现虫体。国内对本病常用的血清学诊断方法为琼脂扩散试验、间接血凝试验及补体结合反应等。

（七）防治

在疫区于配种季节前对公马和繁殖母马进行一次检疫，阳性或可疑马隔离治疗，病公马一律阉割，不能作种用。对健康母马和作采精用的种马，在配种前用安锥赛预防盐进行预防注射。大力开展人工授精工作，减少或杜绝感染机会，配种人员的手及用具等应注意消毒。公马的生殖器应用10%的碳酸氢钠溶液或0.5%氢氧化钠溶液冲洗。对新调入的种公马或母马，要严格进行隔离检疫，每隔1个月1次，共进行3次。一岁以上的公马和阉割不久的公马应与母马分开饲养。没有育种价值的公马应进行阉割。

治疗用药有那加诺（拜耳205，苏拉明）：每100千克体重用1克（极量4克），以灭菌生理盐水配成10%溶液静脉注射。1个月后再治疗1次。安锥赛（喹嘧胺）：每100千克体重0.3～0.5克，以灭菌生理盐水配成10%溶液，皮下或肌内注射，隔日注射1次，连用2～3次。贝尼尔（三氮脒）：每千克体重3.5～3.8毫克，配成5%溶液，分点深部肌内注射，可根据病情用药1～3次，间隔5～12天。

三、马巴贝斯虫病

（一）概念

马巴贝斯虫病是由巴贝斯科巴贝斯属的驽巴贝斯虫和马巴贝斯虫寄生于马属动物的红细胞内所引起的血液原虫病。

（二）病原

1.驽巴贝斯虫

为大型虫体，虫体长度大于红细胞半径，有梨籽形（单个或双个）、椭圆形和环形等，典型虫体为成对的梨籽形虫体，以其尖端呈锐角相连。一个红细胞内通常只有1～2个虫体，偶见3或4个。每个虫体内有两团染色质块（图2-44）。

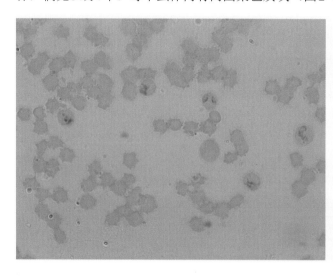

图2-44 血液中的驽巴贝斯虫（1000×）（王瑞供图）

2.马巴贝斯虫

为小型虫体，长度不超过红细胞半径，有圆形、椭圆形、单梨籽形、钉子形、逗点形、短杆形、圆点形等，以圆形和椭圆形居多，典型虫体为4个梨籽形虫体以尖端相连构成十字形，每个虫体内只有一团染色质块（图2-45）。

（三）流行过程

本病由硬蜱传播，具有一定的地区性和季节性。我国已查明传播驽巴贝斯虫病的蜱有草原革蜱、森林革蜱、银盾革蜱、中华革蜱；传播马巴贝斯虫病的蜱有草原革蜱、森林革蜱、银盾革蜱、镰形扇头蜱。驽巴贝斯虫病主要流行于东北、内蒙古东部及青海等地。马

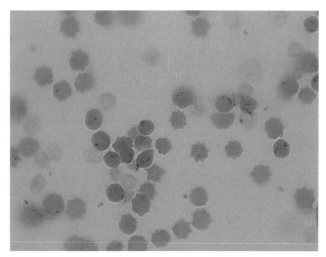

图2-45 血液中的马巴贝斯虫
（1000×）（王瑞供图）

巴贝斯虫病主要流行于新疆、内蒙古西部及南方各省。革蜱以经卵传递方式传播驽巴贝斯虫。此外，还有经期间传播（transtadial transmission）和经胎盘垂直传播的报道。驽巴贝斯虫病一般从2月下旬开始出现，3、4月份达高潮，5月下旬逐渐停止流行。马巴贝斯虫病比驽巴贝斯虫病出现时间稍晚。两者有带虫免疫现象，但无交叉保护力。

（四）临床症状

（1）驽巴贝斯虫病 发病初期，病马体温稍升高，精神不振，食欲减退，眼结膜充血或稍黄染。随后体温逐渐升高，可达39.5 ～ 41.5℃，稽留热，呼吸、心跳加快，精神沉郁，低头耷耳，食欲大减，口腔干燥发臭。病情发展很快，最明显的症状是黄疸现象，眼结膜初为潮红黄染，以后则呈明显的黄疸，其他可视黏膜，尤其是唇、舌、直肠、阴道黏膜黄染更为明显，有时黏膜上出现大小不等的出血点。发病后期，病马显著消瘦，步样不稳，黏膜呈苍白黄染。后心力衰竭，潮式呼吸，由鼻孔流出多量黄色带泡沫的液体。病程8 ～ 12天，很少自愈。病马血液稀薄色淡（高度脱水时血液黏稠发黑），红细胞急剧减少（常降至200万个左右），血红蛋白量相应减少，血沉快（初速达70度以上）。白细胞数变化不大，常见单核细胞增多。静脉血液中出现吞铁细胞。常发现大小不均或有核的红细胞。幼驹症状比成年马重剧。

（2）马巴贝斯虫病 分为急性、亚急性和慢性3型。急性型症状与驽巴贝斯虫病相似，但病程稍长，热型多为间歇热或不定热型，病马常出现血红蛋白尿和肢体下部水肿。亚急性型症状基本与驽巴贝斯虫病相似，但程度较轻，病程可达30 ～ 40天，其间可有一定的缓解期。慢性型马巴贝斯虫病，临床上不易被发现，体温正常或出现黄疸症状时稍高于常温，病马逐渐消瘦、贫血，病程约3个月，然后病势加剧或转为长期的带虫者。

（五）病理变化

外观可见尸体消瘦、黄疸、贫血和水肿；心包及体腔有积水，脂肪变为胶体，并黄染；脾肿大、软化，髓质呈暗红色；淋巴结肿大；肝脏肿大，充血，呈黄褐色，肝小叶中央呈黄色，边缘带绿黄色；肾呈白黄色，有时有淤血；肠道和胃黏膜上有红色条纹。

（六）诊断

在疫区的流行季节，如病马出现高热、贫血、黄疸等症状应怀疑本病。血液检查发现虫体即可确诊（图2-46）。虫体检查一般在病马发热时进行，但有时体温不高也可检出虫体。采取反复多次检查提高检出率。根据虫体的典型形态，确诊究竟是驽巴贝斯虫还是马巴贝斯虫。

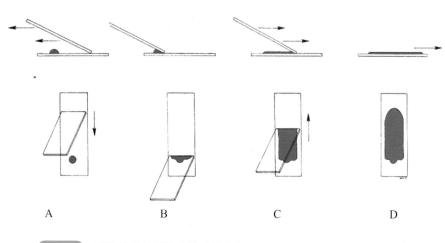

图2-46 薄血涂片的制作方法（引自Charles M. Hendrix Ed Robinson）

（七）防治

在疫区内要严格做好防蜱工作。出现第一批病例后，为防止进一步扩散，应对易感马匹采取药物预防。在没有疫情但有蜱类活动的地区，对外来马匹要严格进行检疫，防止带虫马进入，并定期进行灭蜱工作。国外一些地区已广泛应用抗巴贝斯虫弱毒虫苗和分泌抗原虫苗。

确诊后应立即停止病马的使役，给予易消化的饲料和加盐的清水，仔细检查和消灭体表的蜱。根据病情，按"急则治其标，缓则治其本"的原则，制定治疗方案。初发或病势较轻的，可立即注射下列药物；病重的应同时强心、补液。

咪唑苯脲，剂量为2毫克/千克体重，配成10%溶液，一次肌内注射或间隔24小时再用1次。三氮脒，剂量为3～4毫克/千克体重，配成5%溶液深部肌内注射，可根据具体情况用1～3次，每次间隔24小时。台盼蓝只对驽巴贝斯虫有特效，剂量为5毫克/千克体重，以生理盐水配成1%溶液（过滤、灭菌），当年驹按25～40毫升、1岁驹按50～70毫升、2岁驹按100～120毫升、成年马按120～150毫升，静脉注射。锥黄素剂量为3～4毫克/千克体重，用0.5%浓度，成年马按120～150毫升，静脉注射；也可按0.6～1毫克/千克体重，配成5%水溶液，皮下或静脉注射。48小时后重复1次。阿卡普林按0.6～1毫克/千克体重，配成5%溶液皮下注射。

四、球虫病

（一）概念

马球虫病是由艾美尔科艾美尔属的数种球虫引起的一种消化道寄生虫病。

（二）病原

马球虫病原属真球虫目、艾美耳科、艾美耳属（*Eimeria*），有三个种，即鲁氏艾美耳球虫（*E.leuckarti*）、单指兽艾美耳球虫（*E.solipedum*）和奇蹄兽艾美耳球虫（*E.uniungulati*），均寄生于小肠上皮细胞内。其中鲁氏艾美耳球虫卵囊呈卵圆形，大小为（75～88）微米×（50～59）微米，囊壁为深黄色，半透明，有颗粒（图2-47）。卵膜孔明显，卵囊内无外残体；单指兽艾美尔球虫卵囊呈圆形，亮黄色，直径大小为15～28微米，无卵膜孔与外残体；奇蹄兽艾美耳球虫卵囊呈圆形，亮黄至淡黄色，直径大小为（15～24）微米×（12～17）微米，无卵膜孔与外残体。

图2-47 鲁氏艾美耳球虫（引自 Charles M. Hendrix，Ed Robinson）

（三）流行过程

带虫的病马为主要传染源，主要经消化道传播，马匹吞食了含有感染性球虫卵囊饲草、饮水等而感染。多发于放牧期，尤以潮湿、多沼泽的地区高发。冬季舍饲期也可能发病。

（四）临床症状

鲁氏艾美耳球虫严重感染时可见有下痢、消瘦等症状，甚或造成死亡。

（五）病理变化

剖检可见小肠有炎性病变。

（六）诊断

生前诊断比较困难，粪便检查应采取反复沉淀法，因卵囊比重大，一般盐类溶液难以达到理想浮集效果。确诊须通过剖检病尸，除发现病变外，尚须在病灶中发现裂殖阶段或配子生殖阶段的虫体。

（七）防治

预防应采取隔离、卫生管理和治疗等综合性措施。成年马多系带虫者，故幼驹应与成年马分群饲养管理，放牧场也应分开。圈舍应天天清扫，将粪便和垫草等污物集中运往贮粪地点，进行消毒。定期用开水、3%～5%热碱水消毒地面、围栏、饲槽、饮水槽等，一般每周1次。饲草和饮水要严格避免被粪便污染。球虫病多在突然更换饲料种类或变换饲养方式时发生，因此，要注意逐步过渡。必要时可用药物进行预防，如氨丙啉，以5毫克/千克体重混入饲料，连用21天；莫能菌素，以1毫克/千克体重混入饲料，连用33天。

治疗应用磺胺类药物（如磺胺二甲基嘧啶、磺胺六甲氧嘧啶等）可减轻症状，抑制疾病的发展。口服氨丙啉（每千克体重20～25毫克，连用4～5天）有良好效果。贫血严重时，应考虑输血，并结合止泻、强心和补液等对症疗法。

第四节　外寄生虫病

一、马胃蝇蛆病

（一）概念

亦称马胃蝇病，由双翅目胃蝇属（Gasterophilus）的各种幼虫寄生于马属动物的体内（较长时间寄生于胃内）引起的疾病。

（二）病原

马胃蝇成虫自由生活，形似蜜蜂，全身密布有色绒毛，俗称"螫驴蜂"。口器退化。两复眼小而远离。触角小，藏于触角窝内。翅透明，有褐色斑纹或不透明呈烟雾色。

蝇卵呈浅黄色或黑色，前端有一斜的卵盖。第3期幼虫（成熟幼虫）粗大，长度因种不同而异，约13～20毫米。有口前钩，虫体由11节构成，每节前缘有刺1～2列，刺的多少因种而异（图2-48，图2-49）。虫体末端齐平，有1对后气门，气门每侧有背腹直行的3条纵裂（图2-50）。

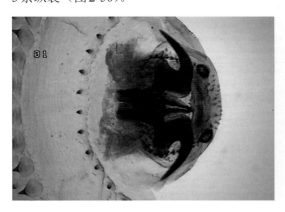

图2-48 马胃蝇蛆三期幼虫头部（王瑞供图）

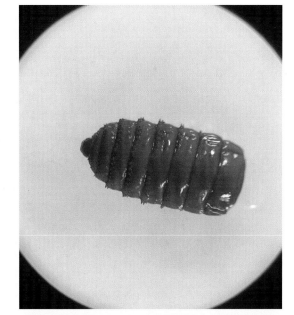

图2-49　马胃蝇蛆幼虫（王瑞供图）

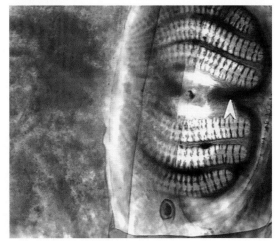

图2-50　马胃蝇蛆幼虫的后气门
（王瑞供图）

（三）流行过程

易感动物为马属动物，不同年龄、不同性别均易感。我国常见胃蝇有肠胃蝇（图2-51）、红尾胃蝇（亦称痔胃蝇）、鼻胃蝇（亦称喉胃蝇或烦扰胃蝇）和兽胃蝇（亦称东方胃蝇或黑腹胃蝇）。我国普遍存在，流行于西北、东北与内蒙古等地。干旱、炎热和管理不良及消瘦有利于本病流行。成蝇活动的季节多在5～9月份，在8～9月份活动最盛。

胃蝇的发育属完全变态。经过卵、幼

图2-51　肠胃蝇雌蝇（引自Dwight D Bowman）

虫、蛹和成虫四个阶段（图2-52）。每年完成一个生活周期。肠胃蝇成蝇不营寄生生活，也不采食，在自然界交配后，雄虫即死亡，雌虫则于炎热的白天，飞近马体，产卵于被毛上，每根毛上附着卵一枚，每一雌蝇一生可产卵700枚左右，而后死亡。卵经5～10天或更久一些化成第1期幼虫，在外力的作用下幼虫溢出，在皮肤上爬行，引起痒感，马啃咬时被食。第1期幼虫在口腔黏膜下或舌的表层组织内寄生3～4周，经一次蜕化变为第2期幼虫，移至胃内，以口前钩寄生于胃和十二指肠黏膜上。约5周后，再次蜕化变为第3期幼虫并继续在胃内寄生。直至第二年春季幼虫发育成熟，自动脱离胃壁，随粪便排出体外，落到地面土中化蛹，蛹期1～2个月，羽化为成蝇。各种胃蝇成虫产卵的部位各异（图2-53）。

图2-52　马胃蝇生活史（引自 Dwight D Bowman）

图2-53　马腿上胃蝇所产虫卵（引自Charles M. Hendrix, Ed Robinson）

（四）临床症状

马胃蝇幼虫在其整个寄生期间均有致病作用，但病的轻重与马匹的体质和幼虫的数量及虫体寄生部位有关。如果只有少数幼虫寄生在贲门部，且马的体质好，则不出现症状，但当多量幼虫（几百个至上千个）寄生在胃腺部，马的体质又差时，则出现严重的症状。初期，病马表现咀嚼吞咽困难、咳嗽、流涎、打喷嚏，有时饮水从鼻孔流出。

幼虫移行到胃及十二指肠后，常表现为慢性胃肠炎，出血性胃肠炎，最后使胃的运动和分泌机能障碍。幼虫吸血，加之虫体毒素作用，使动物出现营养障碍为主的症状，如食欲减退、消化不良、贫血、消瘦、腹痛等，甚至逐渐衰竭死亡。如果幼虫堵塞幽门部和十二指肠，引起局部阻塞。有的幼虫排出前，还要在直肠寄生一段时间，引起直肠充血、发炎、病马频频排粪或努责，又因幼虫刺激而发痒，患畜摩擦尾根，引起尾根损伤、发炎、尾根毛逆立，有时兴奋和腹痛。

（五）病理变化

幼虫口前钩可损伤齿龈、舌和咽喉部黏膜，导致这些部位水肿、炎症，甚至溃疡。当幼虫移行到胃及十二指肠后，由于损伤胃肠黏膜，引起胃肠壁水肿、发炎和溃疡。被幼虫叮着的部位呈火山口状，伴以周围组织的慢性炎症和嗜酸性细胞浸润，甚至造成胃穿孔和较大血管损伤（致死性出血）以及缺损组织继发细菌感染。有的幼虫排出前，还要在直肠寄生一段时间，引起直肠充血、发炎（图2-54 ~ 图2-56）。

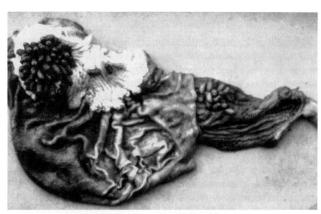

图2-54 马胃中的胃蝇蛆（引自 Dwight D Bowman）

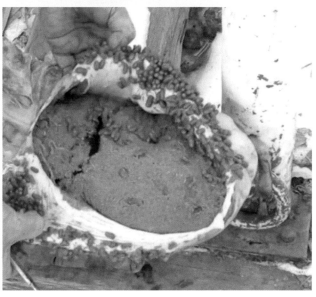

图2-55 寄生虫于胃内的胃蝇蛆幼虫（王志供图）

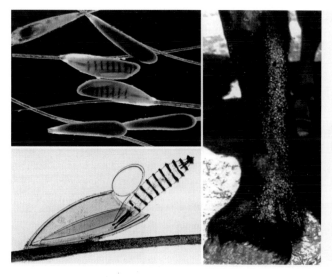

图2-56 肠胃蝇（引自Dwight D Bowman）

（六）诊断

根据既往病史，马是否从流行地区引进，马体被毛上有无胃蝇卵；夏秋季若发现咀嚼、吞咽困难，检查口腔、齿龈、舌、咽喉黏膜有无幼虫寄生；春季注意观察马粪中有无幼虫。发现尾毛逆立、频频排粪的马匹，则详细检查肛门和直肠上有无幼虫寄生；必要时进行诊断性驱虫。尸体剖检时，可在胃、十二指肠等部位找到幼虫，根据虫体的形态特征而确诊（图2-57）。

图2-57 由马匹体内取出的胃蝇幼虫（王瑞供图）

（七）防治

在本病流行地区，于每年秋、冬两季用兽用精制敌百虫进行预防性驱虫，既保证了马匹的健康、安全度过冬春，又能消灭未成熟的幼虫，达到消灭病原的目的。注射伊维菌素和阿维菌素也有一定效果。

治疗可用精制敌百虫，成马9～15克，幼驹5～8克或30～70毫克/千克体重，配成10%～20%水溶液，一次内服，药后4小时内禁饮，效果确实。对口腔内的幼虫，可涂擦5%敌百虫豆油（敌百虫加于豆油内加温溶解），涂1～3次即可，也可直接用镊子摘除虫体。二硫化碳，成马20毫升、2岁内幼驹9毫升，分早、中、晚三次给药，每次1/3。用胶囊或胃管投服。投药前2小时停喂，投药后不必投泻药，但最好停止使役3天。孕马、胃肠病马、虚弱马忌用。伊维菌素和阿维菌素，按0.2毫克/千克的剂量皮下注射。

二、螨病

（一）概念

螨病又叫"疥癣"，俗称癞病，是由疥螨科或痒螨科的螨寄生在畜禽体表而引起的慢性寄生性皮肤病。其特征是剧痒，湿疹性皮炎，脱毛，患部逐渐向周围扩展和具有高度传染性，马属动物常见的螨病为马痒螨。

（二）病原

马痒螨呈长圆形，（0.3～0.9）毫米×（0.2～0.52）毫米，透明的淡褐色角皮上具有稀疏的刚毛和细皱纹。足较长，尤其前两对足较后两对足粗大；雄螨的前3对足与雌螨1、2、4对足末端都有喇叭状的吸盘，有分两节的柄。雄螨第4对足特别短小，体后端有2个尾突，尾突前方腹面有2个棕色环状的吸盘。雌螨腹面前1/4处有横裂的产卵孔，后端有纵裂的阴道，阴道背侧有肛孔（图2-58，图2-59）。

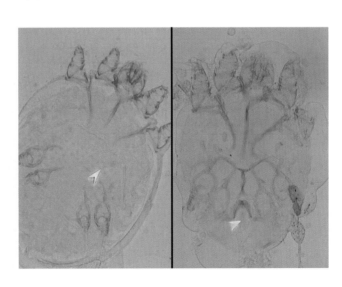

图2-58　疥螨（王瑞供图）

雌螨（左）；雄螨（右）

189

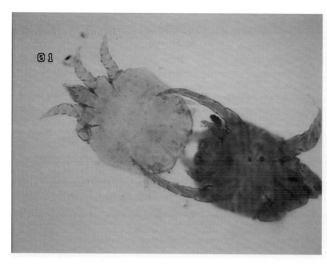

图2-59 痒螨（王瑞供图）

雌螨（左）；雄螨（右）

（三）流行过程

马属动物易感。螨的发育为不完全变态，全部发育过程都在动物体上度过，所有带有螨的畜舍或患螨病的动物均是传染源。感染途径为通过与患病动物及不洁畜舍接触传播。主要发生于冬季和秋末春初。

（四）临床症状

剧痒是贯穿于整个病程的主要症状。病势越重，痒觉越剧烈。其次是结痂、脱毛和皮肤肥厚也是必然出现的症状，皮肤发生炎性浸润，发痒处皮肤形成结节和水泡，当病畜蹭痒时，结节、水泡破溃，流出渗出液。渗出液与脱落的上皮细胞、被毛及污垢混杂在一起，干燥后就结成痂皮。随着角质层角化过度，患部脱毛，皮肤肥厚，形成皱褶。再就是消瘦，因发痒，病畜终日啃咬、摩擦和不安，影响正常的采食和休息；加之在寒冷季节因皮肤裸露，体温大量损失，体内脂肪被大量消耗，病畜日渐消瘦，有时继发感染，严重时甚至引起死亡。

（五）病理变化

马痒螨病最常发生的部位是鬃、鬐、尾、颌间、股内面及腹股沟，乘、挽马常发于鞍具、颈轭、鞍褥部位。皮肤皱褶不明显。患部痂皮柔软，黄色脂肪样，易剥离。马疥螨病先由头部、体侧、躯干及颈部开始，然后蔓延至肩部、鬐甲及全身。痂皮硬固不易剥离，勉强剥落时，创面凹凸不平，易出血。马足螨病很少见，特征是散发性的后肢系部屈面皮肤炎症。

（六）诊断

对有明显症状的螨病，根据发病季节、剧痒、患部皮肤病变等，易于确诊。但当症状不够明显时，则需要采取健康与病患交界部的痂皮，检查有无虫体，才能确诊（图2-60，图2-61）。

图2-60　刮取皮屑时的握刀方式
（王瑞供图）

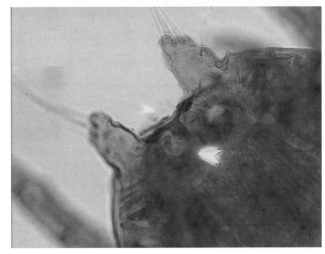

图2-61　痒螨雄虫尾部（王瑞
供图）

除螨病外，钱癣（秃毛癣）、湿疹、马过敏性皮炎、蠕形螨病及虱与毛虱寄生时也都有皮炎、脱毛、落屑、不同程度发痒等症状，应注意类证鉴别。

（七）防治

畜舍要宽敞、干燥、透光、通风良好，不要使畜群过于密集。畜舍应经常清扫，定期消毒，饲养管理用具应定期消毒。引入马匹时应预先了解有无螨病存在；引入后应详细观察畜群，并作螨病检查；最好先隔离观察一段时间，确定无螨病时，再合群饲养。经常注意畜群中有无发痒、掉毛现象。及时检出可疑患畜，隔离饲养，迅速查明病因，予以隔离治疗。

治疗前最好用肥皂水或煤酚皂液彻底洗刷患部，清除硬痂和污物后再用药。治疗螨病的药物和处方很多，可选用：① 5%敌百虫溶液患部涂擦；② 500毫克/千克双甲醚水乳液涂擦或喷淋；③ 50～100毫克/千克溴氰菊酯喷淋；④ 600毫克/千克二嗪农水乳剂喷淋；⑤ 伊维菌素200微克/千克皮下注射，严重病畜间隔7～10天重复用药物1次。由于大多数治螨药物对螨卵的杀灭作用差，因此，需治疗2～3次，每次间隔7～10天，以杀死新孵出的幼虫。

治疗病畜的同时，应用杀螨药物彻底消毒畜舍和用具，治疗后的病畜应置于消过毒的舍内饲养。隔离治疗过程中，饲养管理人员应注意经常消毒，避免通过手套、衣服和用具散布病原。治愈病畜应继续隔离观察20天，如无复发，再一次用杀虫药处理方可合群。

三、虱病

（一）概念

虱目昆虫以吸食哺乳动物的血液或啮食毛及皮屑为生，前者称为兽虱，后者称为毛虱，终身营寄生生活，由其引起的疾病称为虱病。

（二）病原

属昆虫纲，为体表的永久性寄生虫，常具有严格的宿主特异性。虱体扁平，无翅，呈白色或灰黑色；头、胸、腹分界明显，头部复眼退化，具有刺吸型或咀嚼型口器。触角3～5节。胸部有足3对，粗短。

（三）流行过程

易感动物为马属动物，不同年龄、不同性别均易感，消瘦动物也易感。主要是通过易感动物与患病动物的直接接触，或通过混用的管理用具和褥草等间接传染。主要流行于秋冬季节，家畜被毛增长，体表湿度增加，造成有利于兽虱生存的条件，虱病较重。兽虱为不完全变态。成虫雌雄交配后，雄虫即死亡，雌虱于2～3天后开始产卵，卵黄白色，（0.8～1）毫米×0.3毫米，长椭圆形，黏附于家畜被毛上（图2-62）。卵经9～20天孵化出若虫，若虫分3龄，每隔4～6天蜕化一次，3次蜕化后变为成虫。

图2-62 虱卵（王瑞供图）

（四）临床症状

兽虱吸血时分泌含有毒素的唾液，使寄生部发生痒感，动物蹭痒，不安，影响采食和休息；毛虱虽不刺吸血液，但亦引起畜禽痒感，精神不安，常啃咬寄生处。两者的共同症状为被毛脱落、皮肤损伤、食欲衰退、消瘦、发育不良、生产性能降低。

（五）病理变化

患畜因啃咬患部和蹭痒，造成皮肤损伤，呈现不同程度的皮肤炎症、脱毛、患畜消瘦。

（六）诊断

根据临床症状和发病季节，在畜体表面发现虱或虱卵即可确诊。该病当与马痒螨病和蠓咬性皮炎区分，它们均引起动物剧痒，啃咬患部。马痒螨病可在体表发现螨虫。马血虱、毛虱病可在马体表面发现虱或虱卵。

（七）防治

在日常的饲养管理中，做好药物预防的同时，应加强饲养管理，保持畜舍清洁、通风，垫草要勤换，对管理用具要进行杀虫处理。治疗可用杀昆虫药，如菊酯类药物（溴氰菊酯、氰戊菊酯）和有机磷（敌百虫、倍硫磷、蝇毒磷），喷洒畜休。内服或注射伊维菌素或氯氰柳胺等也有很好的效果。

四、蠓咬性皮炎

（一）概念

昆虫中的雌蠓在白天或黄昏，可于野外或畜舍内叮咬侵袭马匹，被叮咬处发生红肿，并有明显的皮炎症状，因此称为蠓咬性皮炎。

（二）病原

蠓俗称"墨蚊"，属双翅目，蠓科，种类极多。蠓是微小黑色昆虫，体长1～3毫米，头部近于球形，复眼1对，刺吸式口器，触角细长。胸部稍隆起，翅短而宽，翅尖钝圆，翅上无鳞片而密布细毛，且多数具有翅斑。足3对，甚发达，中足较长，后足较粗。腹部10节，各节体表均着生有毛，雄蠓腹部较雌蠓略细。

（三）流行过程

蠓对人、畜无选择性，但有偏嗜性，如虚库蠓喜食马血。成虫在无风温暖的晴天，多在近水的田野间成群活动，以日出前1小时和日落后1小时最常见，称为"群舞"，也即雌雄蠓进行交配之时。在群舞和交配后，雌蠓即寻找畜禽吸血。我国普遍存在，流行于西北、东北、内蒙古等地，多发于5～9月份，以在8～9月份活动最盛。蠓的发育属于完全变态，在其合适的环境产卵，卵经3～6天孵出幼虫，幼虫细长呈蠕虫状，长3～6毫米，生活于水底，特别是水库的淤泥中。幼虫在外界发育3～5周至5个月不等，而后化蛹。蛹期短，一般3～5天，即发育为成虫。

（四）临床症状

在吸血蠓大量出现的季节，不断反复地叮咬骚扰，使马匹感到不安、烦躁。被叮咬处出现红肿，剧痒，发生皮下水肿，丘疹或过敏性皮炎，影响患畜的采食和休息，消瘦，使役能力和机体抗病能力降低。

（五）病理变化

蠓叮吸马血，被刺叮处常有局部反应和奇痒，甚至引起全身过敏反应；并引起皮下蜂窝组织水肿，发炎，甚至擦破皮肤、感染而形成皮肤溃疡。

（六）诊断

马属动物身上出现大量小红点，同时马属动物啃咬、甩尾、不安。观察到有蠓叮咬即可确诊。本病需与马痒螨病和马疥螨病及马血虱、毛虱病区分。

（七）防治

黎明和黄昏时，在畜舍外，利用蒿草、烂叶等混合一些除虫菊点燃烟熏，或涂擦、喷洒氯苯脒等趋避剂，可驱走或杀灭成蠓。在周围杂草地喷洒辛硫磷等残效期长的杀虫剂，造成一条天然屏障，使蠓无法飞越，亦有一定效果。

治疗主要措施为消灭滋生地蠓幼虫和蛹。在吸血蠓大量出现季节，要经常保持畜、禽舍、居民点及其周围环境卫生，畜禽粪便要及时收集，并进行生物热处理。排出积水，填平洼地和无用的池塘，疏通沟渠，加速水流。也可养殖鱼、蛙和放养水禽等动物捕食幼虫和蛹。此外，采用化学药剂杀灭滋生地的蠓幼虫和蛹。常用药剂有双硫磷，按1毫克/千克浓度喷洒于流动极缓慢的水系中，2周内能控制蠓幼虫和蛹的滋生。对于成虫，在流行季节，采用马拉硫磷、倍硫磷、双硫磷、氰戊菊酯、甲萘威、残杀威、敌百虫、敌敌畏等低毒高效杀虫剂，每隔2～3周在畜禽舍内外、动物体表以及滋生地进行喷洒，对库蠓有良好杀灭效果。

参考文献

[1] 刘维忠. 河南省马属动物浑睛虫病五例病原体观察. 中国兽医寄生虫病, 2003, (04): 23-31.

[2] 周朝勇, 秦远风, 蔡廷贵. 手术治疗马浑睛虫病的体会. 中国畜牧兽医文摘, 2014, 30 (05): 146.

[3] 胡婷. 马浑睛虫病的中西医治疗. 中兽医学杂志, 2008, (04): 30-31.

[4] 高世作. 一例马混睛虫病的诊治报告. 畜牧兽医科技信息, 2016, (05): 65.

[5] 耿广多, 胡士明. 奶牛腹腔丝虫病病例报告. 乳业科学与技术, 2003, (04): 180.

[6] 李中兴, 喻利容, 李正祥. 四种腹腔丝虫与匐行恶丝虫各期幼虫形态的比较观察. 中国寄生虫病防治杂志, 1989, (3): 188-192.

[7] 郭玉泉, 彭增文. 人房内中华按蚊, 嗜人按蚊自然感染牛腹腔丝虫的纵向观察. 中国人兽共患病学报, 1997, 13 (5): 72-73.

[8] 王翠娥，王明志.牛腹腔丝虫对3种伊蚊的感染试验.兽医大学学报，1990，010（004）：372-374.

[9] 王志学.牛腹腔丝虫感染蚴接种犊牛试验.吉林畜牧兽医，2012，33（5）：54-55.

[10] 黄李，包怀恩.中华按蚊对指状腹腔丝虫易感性的探讨.贵阳医学院学报，1991，（1）.

[11] 贺喜章，刘树林，贾万东，等.奶牛腹腔丝虫病的诊治.现代化农业，1997，（11）：20.

[12] 张伟，罗晓平，杨晓野，等.福斯盘尾丝虫病的流行病学调查及福斯盘尾丝虫线粒体CO Ⅰ基因的序列分析.中国兽医科学，2014，44（03）：245-250.

[13] 邵国玉.内蒙古阿拉善骆驼盘尾丝虫病流行地区水生双翅目昆虫种类研究.内蒙古农业大学，2015.

[14] 罗晓平.骆驼盘尾丝虫病流行病学及病原rDNA-ITS序列研究.内蒙古农业大学，2012.

[15] 郭宏年.福斯盘尾丝虫在骆驼及传播媒介体内感染和分布情况的研究.内蒙古农业大学，2018.

[16] 胡威，卢会鹏，张晓凯，等.盘尾丝虫ASP1蛋白佐剂活性区不同标签融合表达与佐剂活性比较.中国动物传染病学报，2019，27（03）：44-50.

[17] 胡威.盘尾丝虫ASP1蛋白佐剂活性区不同标签融合表达与免疫佐剂活性研究.扬州大学，2019.

[18] 唐静仪.盘尾丝虫几丁质酶OvChtl的克隆表达与抑制.大连理工大学，2018.

[19] 郭宏年.福斯盘尾丝虫在骆驼及传播媒介体内感染和分布情况的研究.内蒙古农业大学，2018.

[20] 于志超，罗晓平，张伟，等.骆驼福斯盘尾丝虫病组织病理学观察.中国农业大学学报，2017，22（01）：62-67.

[21] 于志超.骆驼盘尾丝虫病及其传播媒介的研究.内蒙古农业大学，2016.

[22] 汪明.兽医寄生虫学.3版.北京：中国农业出版社，2003.

[23] 刘国光，许立新，丁润峰.马属动物血汗症的病原、症状与诊治.养殖技术顾问，2014，9：134.

[24] 李文利，张东明.中西医结合治疗马副丝虫病12例.吉林畜牧兽医，2015，12：729-73.

[25] 杨丽华，刘春杰，温伟.马血汗症治疗.四川畜牧兽医，2011，1：45.

[26] 赵晖.一例马血汗病的诊治报告.畜牧兽医科技信息，2016，2：72.

[27] 孔繁瑶.家畜寄生虫学.2版.北京：中国农业大学出版社出版，2010.

第三章 马内科病与诊治

第一节 呼吸系统疾病

一、马腺疫

马腺疫是由马腺疫链球菌引起的一种极其常见的呼吸道感染性疾病，以发热、上呼吸道黏膜发炎、颌下淋巴结肿胀、排黏脓性鼻液为特征。主要感染青年马，临床症状较严重，通常在马群中迅速传播，呈高传染性。

【病因】

通过污物（如水槽）以及气溶胶/飞沫在很短的距离内直接接触或间接接触发生。该菌在环境中存活一段有限的时间（潮湿条件下可存活3周），因此间接传播的风险很大。感染后细菌引起上呼吸道黏膜上皮的局部损伤，同时侵入局部淋巴结造成脓肿。在某些情况下，细菌可能会引起全身感染，并在身体的其他部位产生脓肿。喉囊袋是长期携带细菌的主要部位，可造成持续性感染。

【临床症状】

（1）最初的临床症状表现为发热、精神沉郁、食欲不振、黏脓性鼻液（图3-1）、颌下淋巴结肿胀（图3-2）和咳嗽。

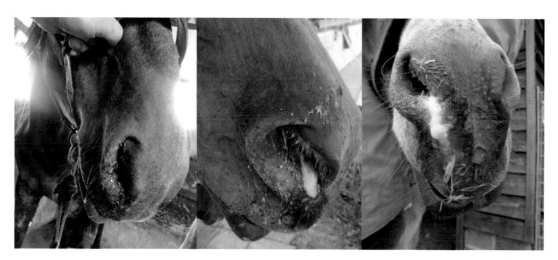

图3-1　鼻孔排出黏脓性鼻液

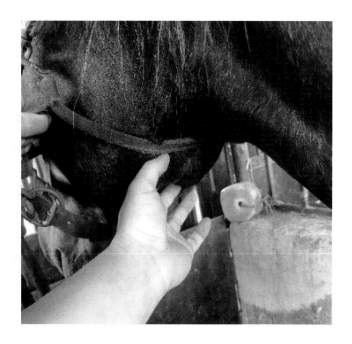

图3-2 颌下淋巴结肿胀

（2）典型病例中，表现颌下和咽后淋巴结脓肿，甚至破溃（图3-3）。咽后淋巴结肿大到足以阻塞气道和咽部，引起呼吸和吞咽困难。

图3-3 颌下淋巴结肿胀、破溃

（3）细菌可能扩散到其他淋巴结或器官产生转移性脓肿。受影响的两个主要部位是胸部和腹部。这是一种被称为"恶性马腺疫"的慢性综合征，症状通常不明显，表现精神沉郁、消瘦、间歇性发热、急腹症、咳嗽和运动不耐受。可能会持续几个月，难以诊断和治疗，大部分死亡。

（4）许多病例不会出现脓肿或其他并发症，而是一种短暂的自限性呼吸系统疾病，称为"非典型马腺疫"，通常难以发现。

（5）约10%的病例可能发展为喉囊袋慢性脓肿（喉囊袋积脓），伴持续性单侧脓性流涕、咳嗽，如果气道和咽部有明显的压迫，可能会出现呼吸和吞咽困难。在长期感染中，脓液会浓缩形成坚硬的、卵石样的团块（即软骨样组织）（图3-4）。在此种情况下，往往无鼻涕流出，但仍具有传染性。

图3-4　马腺疫长期感染，脓液浓缩成坚硬的、卵石样团块

【诊断】

（1）根据病史、临床症状（颌下淋巴结肿胀）可做出初步诊断。

（2）鼻咽拭子细菌学确认诊断（图3-5）。

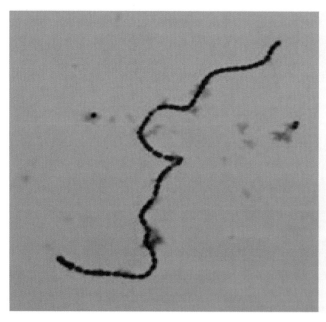

图3-5　马腺疫链球菌（刘威供图）

（3）X线和超声检查有助于确认咽后淋巴结脓肿。

（4）血清学检查可以帮助筛选潜在载体动物之间的接触感染。

【治疗】

尽量减少疾病的传播和改善马的舒适度。抑菌消炎，促进脓肿成熟、破溃及提供湿且容易吞咽的饲料。脓肿较大则需要穿刺或手术引流。

二、鼻窦炎

鼻旁窦炎症的总称，主要与细菌或真菌感染有关。马链球菌是最常见的病原菌。上颌鼻窦炎可继发于臼齿牙根尖感染所致的脓肿，临床表现上颌窦和额窦蓄脓。

【病因】

鼻窦炎可分为原发性和继发性两种。继发性鼻窦炎最常见于牙根尖感染，其他原因包括鼻窦瘤、面部骨折或外伤、扩张性病变（如进展性筛骨血肿和鼻窦囊肿）导致的引流阻塞、免疫抑制（特别是老年矮马的库兴氏综合征）以及真菌感染。

【临床症状】

（1）原发性鼻窦炎　单侧黏液脓性或脓性鼻液，量多，慢性病例呈恶臭味，双侧鼻液偶见，运动或低头采食后鼻液增加。单侧颌下淋巴结常发淋巴结病。鼻甲骨肿胀导致的鼻腔变形少见，引起气流减少、呼吸噪声，偶尔运动不耐受。面部肿胀位于鼻窦尾部至面部嵴前侧缘，会阻塞鼻泪管，导致溢泪和/或眼分泌物增加。

（2）继发性鼻窦炎　牙源性鼻窦炎表现排出单侧恶臭的脓性鼻液。鼻窦内占位性病变通常鼻液较少，但可出现面部肿胀和/或单侧溢泪和/或鼻腔阻塞。

【诊断】

根据病史和临床检查（鼻窦叩诊呈浊音）可做出诊断。放射学检查可见窦内积脓和牙齿疾病。

【治疗】

（1）继发性鼻窦炎（牙病所致），应将患病的牙齿拔除（图3-6）。

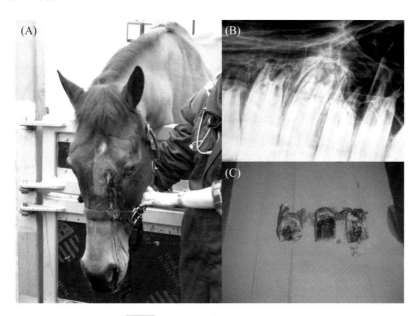

图3-6　继发性（牙源性）鼻窦炎

（A）—圆锯术打开额窦脓液引流；（B）—头侧位X线检查可见上颌第4臼齿牙根尖感染；
（C）—拔掉的病变牙齿

（2）原发性鼻窦炎鼻窦灌洗（5 ～ 10升水或0.1%聚维酮碘液），以清除积聚的脓液（可能需要2 ～ 3周）。

（3）在某些情况下可全身使用抗生素。

三、进行性筛骨血肿

筛骨血肿是由筛窦迷路的鼻窦或鼻窦表面发展而表现为肿瘤，呈进行性和膨胀性生长，但组织学上未见任何肿瘤组织特征。最常见的临床特征是病马出现含有血液的鼻分泌物。老马、母马、阿拉伯马和纯血马常发。

【临床症状】

轻度的复发性单侧鼻出血或出血性无臭鼻液（图3-7）。陈旧性血色鼻液，与运动无关。偶尔会出现气道阻塞、运动时呼吸音异常、运动表现不佳。

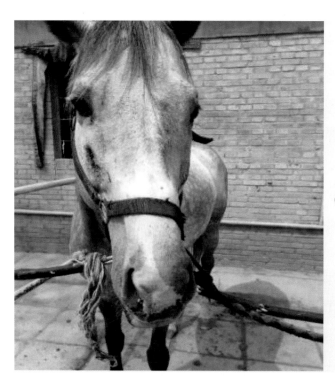

图3-7 排出单侧血性鼻液

较大的肿块可导致面部畸形，蔓延到咽部可引起吞咽困难或向下延伸到鼻道，在鼻孔处可见。罕见的病例与神经体征有关，表现为筛板扩张和摇头。

【诊断】

根据病史、临床症状、内窥镜检查结果、放射学检查结果可以做出诊断。

（1）临床症状　鼻窦壁变薄，叩诊浊音增强。

（2）内窥镜检查　可见筛骨表面有血肿团块，平滑的肿块从尾部鼻区向前推进。颜色为黄色/橙色或灰色/绿色。有些病例出现在筛窦的鼻窦侧（图3-8）。

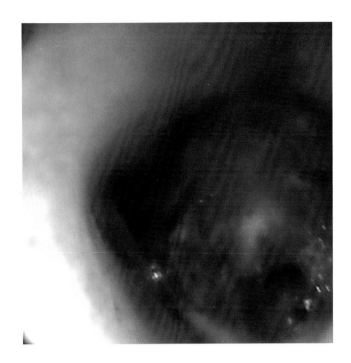

图3-8 内窥镜检查可见筛骨血肿

（3）放射学检查 站立位的X线片显示较大的病变，为软组织肿块，分别延伸至筛窦的吻侧或背侧，呈"洋葱"样（图3-9）。

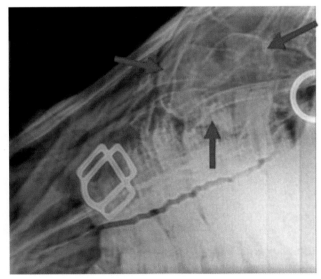

图3-9 筛骨血肿放射学征象（箭头所示）

【治疗】

通常采用手术治疗，主要有以下两种方法：

（1）化学消融术 首选鼻内窥镜穿刺针导管在损伤内注入4%甲醛溶液（10%福尔马林）进行化学消融。每隔两周重复进行治疗，通常至少需要3次治疗，直到治愈。如果病灶直径大于3厘米，该方法很难治愈成功。

（2）鼻额瓣截骨术　当化学消融术不适合或不成功时，可以实施鼻额瓣截骨术（图3-10）。鼻窦内的病变很容易触及，病变很少在没有黏膜囊破裂的情况下被取出，但基底区应进行彻底的刮除。该手术预后良好，但在18个月内会有30%的病例复发。双侧筛骨损伤性血肿会在术后复发，也有手术后长出的新病灶不是原来病灶的复发。

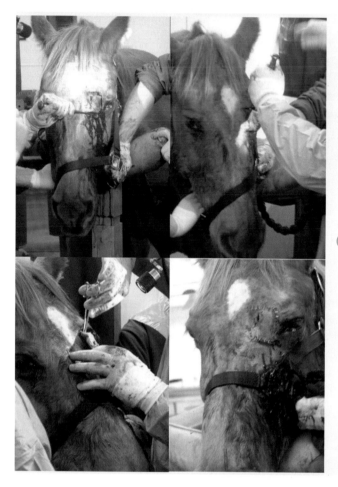

图3-10　鼻额瓣截骨术

四、喉返神经病变

喉返神经病变，也称喉偏瘫或喉麻痹，是指马喉返神经麻痹造成喉部一侧或双侧的杓状软骨开合受到影响。临床特征为马在运动状态下吸气会伴有尖锐的喘鸣音。体型较大的马更为常见。临床上90%以上为左侧喉麻痹。

【病因】

喉返神经麻痹是导致其发生的最重要原因。特发性喉返神经病变与喉返神经的长度有关。

【临床症状】

病马常表现吸气性呼吸困难，运动表现不佳。异常声音范围从柔和的"哨声"（喘鸣音）到更刺耳的"咆哮声"。随着运动的轻度增加，声音通常会变大、变长，但在马停下后很快消失。严重者出现呼吸困难，甚至虚脱。颈静脉血管周围注射继发导致喉返神经病变常与霍纳综合征相关。

【诊断】

（1）临床检查　马在运动时仔细听取呼吸音，观察其运动表现及运动不耐受。

（2）内窥镜检查　观察马杓状软骨开合变化（图3-11）。如果需要对马喉部进行动态评估，可以使用跑步机或者动态内窥镜进行观察（图3-12）。动态内窥镜评估十分重要，因为马在运动状态下呼吸量可达到静止状态下的20倍，呼吸道在空气快速流动中承受大量负压，更容易表现出问题。在该诊断病时，需要进行偏瘫评级，具体评级标准见表3-1。

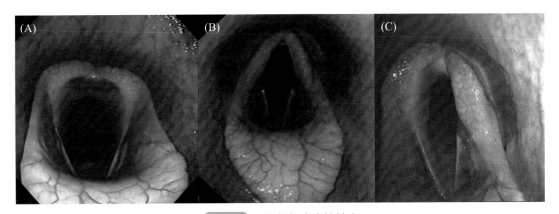

图3-11　喉麻痹-内窥镜检查

（A）杓状软骨正常开合；（B）左侧杓状软骨麻痹；（C）右侧杓状软骨麻痹

图3-12　动态内窥镜评估（摄于英国利物浦大学马医院）

表3-1　喉偏瘫内窥镜评级标准

等级	特征描述
1级	正常，两侧杓状软骨同步开合，并且两侧杓状软骨能够完全打开
2级	异常，两侧杓状软骨不同步开合，马匹吸气时，左侧杓状软骨移动滞后，但是两侧杓状软骨在运动时可以完全打开。该异常在静止状态下无法观察
3级	异常，两侧杓状软骨不同步开合，马匹吸气时，左侧杓状软骨移动滞后，同时，一侧杓状软骨无法完全打开，造成气道部分阻塞
4级	异常；在静止状态下的吸气过程中，左侧杓状软骨完全麻痹，处于松弛状态

【治疗】

主要有以下两种手术方法可以减轻RLN的阻碍作用：

（1）腹侧声带切除术（常规手术或激光手术）。

（2）假体喉回接成形术（外展肌假体成形术）（图3-13），吸入性肺炎是常见的并发症。

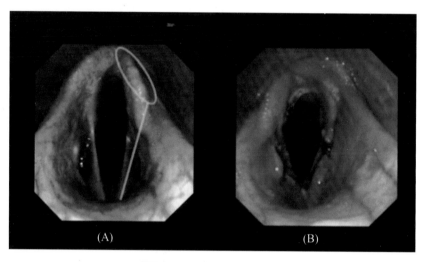

图3-13　假体喉回接成形术

（A）—左侧杓状软骨麻痹（黄色标价）；（B）—假体喉回接成形术（tie-back）

五、软腭背侧移位

软腭背侧移位可以是间歇性的，也可以是持续性的。间歇性移位通常发生在运动过程中，引起动态呼吸阻塞、运动不耐受和异常呼吸噪声。这主要是速度赛马的一种疾病，盛装舞步的马匹偶尔也会受到影响。

【病因】

（1）原发或继发性疾病包括心血管疾病、下呼吸道疾病、喉返神经病变，软腭问题包括撕裂伤、溃疡和囊肿、咽瘫痪、会厌严重异常（如畸形、压迫、炎症）或会厌下囊肿（图3-14）。

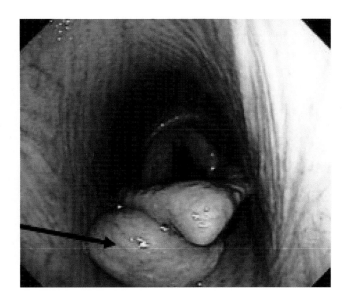

图3-14　会厌下囊肿

（2）因淋巴组织增生、炎症、感染、肿胀或分泌物过多引起的咽部不适，导致口腔疼痛和/或口腔疾病、颈部损伤。

（3）比赛的相关问题（盛装舞步或表演马）。

【临床症状】

典型症状是马在运动、比赛或表演时会突然慢下来，同时发出一种强有力的类似"嘛嘛"的呼吸噪声（"哽咽"）。速度赛马在训练时多不会发生上述情况，但在比赛的最后一个200米左右或面临最大压力时，会突然停止或"倒退"。一旦软颚被马重新定位，它就不再发出噪声，可以毫无问题地继续奔跑。在某些情况下，由于试图张嘴呼吸，面颊会出现起伏。跑步机内窥镜检查更为明显。30%的病例可能不会发出可听到的呼吸噪声。

【诊断】

根据病史、临床症状和内窥镜检查可做出诊断。

（1）病史及临床检查　在静息状态下应触诊喉部，间歇性移位在正常马很常见，但持续性移位，无论是否有吞咽，均应进一步调查。观察患马的鼻孔开张是否正常，咽是否塌陷或因气道压力降低而发生。

（2）内窥镜检查　最终诊断需要在跑步机上进行动态内窥镜检查，也可用视频内窥镜检查（图3-15）。

图3-15　软腭背侧移位的内窥镜检查

（A）—内窥镜下会厌软骨位于正常的位置；（B）—在休息时显示软腭背侧移位的马。软腭背侧靠近会厌，模糊了它的正常轮廓，软腭的游离边界清晰可见

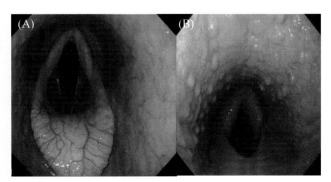

【治疗】

主要以手术纠正为主，也可保守治疗。常用手术方法有以下几种：

（1）胸骨甲状舌骨肌切开术，以防止喉部的尾部收缩。

（2）悬雍垂切除术，通过喉切开术切除软腭游离边界的组织。

（3）甲状舌骨成形术——"搭桥"术，在甲状软骨和甲状舌骨之间放置永久性缝合线。当缝合线收紧时，头部弯曲，导致喉吻侧相对于舌骨基底部4～5厘米的位移，使其复位。

六、会厌嵌顿

会厌嵌顿是指会厌软骨常被舌、会厌黏膜和牙髓皱襞包裹。会厌嵌顿的稳定性不同，一些马是永久性的，而另一些则是间歇性的，可以在一次检查中错过。速度赛马经内窥镜检查，静止状态下的发病率为0.75%～3.3%。

【病因】

某些情况下，杓状会厌皱褶炎症和会厌下组织疏松是诱发因素。患有先天性会厌发育不全和会厌下囊肿的马更易患病。

【临床症状】

临床症状是多样的，包括运动时出现高亢有力的吸气和/或呼气噪声，导致运动不耐受，继发软腭背侧移位的间歇性"咯咯"哽咽声；采食后咳嗽。一些病例无症状，在常规内窥镜检查中偶然被发现。

【诊断】

（1）内窥镜检查　会厌失去皱襞的软骨边界，表层血管被包围的黏膜所掩盖，有时会厌上的黏膜有溃疡（图3-16）。

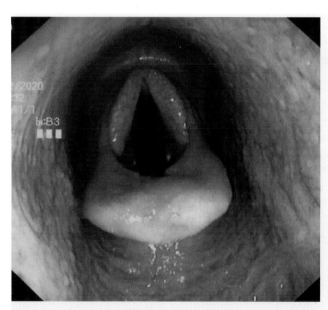

图3-16　会厌嵌顿——内窥镜检查

（2）放射学检查　当持续性移位存在时，完全看不到会厌软骨，此时需要通过咽侧位X光片来确定是否存在嵌顿。测量会厌，从会厌尖到舌骨关节至少7.0厘米，若会厌长度小于5.5厘米提示会厌发育不全。

【治疗】

（1）喉前裂切除。

（2）经口进行轴向切分（图3-17）。

（3）经鼻轴向切分。

（4）经内窥镜二极管激光切除。这些处理方法均能解决移位且无并发症。在轴向切开技术中，再次发生嵌顿的可能性最大，但并不常见。会厌软骨的医源性损伤

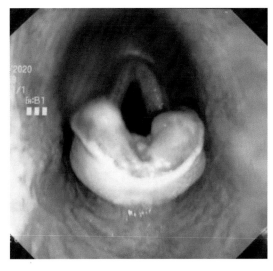

图3-17　会厌嵌顿手术治疗——经口进行轴向切分

可引起肉芽肿和其他畸形，从而破坏会厌与软腭的关系。尽管慢性咳嗽伴有低度吞咽困难较为罕见，但在舌-会厌黏膜切除术会发生此并发症。

七、运动诱导肺出血

运动诱导肺出血主要是速度赛马在进行高强度奔跑时，肺脏内部毛细血管破裂导致出血的疾病，通常发生在膈叶的后背侧。几乎所有的马在支气管灌洗时获得的气道分泌物样本中都有噬血细胞（含血红蛋白的巨噬细胞），在全世界均有发生。

【病因】

肺毛细血管应激性衰竭导致肺毛细血管壁极薄，允许呼吸气体快速交换。当毛细血管壁的压力在运动过程中上升到很高的水平时，毛细血管壁发生机械故障。出血发生于肺新生血管区域，作为对轻度下呼吸道疾病的反应，支气管动脉增殖；出血发生在运动中，受到高压波动和应激的肺区域；出血发生在肺，继发于上呼吸道阻塞（如喉偏瘫）的部分窒息、凝血异常、血液黏度变化。

在个别马，发病过程包括肺动脉高压、低肺泡压和肺结构的改变导致了肺毛细血管的应激性衰竭。病变特征性部位为肺后背侧。无论何种病因，肺毛细血管破裂及随后的气道出血都会导致感染区域的间质炎症和纤维化损伤。

【临床症状】

大多数患病马，无明显的临床症状。在少数情况下，速度赛后发生鼻出血，偶尔发生大量的致命性肺出血，对速度赛马表现的影响不一，多数影响很小。在某些情况下，会降低运动耐受力，有时马在比赛中突然停下，病马表现呼吸困难，面部表情烦躁不安，咳嗽。当血液从气管流入咽时，可观察到重复吞咽。有些马在比赛后会持续几天甚至几周的肺出血。表现为精神沉郁和昏睡，但不发热。

【诊断】

（1）临床检查　严重时可见两侧鼻孔出血（图3-18）。

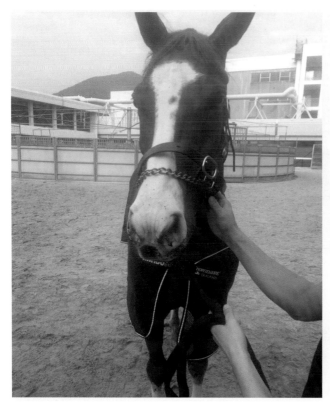

图3-18　运动诱发肺出血-双侧鼻孔出血

（2）血液学检查　有的显示进行性贫血。

（3）内窥镜检查　适用于未见明显的鼻血流出。在马运动后，不要立即进行内窥镜检查，因为血液在肺部纤毛作用下，需要一定时间才可以将血液排入下呼吸道，因此应在剧烈运动后30～120分钟对马气道做内窥镜检查，对出血进行分级，同时标注有血液的位置。在大气道中可以看到从少量斑点到连续的血流的不同数量的血液。观察到出血的程度可以分0～4级（图3-19）。具体评级标准见表3-2。

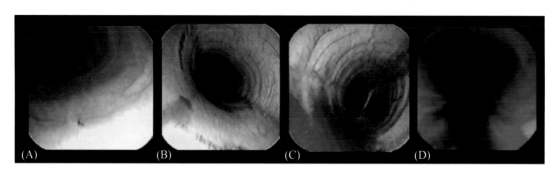

(A) (B) (C) (D)

图3-19　EIPH出血评级（内窥镜）

（A）—1级；（B）—2级；（C）—3级；（D）—4级

表 3-2 EIPH 出血评级标准（内窥镜）

级别	特征描述
0	咽喉部位、气管、支气管无血液
1	气管内有血丝，并且血丝的长度小于气管总长度的25%，在支气管分叉口有血流，血流所占比例不超过支气管内径面积的10%
2	一条较长的血带，长度超过气管总长度的50%，或者两条较短血带不超过气管总长度的33%
3	气管内有数条血带，总共覆盖不超过气管总面积的50%，但是气管胸腔入口没有血液积留
4	气管内大量血液，覆盖了气管总面积90%，气管胸腔入口有血液积留

（4）气管-支气管盥洗术细胞学检查 使用特定的血色素（普鲁士蓝）可以观察到红细胞或噬血细胞。

（5）放射学检查 肺背侧不透明增强（必须在高度奔跑后7～10天内检查，确定最近出血）。

【治疗】

（1）对症治疗 任何潜在的小气道疾病都应该得到治疗；应提供无尘环境；适当休息以使受损的毛细血管和肺组织愈合；可用抗生素治疗以防止继发性感染。

（2）预防其发生可采取以下措施（措施的使用将由相关赛事管理机构决定）：

① 速尿可减弱运动引起的肺动脉和肺毛细血管压力的增加。

② 鼻口放置扩张气道的装置，降低因鼻道吻短、不支持软组织结构而产生的阻力。

③ 口服雌激素、色甘酸钠、气道扩张剂（如盐酸克伦特罗）。

八、肺炎

肺炎是指肺泡、远端气道和肺间质的炎症，由病原微生物、理化因素、免疫损伤、过敏及药物所致。马临床常见细菌性和吸入性肺炎。细菌性肺炎是指由于肺部实质的细菌增殖感染引起的肺部炎症。大多继发于病毒性呼吸道感染。吸入性肺炎是严重肺炎的潜在原因。

【病因】

（1）细菌性肺炎 成年马细菌性肺炎的常见病原体包括兽疫链球菌、β溶血链球菌以及革兰氏阴性菌（如巴氏杆菌、大肠杆菌、克雷伯氏杆菌、肠杆菌和假单胞菌）。革兰氏阴性菌引起的肺炎为单一感染，但有时也与链球菌合并为混合感染。马链球菌和肺炎链球菌感染不常见。厌氧细菌如拟杆菌和梭状芽孢杆菌的混合感染主要见于胸膜肺炎。新生马驹的细菌性肺炎通常由链球菌、大肠杆菌或放线杆菌引起。在年龄较大的马驹中，马红球菌感染更为常见。

在正常情况下，上呼吸道免疫防御机制阻止了大多数细菌进入肺部。任何穿透呼吸系统到肺部的细菌都会被快速灭活，并被低强度的细胞和体液防御系统清除。然而，如果呼吸道免疫防御被病毒感染或应激（如马匹的长期运输）破坏，下呼吸道的共生细菌就会侵入肺部。在肺部感染时，炎性细胞可以抵抗感染，但也会导致组织破坏和器官功能丧失。气道内细胞碎片、血清渗出物和纤维蛋白的积累会进一步影响气体交换。

（2）吸入性肺炎　有许多潜在的原因：① 马驹，由于先天性畸形或不适当的补充喂养（瓶饲或鼻胃管饲）会导致发生吸入性肺炎。② 成年马吸入性肺炎常因通过鼻胃管将液体、药品或其他物质进入下呼吸道或肺所致。③ 唾液和饲料的吸入性肺炎是食道阻塞的常见并发症，也可在全麻过程中发生。④ 任何原因引起的吞咽困难也会导致吸入性肺炎。

吸入液体/材料的数量和组成将在很大程度上决定临床症状、疾病发展和预后。当大量液体被吸入时，马匹会急性死亡。更常见的是继发为肺炎，进而发展为肺实变、胸膜肺炎、坏疽性肺炎和/或肺脓肿。

【临床表现】

常见临床症状包括发热、沉郁、呼吸急促、流鼻涕、咳嗽和运动不耐受、间歇性发热。吸入性肺炎的急性临床症状，包括呼吸急促、咳嗽、烦躁不安和肺泡呼吸音增强。吸入后不久，在呼吸时可听到高亢的液体声。在鼻孔处可观察到有食物附着。

【诊断】

根据病史、临床检查、实验室和放射学检查可作出诊断。

（1）临床检查　听诊时，可闻肺泡呼吸音粗粝，伴有支气管呼吸音、湿啰音（水泡破裂音）和/或干啰音，在累及胸膜的复杂病例中出现胸膜摩擦声。胸腔叩诊发现肺实变或脓肿或胸腔积液（胸膜肺炎）。

（2）血液学检查　白细胞总数升高，表现为成熟的嗜中性粒细胞伴有或无杆状细胞。常见高纤维蛋白原血症，在慢性病例，可见高球蛋白血症引起的总血浆蛋白升高。

（3）放射学检查　有助于评估治疗反应，也可作为评估预后的指标。腹侧实变提示由于重力作用使物质流到肺区，提示吸入性肺炎。

（4）超声波检查　显示肺实变或肺不张及/或实质脓肿，视其在肺内的位置而定。

（5）采用气管-支气管盥洗　采集下呼吸道分泌物、胞外胞内细菌及异物，送检标本进行细菌培养、革兰氏染色和细胞学检查。

（6）支气管镜检查　有助于观察气管内的液体或食物残渣，确定是否为吸入性肺炎。

【治疗】

（1）抗生素治疗　基于药敏试验结果，青霉素治疗链球菌性肺炎效果较好，由于常见细菌混合感染，因此需要广谱抗菌药物。青霉素/氨基糖苷类化合物通常在病初使用。其他对革兰氏阴性菌和革兰氏阳性菌具有中等广谱活性的抗生素，包括第二代和第三代头孢菌素、氨苄西林和/或磺胺甲氧苄氨嘧啶均可使用。如果怀疑有厌氧菌感染，常用甲硝唑辅助治疗。

（2）非甾体消炎药　用于控制炎症和疼痛。

（3）其他治疗　适当的静脉输液以补充呼吸道分泌物的水分，以便从呼吸道清除异物。剧烈运动后长时间休息至关重要，治疗失败或复发与发生的时间、治疗和无充分休息有关。需要采取具体措施来解决误吸的原因，并防止进一步误吸。

九、胸膜肺炎

胸膜肺炎是一种严重的、致命的由于肺部和胸膜的细菌感染引起的肺炎和胸腔积液/胸膜炎。可由多种细菌感染，链球菌最为常见。患马通常有近期应激史、长时间的运输或手术，俗称"运输热"。

【病因】

肺实质的细菌增殖可导致肺炎和/或肺脓肿的形成。感染和炎症过程向胸膜腔的扩展可导致胸膜炎或胸膜肺炎。

【临床症状】

发热、精神沉郁、呼吸急促/呼吸困难、胸部疼痛、消瘦、咳嗽、恶臭的血性鼻液。胸廓听诊呼吸音减弱，叩诊呈水平浊音（图3-20）。

【诊断】

（1）X射线和超声检查（图3-21）有助于确认。

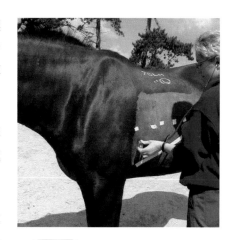

图3-20　胸廓听诊呼吸音减弱，
叩诊半浊音呈水平线
（摄于英国利物浦大学马医院）

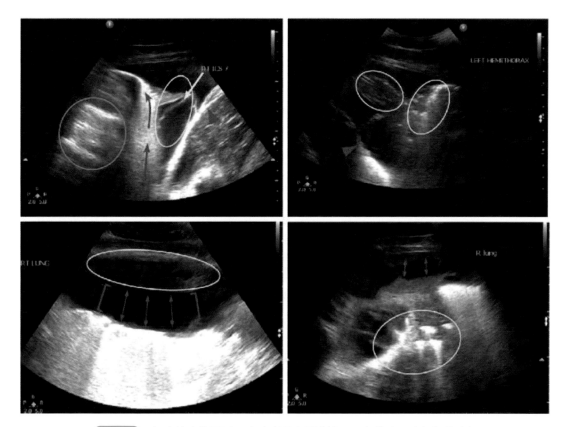

图3-21　超声波声像图显示胸腔出现大量液性无回声的暗区（红色箭头）

（2）血液学和炎症标志物支持诊断。

（3）胸腔穿刺液（图3-22）和鼻液进行细胞学检查。

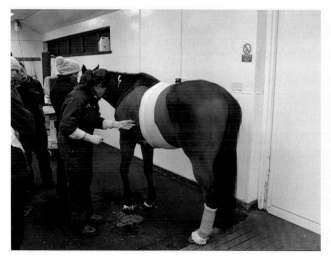

图3-22 胸腔穿刺，采集穿刺液进行细胞学检查或细菌培养

【治疗】

（1）胸腔引流（在两侧第7、8或9肋间插入），用大量无菌生理盐水灌洗。

（2）静脉注射广谱抗生素，如青霉素（头孢菌素）、庆大霉素和甲硝唑。

（3）非类固醇抗炎药，如氟尼辛葡甲胺。

（4）液体疗法。

十、反复发作性气道梗阻

图3-23 马厩通风不良，采食含粉尘较多的饲草

反复发作性气道梗阻，以前被称为慢性阻塞性肺病，老年马呼吸道疾病最常见的病因，是一种肺部对真菌和霉菌孢子的过敏性反应，这些孢子通常存在于稻草和干草上，在大多数马厩（特别是通风不良的马厩）中大量存在（图3-23）。与该病相关的最常见的过敏原是烟曲霉和法尼小多孢菌，也可见其他过敏原，如饲料螨。

【病因】

马暴露于过敏原时，会引发复杂的炎症级联反应可导致：① 气道炎症；② 气流和黏度增加；③ 气道内炎症细胞（中性粒细胞）增多；④ 支气管痉挛；⑤ 气道和肺泡上皮发生改变，导致特化细胞（如纤毛细胞）丢失。

上述变化可发生在整个下呼吸道，但在小气道

（细支气管）特别明显，导致的最终结果是使空气进出肺部困难，由于气道气流阻力增加而致使通气能力降低，同时肺弹性降低。除终末期可能存在广泛的肺纤维化外，大多可逆。年龄较大的常发，主要集中在为9～10岁。矮种马更易发生。

【临床症状】

临床症状出现缓慢，通常会有改善。常见：

（1）运动表现不佳、运动不耐受。

（2）呼气性呼吸困难，呼气时表现"二重呼气"，肋骨弓后出现"喘线或息老沟"（图3-24）。

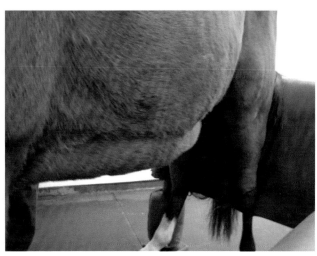

图3-24　呼气性呼吸困难，肋骨弓后出现较深的凹陷的沟（"喘线"）

（3）流鼻涕，咳嗽偶有发生。

（4）胸廓听诊显湿啰音和干啰音。

【诊断】

（1）根据慢性疾病、与马厩相关（马厩中有稻草和/或干草）病史、临床症状（大多数患马在休息时只有轻微的症状）做出初步诊断。

（2）内窥镜检查可直接观察下呼吸道变化，同时收集的气道灌洗样本中，可见有中度到大量的黏液，远端胸腔入口有大量的分泌物聚集（图3-25）。

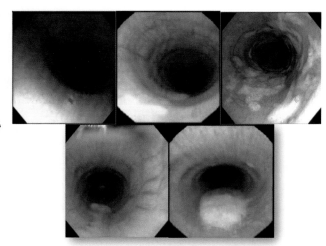

图3-25　内窥镜检查，气道内分泌物不同程度地增多

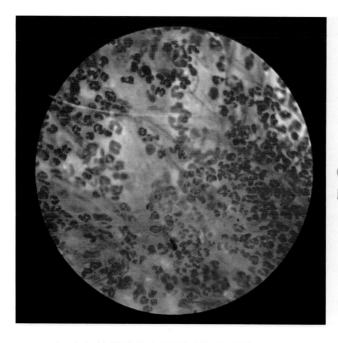

图3-26 支气管灌洗和气管灌洗细胞学检查可见嗜中性粒细胞增加

（3）支气管灌洗和气管灌洗细胞学检查，可见嗜中性粒细胞增加（图3-26）。

根据评估通过静脉或吸入剂量支气管扩张剂（如克伦特罗）的反应，可以确定气管阻塞的改善程度。

（4）胸部X射线检查、超声检查和血液学检查通常正常。

【治疗】

治疗的目的是去除环境中的过敏原，改善呼吸道和肺的变化。治疗通常应逐步进行：

（1）环境管理　通过增加通风和排水来改善环境。不要使用稻草做垫料，应用不含灰尘的木屑（不是锯末）、纸张或橡胶代替。刨花和纸屑床必须保持为浅涸落物，因为深涸落物床会促进真菌和霉菌的生长。

（2）支气管扩张剂和溶黏剂　支气管扩张剂用于支气管收缩、改善纤毛清除。盐酸克伦特罗是最常用的药物。

（3）糖皮质激素　有用的辅助性抗炎药物，可以阻止炎症级联反应。吸入糖皮质激素也是有效的预防药物，但在大多数情况下不建议常规使用，因其可增加蹄叶炎的风险。

第二节　心血管系统疾病

一、瓣膜性心脏病

瓣膜性心脏病是因退行性改变、腱索损伤或断裂和细菌性心内膜炎所致的一种后天获得性心脏病，其中退行性瓣膜病最为常见。主动脉瓣和左房室瓣的改变较为常见。中度、重度的瓣膜功能不全将会影响马匹运动能力。左房室瓣膜病常与功能受限相关，最易导致充血性心力衰竭的瓣膜功能不全；右房室瓣膜反流通常与任何临床症状或性能变化无关。发病率增加与强化训练后的肥厚性变化有关。

【病因】

（1）二尖瓣瓣膜闭锁不全时，左心房的容积负荷增加，导致左心衰。

（2）三尖瓣瓣膜闭锁不全时，收缩期血液过多流入右心房导致右心房容量超负荷。右房室瓣膜反流可能是右心衰的原发或继发原因。肺动脉高压可使右心压力超负荷，导致右心衰。

【临床症状】

（1）二尖瓣瓣膜病　在常规检查中无明显的临床体征。严重反流表现呼吸系统症状（如呼吸困难、呼吸强度和频率增加），运动后恢复时间延长、咳嗽。当腱索断裂时可出现明显的肺水肿。以呼吸系统疾病为主的左心衰体征易被忽略，直到右心衰体征出现才会被发现。

（2）三尖瓣瓣膜病　表现典型的、柔软的舒张期和收缩期杂音。房颤可发生在心房扩张时，严重病例可发展为右心充血性心力衰竭。

【诊断】

（1）二尖瓣瓣膜病

① 心脏听诊：左心基底部左房室瓣上方有一个带状的、柔软的舒张期杂音。在瓣膜脱垂的病例可听到收缩期中期渐强的杂音，杂音强度与反流严重程度的相关性较差。通常无其他明显的临床症状。

② 心电图描记：无特征性改变。中、重度二尖瓣闭锁不全会引起心房增大，同时并发房颤。

③ 超声心动图：可见房室间隔增厚。在某些情况下，还可以看到瓣膜脱垂，特别是在突然发作出现左心衰体征时，应仔细检查乳头肌。M型超声波可用于评价左心室的大小和功能指标。应评估心房大小。彩色血流和脉冲多普勒检查有助于确定反流的程度。若射流广泛或心房扩大，肺动脉的直径与主动脉一致。肺动脉扩张，使其大于主动脉，提示肺动脉高压。

（2）三尖瓣瓣膜病

① 心脏听诊：杂音的位置和特征提示右房供血不足。

② 超声心动图：可确定反流程度、评估心脏瓣膜变化及心脏功能。彩色血流多普勒分析对反流射流的评估具有重要价值。右侧腔室大小很难评估。三尖瓣反流比相关的杂音更常见，房颤与右房中度至重度瓣膜闭锁不全有关，提示右心房扩张。

【治疗】

（1）二尖瓣返流轻的局灶性病例，无需治疗，预后良好。

（2）瓣膜增厚或广泛性病例，预后较差。

（3）腱索断裂常会导致突发性心力衰竭、肺水肿和呼吸窘迫，死亡率高，可尝试房颤复律。在心房扩张的病例中，若窦性心律能够恢复则预后良好，而出现充血性心力衰竭的症状，则预后不良。

（4）三尖瓣瓣膜病除非出现充血性心力衰竭的临床症状，否则无需治疗，预后良好。

二、心内膜炎

心内膜炎是指由病原微生物直接侵袭心内膜而引起的一种炎症性疾病，与细菌定殖和营养不良有关。瓣膜为最常发生的部位，也可发生在室间隔缺损部位、腱索和心壁内膜。主动脉瓣最易受损，其次是二尖瓣、三尖瓣，肺动脉瓣受损不常见。

【病因】

细菌感染是在瓣膜损伤后发生，如瓣膜功能不全、血流紊乱。即使感染消除，由于损伤导致瓣膜变形，瓣膜也将无法继续正常工作。颈静脉血栓形成为诱发因素，无年龄或品种倾向性，公马的发病率较高。

先前或由细菌引起的损伤，导致血小板聚集和纤维蛋白沉积在心内膜表面，进而在感染部位形成由血小板、细菌和纤维蛋白组成的血凝块损害。瓣膜、心内膜的损害可导致心功能不全，而广泛性损伤可导致心脏衰竭。植物性神经病变可形成血栓栓子。来自主动脉或左房室瓣的血栓会阻塞供应肾脏、大脑甚至心脏等重要器官的血管。免疫复合物沉积与全身性疾病有关，如多发性关节炎。

【临床症状】

（1）典型症状　间歇性发烧、呼吸急促、心动过速、消瘦、厌食、精神沉郁和跛行。心内膜炎并不总是伴有心杂音，但当心杂音（尤其左侧心杂音）与发热和不良表现有关时，应怀疑本病。

（2）继发症状　细菌性栓子会导致心律失常。随着瓣膜的广泛性损伤，瓣膜闭锁不全可导致心脏衰竭。

【诊断】

（1）临床检查　临床症状常不明显，然而与发热相关的杂音突然出现，应该引起关注。

（2）血常规　常见白细胞和嗜中性粒细胞增多。存在与慢性疾病贫血相一致的非再生贫血。高纤维蛋白原血症也很常见。

（3）血液培养　在发热期间或发热之前应采集血液进行培养。心内膜炎中最常见的微生物是流行性链球菌、放线杆菌、葡萄球菌和大肠杆菌。

（4）超声心动图　可见瓣膜畸形和植物性神经病变。

（5）其他　通常无放射线检查异常。心内膜炎可导致心律失常。如果心肌出现细菌栓子，会发生室性早搏或室性心动过速。

【治疗】

（1）广谱抗生素抗菌治疗　常用青霉素（20000单位/千克体重，静脉注射，每6小时一次）和庆大霉素（20000单位/千克体重，肌内注射，每24小时一次）。若5天内临床无改善，应继续重新评估抗菌药物的治疗。

（2）治疗监测　对精神沉郁或发热的马匹，应反复进行临床检查、超声波检查和血液学检查。临床症状改善，超声心动图病变缩小或高纤维蛋白降低或恢复正常均是治疗效果良好的反应。在纤维蛋白原水平恢复正常后，抗生素应继续使用至少2周或4周。

三、心房纤颤

心房纤颤，简称房颤，心跳频率快且不规则，是临床上最常见的心律失常，发病率约为0.30%～2.50%。

【病因】

电解质异常和心房过早收缩等因素可影响发病。马会因迷走神经张力高和心房尺寸大而易患心房颤动。迷走神经张力导致心房组织动作电位持续变化。心房颤动的发生是由于心房失去了协调的肌电功能，多个去极化路径同时发生所致。

【临床症状】

（1）发病特点　常与潜在的心血管或全身疾病无关，单独发生。患广泛性心脏病和心力衰竭时会发生。大多数病例一旦发生呈持久性。有些病例，房颤短发作会随自发性发作和消退而发生，被称为阵发性房颤，发作常与运动有关。

（2）一般症状　休息时心率通常正常（心力衰竭晚期除外），临床表现不明显。心律绝对不规则，外周脉搏在节律和质量上均有改变。与2°传导阻滞不同的是心律不齐不可预测且在兴奋或运动时心律仍不规则。房颤可引起心率显著升高，并严重限制其运动表现。

（3）典型症状　在训练与比赛中，突然发生运动表现不佳，易疲劳。运动诱发肺出血与房颤有关。静息时单独房颤中不发生心率升高、外周水肿和颈静脉静怒张。

【诊断】

（1）临床检查　无不规则的心律失常。通过训练或兴奋可增加心率并不会影响心率恢复正常来判断。除继发性房颤外不会出现心力衰竭。

（2）心电图描记　诊断房颤的金标准（图3-27），其特征是无P波，心室节律和波动基线波（f波）不规则。对于阵发性房颤（由于静息性窦性心律），应进行动态心电图监测。

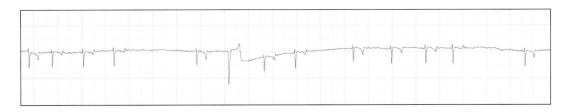

图3-27　心电图描记——房颤

［无P波，存在纤颤（f）波，心室复合体正常，心室节律不规则］

（3）超声心动图　虽然房颤的超声心动图变化不常见，一旦存在异常即可确诊。

【治疗】

（1）口服奎尼丁　经鼻胃管，多次口服硫酸奎尼丁，剂量为10克/2小时或总剂量为60克，直到恢复窦性心律。若持续房颤，剂量间隔可以增加到1次/6小时，持续24～48小时。

（2）静脉注射奎尼丁　葡萄糖酸奎尼丁（2.2毫克/千克体重，静脉注射，每5小时一次，每次持续10分钟，最大12毫克/千克），对新近发作的房颤最为有效。如果持续房颤，只要无毒性反应，可先静脉给药，然后口服给药。

四、房室传导阻滞

在心脏电激动传导过程中，发生于心房和心室之间的电激动传导异常，而致心律失常，使心脏不能正常收缩和泵血，被称为房室传导阻滞。房室传导阻滞可发生在房室结、希氏束以及束支等不同部位。根据阻滞程度的不同，可分为1°、2°和3°房室传导阻滞。

【病因】

（1）1°房室传导阻滞　健康马的正常表现，与迷走神经张力高有关。临床表现为正常窦性心律。

（2）2°房室传导阻滞　健康马的正常表现，与迷走神经张力高有关，会导致房室结的传导降低。渐行期阻滞（一次多个周期）可因心肌炎引起。

（3）3°房室传导阻滞　与心肌炎、心包炎和主动脉瘤有关。

【临床症状】

（1）2°房室传导阻滞　表现正常或稍慢的心率。P波无伴随QRS波。PP间期一致。QRS复合波外观形态正常。莫氏Ⅰ型更常见，特征：PR间期逐渐延长，直到P波之后不再出现QRS波（图3-28）。莫氏Ⅱ型的特点：持续的PR间期和间歇期，在马并不常见。渐行期阻滞可伴有明显的心动过缓和虚脱。

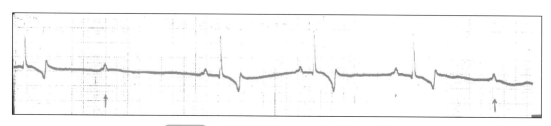

图3-28　心电图描记——2°房室传导阻滞

（P波后没有QRS波。所有复合波外形正常。P波之后的QRS波和T波出现在阻滞的两边，
只有P波出现。PR区间是可变莫氏Ⅰ型的2°房室传导阻滞的典型特征）

心脏听诊时心律不规则，被阻断的音程是基频间音程的两倍。心律失常应随心率增加或迷走神经张力降低而减轻，因此应认为是轻度运动或兴奋所致。

（2）3°房室传导阻滞　P和QRS波群之间无联系。P波在QRS波追踪中会丢失。心动过缓，心率10～20次/分。QRS波群外观形状复杂多变（正常、广泛和异形）。

【诊断】

根据病史、临床检查（心脏听诊）及心电图描记即可确诊（图3-29）。

【治疗】

（1）1°和2°房室传导阻滞　无需治疗。莫氏型与房性心肌疾病有关。对于渐行期阻滞，可以应用皮质类固醇（地塞米松）治疗，但如果存在持续的病毒感染，则需谨慎。

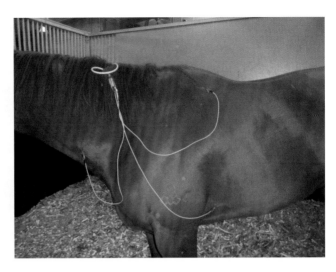

图3-29　心电图描记

（2）3°房室传导阻滞　通常不治疗。有条件的可植入起搏器。药物治疗有限，阿托品给药通常无效。异丙肾上腺素治疗因存在室性快速心律失常的风险应谨慎使用。糖皮质激素会有助于治疗炎症，但如存在活动性病毒感染，则应谨慎使用。

第三节　消化系统疾病

一、食道梗塞

食道梗塞是指饲草料或异物在食道发生的物理机械性阻塞引起的临床急诊，以突然发病、吞咽困难、食物和唾液口鼻俱流为主要特征。

【病因】

（1）采食浸泡不充分、腌制的块根类饲料或食道运动障碍。

（2）胸腔入口处的食道向后上方改变方向，且此处最窄。阻塞发生后，饲草料吸收唾液，体积变大，同时食管肌肉受到刺激痉挛收缩，裹紧阻塞物，阻止食道蠕动会加重阻塞。

【临床症状】

表现不同程度的流涎，食物和唾液口鼻俱流，鼻液呈黄绿色、咳嗽、反复吞咽及吞咽困难。

【诊断】

根据病史和临床检查、胃管探诊和内窥镜检查可确诊。

【治疗】

（1）镇静解痉　通过鼻胃管用温水冲洗以去除梗阻物，应保持马头朝下以免误吸。若不成功，应在全身麻醉下重复操作。因为有吸入性肺炎的风险，应该用广谱抗生素治疗。

（2）清除梗阻物　梗阻物被清除后应禁食至少6小时。最初饲喂少量浸泡良好的精料。

理想情况下，开始用湿草/青草而不是干草，允许自由饮水。仔细观察是否有再次梗死出现。

二、急腹症（腹痛）

急腹症是马最常见的急症，其不是一个疾病，而是一种临床综合征。大多数急腹症是由于消化系统疾病导致，约90%的病例不需要手术干预。准确评估疼痛的持续时间和严重程度有助于区分非手术治疗腹痛和手术治疗腹痛。在临床检查中，对引起急腹症的病变作出准确的诊断非常困难，重要的是要确定此种情况是否危及生命。临床医生必须在短时间内决定腹痛是否可以单独通过药物治疗来处理和解决或者是否需要转诊手术干预。手术的成功与出现腹痛后作出决定的时间快慢成正比。

【病因】

急腹症主要根据其疼痛来源分为真性（胃肠道）腹痛和假性（非胃肠道）腹痛。

（1）真性腹痛　急腹症表现与胃肠道有关的疼痛，称为真性腹痛，大多因饮食、饲养管理和寄生虫等多种因素导致的正常肠道运动障碍。以下几个因素可导致消化道疼痛：① 肠壁内张力增加，由于过度发酵引起液体、气体积聚或阻塞导致扩张、变位、缠结或绞窄性（图3-30）阻塞引起梗阻；② 与肠蠕动正常协调收缩中断的肠痉挛；③ 肠系膜张力引起的疼痛伴随肠移位、扭转和套叠（图3-31）；④ 血管栓塞引起肠缺血导致肠发生各种绞窄性阻塞，由于缺氧引起剧烈疼痛，随后当肠坏死时疼痛会减轻；⑤ 黏膜炎症和刺激，如急性沙门氏菌病和右上大结肠炎导致轻度疼痛；⑥ 黏膜溃疡，如胃溃疡综合征（图3-32）可引起慢性间歇性疼痛。

（2）假性腹痛　疼痛表现行为与胃肠道疾病无关的腹痛，称为"假性腹痛"。常见于：① 母马妊娠的最后三个月出现的子宫扭转，由于子宫扭转导致子宫阔韧带紧张会出现中度疼痛；② 急性疲劳性横纹肌溶解症可能在运动过程中突然停止运动，摔倒在地，出汗，表现疼痛；③ 髂主动脉血栓导致后肢血液供应严重受损而导致出现剧烈肌肉疼痛；④ 结石

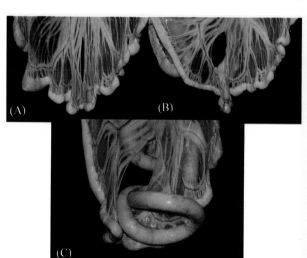

图3-30　小肠绞窄性肠梗阻

（A）—肠系膜破裂；（B）—小肠穿过破裂的肠系膜；（C）—小肠缠结形成绞窄性肠梗阻

图3-31　肠套叠

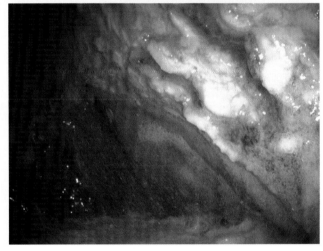

图3-32　内窥镜检查可见胃有腺部
和无腺部溃疡

引起的尿道阻塞导致严重的膀胱充盈而引发疼痛；⑤ 胸膜炎、肝病和蹄叶炎会诱发疼痛。

【临床症状】

胃肠道腹部疼痛有多种临床表现，主要包括：① 轻微疼痛时，前肢刨地［图3-33（A）］，回顾腹部［图3-33（C）］，前肢伸展呈"犬"坐姿势，躺卧时间长；② 中度疼痛时，后肢踢腹［图3-33（B）］，滚翻仰卧［图3-33（D）］，将头转向一侧；③ 重度疼痛时，会出现大汗淋漓、急起急卧、打滚［图3-33（E）］、冲撞障碍物［图3-33（F）］。

【诊断】

急腹症检查目标是诊断出导致疼痛的确切病因，应包括病例基本信息及病史、临床检查、实验室检查和影像学检查。腹痛的原因和存在的时间在很大程度上决定了是否可以在初次检查时作出诊断，因此需要每隔2小时重复检查一次，仔细记录检查结果。通过比较不同时期记录的结果，可以辨别疾病过程中的发展趋势。

（1）病例基本信息

① 年龄：1～2日龄的马驹因胎粪滞留可发生肠阻塞（图3-34）；1岁马易出现回肠套叠，15岁以上马出现绞窄性脂肪瘤。

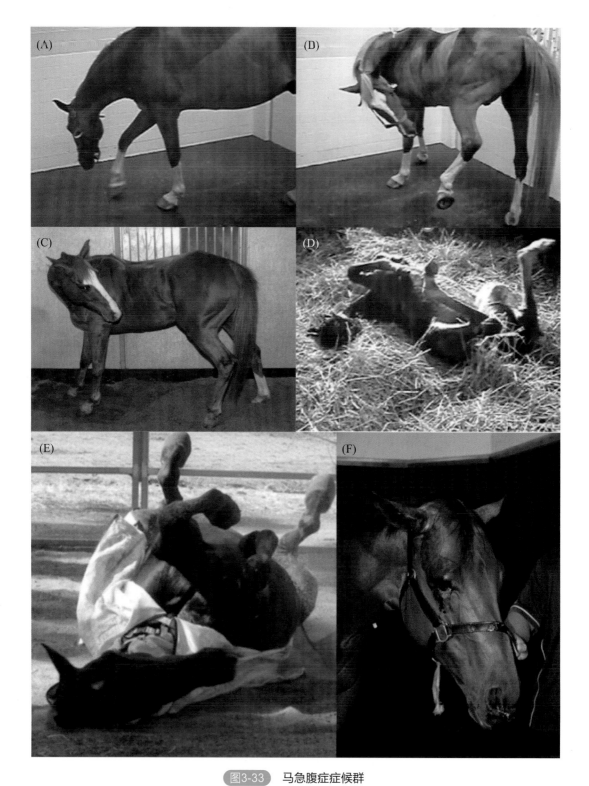

图3-33　马急腹症症候群

（A）—前肢刨地；（B）—后肢踢腹；（C）—回顾腹部；（D）—滚翻仰卧；
（E）—打滚；（F）—冲撞障碍物

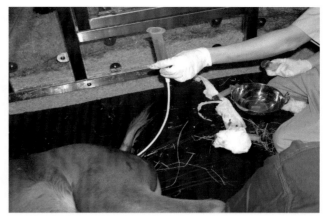

图3-34 新生马驹胎粪滞留所致疝痛，后部灌肠疏通

② 性别：公马易发生腹股沟阴囊疝（图3-35），母马易发生大结肠扭转和子宫扭转。

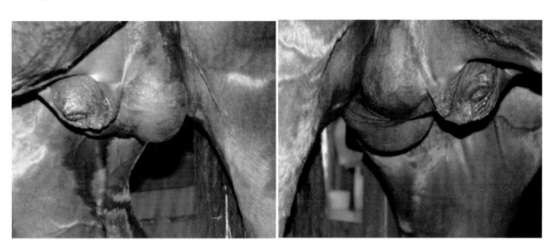

图3-35 公马腹股沟阴囊疝，表现阴囊肿大，急性疼痛

③ 品种：体型大的马大结肠左侧背侧移位患病率高，美国标准马易患腹股沟阴囊疝。

（2）病史

① 现病史最重要的内容是临床症状出现的时间，对可能的持续时间应作出合理准确的评估。

② 与饲养管理有关的一般性病史/生活史（如当前腹痛发作有关的更具体的细节和驱虫等信息）非常重要。房屋、垫草材料以及饲料数量或质量的变化可能与此直接相关，如马经常吃到垫料可导致大结肠阻塞。对蛔虫负担重的马驹，用驱虫剂治疗时可能会导致死虫阻塞小肠（图3-36）。

③ 既往病史，例如慢性腹痛，数周前曾发生马腺疫，可能提示肠系膜脓肿。

病史调查过程中，应主要关注与目前腹痛发作有关的问题：如疼痛的严重程度及变化；最后一次排粪的时间及粪便的性质；马有无表现出特别的行为；是否偶然采食了太多高发酵性饲料。

（3）临床检查 应对马进行全面而系统的临床检查，包括心血管系统、腹部和外周灌注及水合状态的评估，但有时腹痛严重到不可能对马进行有秩序的检查，则需要使用大量

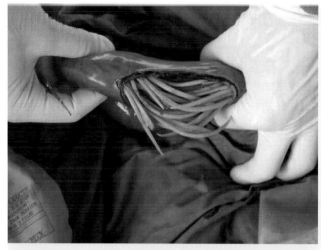

图3-36 死虫阻塞小肠

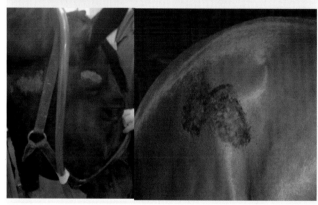

图3-37 患马剧烈疝痛发作，冲撞障碍物致使头面部及臀部皮肤擦伤

镇静剂，最好是用赛拉嗪。在大多数情况下，疼痛轻微，可以在不使用可能改变心率或肠道活动的药物的情况下进行大部分检查。在完成心血管系统和腹部听诊检查之后，进行直肠检查、鼻胃管返流和腹腔穿刺评估腹痛。

① 视诊观察：观察马匹的行为，注意评估疼痛体征的性质和程度。眼睛周围和髋部上方的皮肤擦伤表明因剧烈疼痛而打滚所致（图3-37）。马厩墙上马踢的痕迹提示重度疼痛。

绞窄性梗阻在发生3～4小时后仍可表现出剧烈的疼痛，若持续更长的时间和涉及的肠段进一步坏死却不表现或不出现明显的疼痛迹象，看起来比较安静，极度沉郁，如耳聋头低站立，对周围环境漠不关心。这种"不疼痛阶段"与严重的内毒素血症有关，常被误认为是马匹正在改善的迹象。其他需要注意的症状有腹部扩张、出汗或肌肉震颤。对种公马检查时应该观察单侧阴囊有无增大，稍后直肠检查应触诊腹股沟内环口，以确认腹股沟疝是否存在（图3-38）。

② 心血管系统的检查

a.心率和脉搏特征：心率和脉搏特征是评估腹痛的重要临床指标。疼痛对心率的影响相对较小，而心率受血液浓度和静脉回流减少以及从肠道吸收的内毒素的影响较大。腹痛性质和持续时间与脉搏有密切关系。绞窄性腹痛通常伴有心率升高，随着中毒性休克的发

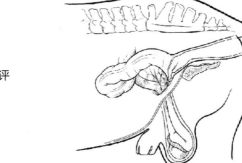

图3-38 直肠内部触诊腹股沟内环口评估腹股沟阴囊疝

展，心率逐渐升高，而骨盆曲阻塞在48小时后心率只会轻微升高。

b.可视黏膜颜色：可视黏膜颜色对评估腹痛的严重程度和预后有重要价值。潮红反映血液浓度的变化，在休克后期，血管扩张使得红色加深。若可视黏膜发绀，则预后不良，大多死亡。

c.毛细血管再充盈时间：与触诊四肢相结合以直接评估周围组织灌注状态，同时可提供水合程度和血管张力的间接信息，正常为1～2秒，表明外周灌注、水合和血管张力正常。若再充盈时间≥3秒且四肢末梢厥冷，表明周围灌注不足、血管张大或血管收缩过度（图3-39）。

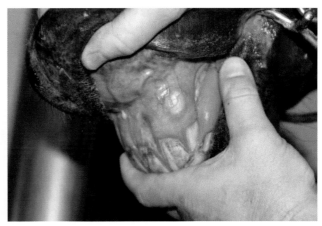

图3-39 急腹症时毛细血管再充盈时间延长

③ 腹部检查

a.腹部视诊：观察腹部扩大的程度可区分发生容积增大的脏器是胃、小肠还是大肠。成年马腹部明显扩大提示大肠扩张，马驹小肠扩张会引起腹部增大，右侧㙯部扩大为盲肠扩张。

b.腹部听诊：应在腹部听诊几分钟，通常听到的声音是流体与气体混合的汩汩声，绝大多数腹痛的马（肠痉挛除外），肠音均会减弱。患有严重肠道疾病的马，如绞窄性肠梗阻发生后的几小时内所有的肠音均消失。使用镇静药物后，肠音减弱甚至消失，而肠痉挛时肠音增强。

c.直肠检查：直肠检查是马腹痛临床检查中最重要的部分，应该在病史调查和体格检查之后进行并完成。适当保定（赛拉嗪镇静）方便检查，后腹部40%的结构可触及，可用来诊断盆腔曲阻塞、左侧结肠背侧移位、大结肠扭转、盲肠阻塞、肠套叠、腹股沟疝、回肠嵌塞以及小肠梗阻或动力性肠梗阻引起肠袢扩张。在梗阻早期，可能需要仔细地触诊几分钟。多个扩张的肠管被推到骨盆腔入口处，使检查变得困难。

d.腹腔穿刺：腹膜液分析可反映腹腔内和腹膜表面组织和器官的变化。实施腹腔穿刺有助于确定疾病的类型和病变的严重程度。穿刺液通过肉眼观察、总蛋白测定及显微镜检查进行评估。

正常穿刺液呈浅黄色透明［图3-40（A）］。一旦疾病发生，穿刺液即可发生改变。由于蛋白质、红细胞（RBC）和白细胞（WBC）增加，液体呈红色且变得浑浊［图3-40（B）］。不能直接通过直肠检查触摸到的肠梗阻（如膈疝），穿刺液正常。

严重腹痛早期，腹部穿刺尤为重要。穿刺液离心后显示红细胞存在提示肠梗阻，乳酸浓度＞2.0毫摩尔/升提示绞窄性病变。若穿刺液呈草绿色或含有草料残渣提示胃肠道破裂［图3-40（C）］或非常晚期的肠坏死。

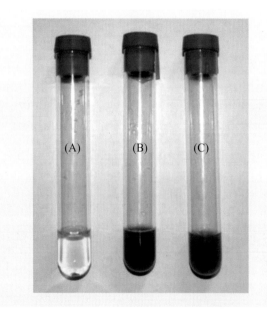

图3-40 腹腔穿刺液外观性状

（A）—正常穿刺液性状（浅黄色透明）；
（B）—穿刺液含大量红细胞使其呈红色；
（C）—穿刺液含食物残渣，提示胃肠道破裂

e.鼻胃管：除诊断外，鼻胃管可使胃减压而立即缓解疼痛，降低胃肠破裂的风险。若胃反流＞2升提示原发性疾病位于小肠或胃，但在一些大结肠梗阻时，如大结肠左侧背侧移位，近端小肠受压阻碍胃正常排空而导致胃反流增加，前肠炎可继发胃扩张而使反流增加。正常胃液的pH值为3～6，肠梗阻后，由于小肠液体的缓冲作用，pH值变为6～8。

对于近期精料摄入过多的马或有呼吸困难和胃内容物沿鼻向下自发性反流的马，应在检查开始时进行鼻胃管检查，以缓解压力，防止破裂。对于怀疑胃扩张的马来说，重要的是即使最初尝试启动虹吸导胃没有成功，仍要继续努力减压。

（4）血液学检查 主要通过监测血细胞比容容量评估外周灌注和水合状态，反复检

PCV逐渐升高且值超过50%则可认为异常。同时检测PCV和TP（正常65～75克/升）时，可提供非常有用的血管内水合作用的手段，并可作为液体治疗的指南。PCV和TP升高提示脱水。

（5）影像学检查　虽然在临床实践中并不常用，但在某些特定病例的评估中仍可采用，如胃溃疡采用内窥镜检查可确诊并识别其严重程度；超声波检查可评估肠套叠、腹股沟阴囊疝、绞窄性小肠梗阻、大结肠变位、结肠炎；放射学可对马驹肠梗阻、膈疝和肠积沙进行评估。

【治疗】

（1）镇痛　及时消除胃肠痉挛、胃肠扩张、肠系膜牵引绞压、腹膜炎性刺激等引发腹痛的因素，腹痛即随之缓解或消失。但剧烈腹痛的持久存在，往往会使病程发展而病情加剧。因此，当马腹痛剧烈而持续并影响诊断操作时，应实施镇痛。

（2）减压　胃肠膨胀对机体的危害甚多，轻则致疼痛，导致循环和呼吸发生障碍，重则造成窒息或胃肠破裂而威胁生命。因此，一切伴有胃肠膨胀的腹痛病，都应刻不容缓地导胃排液或放气，实施减压。

（3）疏通　疏通胃肠道，是治疗胃肠阻塞性腹痛病的根本原则。除伴有肠腔闭塞的肠变位需要手术整复疏通外，以油类泻剂（矿物油）和盐类泻剂（硫酸镁或硫酸钠）配合肠道营养（静脉输液），促进胃肠蠕动、疏通胃肠道加速阻塞物排出。

（4）补液　胃肠道完全阻塞性腹痛病，机体的水盐丢失甚为严重，疏通措施如不能迅速奏效，则应实施补液。液体的选择应考虑到阻塞的位置和性质。高位（胃和十二指肠）阻塞，主要补充Cl^-和Na^+，切勿补HCO_3^-；中低位（回肠后）阻塞，除补给氯化钠液外，还要补给适量的碳酸氢钠液；机械性肠阻塞（肠变位），伴有血液的渗漏，最好另加血液和血浆等胶体溶液。

（5）解毒　指的是缓解内毒素血症，防止内毒素休克的发生；内毒素休克一旦发生，则多取死亡转归。临床上常采用非甾体消炎药（氟尼辛葡甲胺）静脉给药进行抗内毒素治疗。

（6）手术治疗　临床上仅有10%的病例需要进行手术治疗，在决定是否需要手术时，没有单一的标准可以信赖。必须收集所有的信息，并对其进行相互权衡，作出预测诊断。只要符合下列需要手术标准的就要马上手术，刻不容缓，若病程超过6小时，即便实施手术，预后也大多不良。

① 疼痛程度。绞窄性梗阻的病例中，特别是大结肠360°扭转，重度疼痛且对镇痛药无应答反应，提示应尽快采取手术治疗。大结肠移位、回肠阻塞和部分梗阻（如回肠套叠）通常伴有中度至重度的间歇性疼痛，需要手术。

② 直肠检查结果。直肠检查显示肠梗阻，如大结肠扭转或移位、盲肠肠套叠、小结肠肠石性梗阻、回肠阻塞和肠套叠，均应立即手术治疗，而不考虑其他临床表现。小肠阻塞，肠袢扩张，发病后8～10小时后可在后腹部触及多个环状结构。在此之前，仔细进行数分钟的触诊，以确认扩张的血管袢，早期发现进行手术治疗可大大增加康复的机会。

③ 心率和脉搏质量。梗死性疾病通常伴有心率无波动性升高，随着内毒血症的发展，心率逐渐升高。单纯小肠阻塞，心率缓慢增加。一般而言，腹痛发作后6小时内脉搏率逐

渐上升至60～70次/分，尤其在安静间歇和适当镇痛时仍保持高脉搏频率，应决定手术治疗。

④循环参数。进行液体治疗之后，PCV＞55%，可视黏膜充血，提示疾病进行性恶化，需要手术。

⑤胃肠道参数。腹部听诊肠音消失、鼻胃管反流为2～3升或超过3升，如可以排除原发性胃扩张，这种反流表明存在幽门和回盲交界处的小肠梗阻或由腹膜炎、前肠炎引起的肠梗阻。通常伴有肠道蠕动的进行性减少，提示需要手术治疗。

⑥腹腔穿刺术。腹膜穿刺液改变（即红细胞、白细胞和蛋白增加），表明肠道的形态学改变。血性液体通常与梗死相关，提示需要手术治疗，但有时前肠炎也会出现这种情况。含有大量白细胞和红细胞的红棕色液体提示病变较严重，预后较差。

三、胃溃疡综合征

胃溃疡是指胃、幽门黏膜发生的溃疡，马胃溃疡较常见，特别是竞技赛马（如速度赛马）的胃溃疡患病率可达60%～90%，有50%以上的马驹也可能患病。由于马胃无腺区，黏膜不受保护，更易受到盐酸和胃蛋白酶的损伤，无腺部溃疡更常见，尤其靠近胃酸最强的无腺部褶缘处更易发生（图3-41）。

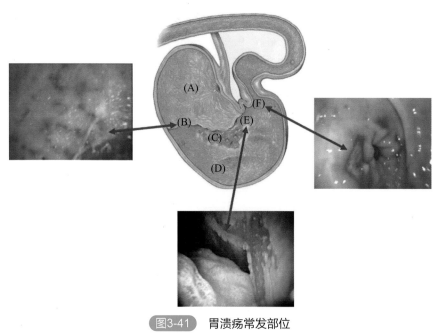

图3-41　胃溃疡常发部位

（A）—无腺部；（B）—无腺部褶皱处（胃大弯）；（C）—有腺部褶皱处；
（D）—有腺部；（E）—无腺部褶皱处（胃小弯）；（F）—幽门

【病因】

（1）胃酸侵袭无腺部黏膜引起胃溃疡，常见长时间不能采食或无草料饲喂、精饲料过多、应激、剧烈运动、使用非类固醇抗炎药。

（2）长期大量使用非甾体消炎药是引起该病发生的医源性病因。

【临床症状】

成年马主要表现食欲下降（特别是不愿采食精料）和消瘦，出现间歇性轻度腹痛、被毛粗乱和嗜睡。

马驹常见厌食、间歇性腹痛、磨牙、流涎和腹泻。有的马驹胃溃疡可能很严重，但不表现临床症状。有的马驹只表现体况不佳和被毛粗乱，其他症状不明显。

【诊断】

胃内窥镜检查是目前唯一的诊断方法。哺乳期马驹禁食4小时，其他年龄的马禁食12～24小时后进行胃镜检查。新生马驹和断奶马驹还要进行胃排空的评估。胃镜检查可对胃溃疡进行分级评价，分级标准见表3-3，大于Ⅰ级的溃疡，可通过糖渗透试验进行辅助诊断。腹痛病例还要进行腹痛检查来确定原发性或继发性溃疡。

表3-3　胃溃疡分级标准

分级	特征描述	内窥镜
0	黏膜上皮完整，可能发红和/或轻微角化过度	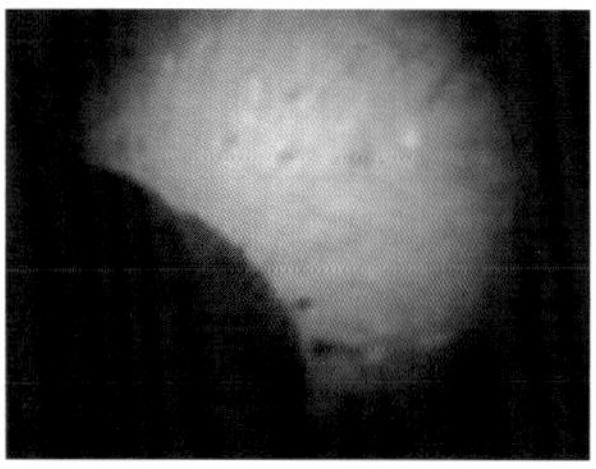
1	小的单灶或多灶性病变	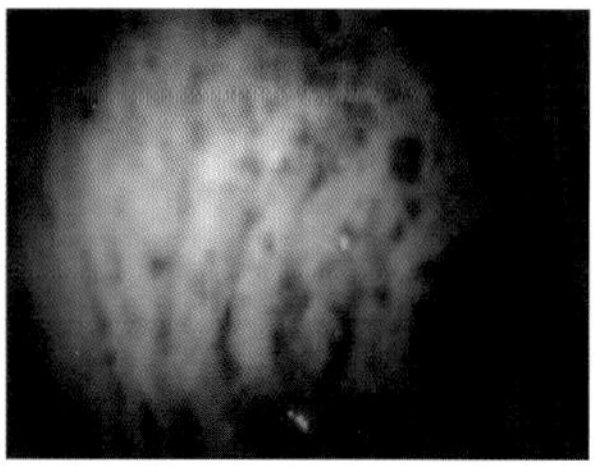
2	大的单灶或多灶性病变，广泛性浅表性病变	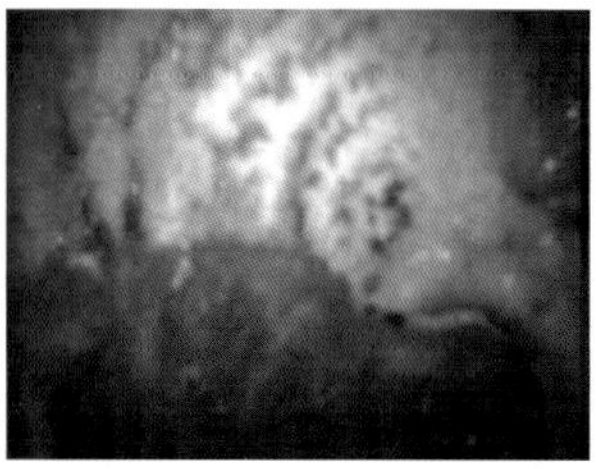
3	广泛性、融合性的病变，有深部溃疡	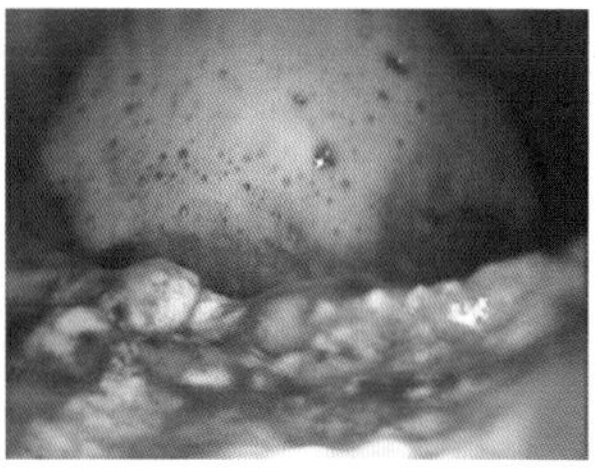

【治疗】

（1）药物 口服奥美拉唑（2～4毫克/千克），早期使用可以改善临床症状，但对促进溃疡完全愈合疗效有限。

（2）护理 将人工饲喂精料改为放牧，饲喂草料4次/天以上，避免长时间不饲喂，使用低淀粉含量的复合饲料，增加苜蓿1～1.5千克/天和植物油300～500毫升/天；减少应激因素的刺激；停止使用保泰松等非甾体消炎药。

四、肠痉挛

肠痉挛是肠平滑肌受到异常刺激发生痉挛性收缩所致的急腹症，又称痉挛疝、冷痛。临床上以间歇性腹痛、肠音增强为特征。

【病因】

本病的常见诱因是兴奋、饲喂过量谷物、饲料发霉、体力消耗、饮食和天气变化。此外，绦虫感染也可引起发病。其原因是小肠异常收缩或痉挛刺激肠道伸展感受器而导致腹痛。通常病程短，极少导致肠梗阻。

【临床症状】

病马轻微到中度腹痛，表现为厌食、翻滚、前肢刨地、回头顾腹、后肢踢腹、起卧、排尿或排便紧张。常呈间歇性疼痛，心率正常或稍高，心率与疼痛程度一致，很少＞60次/分，可出现短暂的剧烈疼痛，持续剧烈疼痛不常见。肠音增强，粪便正常或稍软。

【诊断】

临床检查可以提示该病，但不能确诊。通常没有胃反流，直肠检查无异常，超声检查可见肠蠕动增强，腹腔液及血液检查无明显异常。

【治疗】

大多数病马无需治疗。通常静脉注射镇痛/解痉药物或液体疗法可恢复正常肠蠕动，在疼痛和镇痛药作用减弱之前，应禁止饲喂。针灸可以缓解疼痛。

五、结肠炎

结肠炎是指各种原因引起的结肠炎症，一种严重的急腹症，可能会危及生命，其特征是腹泻、不同程度的脱水、内毒血症、腹部扩张和腹痛。

【病因】

（1）致病微生物感染 包括艰难梭菌、产气荚膜梭菌、沙门氏菌和立克次氏体感染。

（2）特发性结肠炎 对可能涉及多种不同细菌和发病机制的严重腹泻综合征，抗生素治疗、并发其他疾病、运输、改变饲喂和饲料中谷物多是潜在的危险因素，可能破坏了肠道的正常菌群，导致致病性病原微生物增殖而引发机体严重腹泻。

（3）抗生素相关腹泻 指与使用抗菌药物有关的急性腹泻。任何途径使用抗生素都易使马发生腹泻，某些抗生素，如红霉素和四环素发病风险更高，可能是抗生素破坏了肠道内正常的保护性菌群，导致致病菌过度生长。艰难梭菌、产气荚膜梭菌和沙门氏菌感染都可能与此有关。抑制厌氧菌和影响肝代谢的药物更易破坏肠道正常菌群而引起腹泻。

【临床症状】

致病因素较多，临床表现多样，轻微的只表现粪便稀软，严重的发生急性、致命性、坏死性、出血性小肠-结肠炎。通常均有腹泻（图3-42），在开始腹泻前就可能出现其他临床症状，如不同程度的脱水、中毒、沉郁、腹痛、心血管损害和腹部扩张，结肠炎恶化会引起非绞窄性结肠性梗死而导致弥散性血管内凝血（DIC）。

图3-42 大量抗生素治疗导致继发性结肠炎，粪便呈水样

【诊断】

（1）实验室检查 常见白细胞减少、中性粒细胞减少、退行性核左移和中性粒细胞毒性变化。尿素氮和肌酐升高时，应进行尿液分析。检测血浆电解质浓度可以指导治疗。

（2）临床检查 出现腹痛症状的马都应进行直肠检查和鼻胃管反流检查。

（3）腹腔穿刺液检查 有助于区分结肠炎与腹膜炎。

（4）病原检测 粪便细菌培养确诊，检测粪便中沙门氏菌、梭菌及梭状芽孢杆菌毒素。

【治疗】

（1）支持疗法 静脉输入大量电解质溶液。除较轻微的腹泻外，其他情况均需要静脉输液治疗。严重脱水时，可以静脉给高渗盐水（7.2% NaCl，4～6毫升/千克）。根据电解质检测结果补充钾或钙。纠正酸碱平衡，重度酸中毒时需要补给碳酸氢钠。

（2）抗内毒素治疗　氟尼辛葡甲胺（0.25～0.3毫克/千克体重，静脉注射，每8小时一次）抗内毒素治疗，剂量达到1.1毫克/千克时有镇痛作用，但对脱水的马匹应谨慎使用。多黏菌素B（6000单位/千克体重，静脉注射，每12小时一次）也可用于治疗内毒素血症。

（3）抗生素治疗　甲硝唑（15毫克/千克体重，口服，每8小时一次）常用于治疗梭菌性腹泻和许多特发性结肠炎。肠外全身使用抗生素治疗可防止细菌转移引起继发感染。青霉素钠/氨基糖苷类常用于马驹和免疫功能低下的马。土霉素（6.6毫克/千克体重，静脉注射，每12小时一次，连用3～5天）常用于治疗高度疑似的PHF病例，一般在12小时内就有明显疗效，发热减退，精神状态和食欲改善，如果在24～48小时内没有疗效，应重新进行诊断。

广谱抗生素应慎重使用，可能会导致抗菌相关性腹泻。使用抗菌药物治疗期间，如果发生腹泻，应停止使用抗菌药或改用其他药物（或药物的组合）。使用抗菌药物，可以使沙门氏菌排出时间延长、产生耐药性及破坏肠道正常菌群，因此要谨慎使用。

（4）蒙脱石（成年马每次1.5千克，口服，每6～8小时一次）是有效的吸附剂，可以减轻腹泻。益生菌已被广泛使用。

（5）饲养管理　无腹痛的马应少量饲喂干草，需要额外热量的马可以逐渐饲喂少量精料。如果已经停止采食，尽可能进行肠外补充营养。对病马要密切监测，以便及时发现临床状况恶化或出现蹄叶炎等并发症。

患有结肠炎的马多数具有传染性。沙门氏菌病是人畜共患病。艰难梭状芽孢杆菌可以在马之间传播，也可传染给人。产气荚膜梭状芽孢杆菌的传播风险较低，但仍应采取预防措施。PHF不能在马匹之间传播。特发性结肠炎也具有传染性。应积极采取预防措施，完全隔离病马，减少传播给其他马和人的风险，如果不能完全与其他马隔离，至少要和新生马驹分开。人要用高腰防护靴、手套和一次性长袍或专用外套进行防护。医疗器械（例如温度计、鼻胃管）和其他物品（桶、铲子、手推车）应单独准备，只给病马使用，每次使用后进行完全消毒。马房外的区域设立警戒线并经常消毒。患有结肠炎的马不允许在普通牧场放牧。

六、大结肠阻塞

大结肠阻塞是引起马急腹症的常见原因之一。大结肠阻塞常发生在骨盆曲、盲结口及胃状膨大部，以骨盆曲阻塞最常见（图3-43）。结肠内容物干硬和肠蠕动减缓可能导致肠道阻塞，俗称"结症"。

【病因】

常见的诱因有牙齿异常、摄入高纤维的草或干草、饲草料品质差、水摄入不足（限制饮水、水温度过低、改变水源地）、饲养管理突然改变、长途运输、突然限制运动、疼痛和胃溃疡。有时没有这些因素也可发生阻塞。结肠因肠腔积气、积液而膨胀，引起疼痛。

图3-43 大结肠阻塞常发部位
（A）—骨盆曲；（B）—盲结口；
（C）—胃状膨大部

【临床症状】

多数会出现食欲减退或废绝、急起急卧、前肢刨地、后肢踢腹、回头顾腹（图3-44）、打滚、排粪紧张和出汗。有的病马呈间歇性轻微疼痛，有的呈持续性剧烈疼痛。心率增速，肠音减弱或消失。有的出现肠臌气。由于肠道移送延迟，排粪减少或排出干硬的粪便，表面可能覆盖有黏液。有的出现脱水症状。

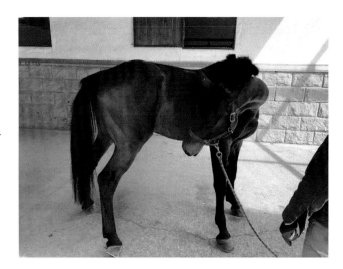

图3-44 骨盆曲阻塞，马呈轻度、中度腹部疼痛时，表现回头顾腹

【诊断】

（1）直肠检查 可触及大结肠的大部分，发现一段充满饲草料并扩张的大结肠，骨盆曲阻塞最明显，有时阻塞肠道会延伸到骨盆腔，应注意阻塞物的大小和质地。有时如果阻塞物超出了直检可触及的范围则摸不到。

（2）鼻胃管返流 不常见，由于扩张的大结肠压迫了小肠或疼痛性肠梗阻偶尔也会发生胃反流。

（3）影像学检查 体型较小的马可用X线放射学或腹部超声检查。

（4）腹腔穿刺液 绝大多数的腹腔液正常。进行腹腔穿刺术时，要注意避免穿透显著扩张、易破裂的大结肠。为了避免结肠破裂，对严重臌气的马应及时进行盲肠穿刺放气来减压。

【治疗】

（1）禁食　多数情况需要禁食（图3-45），成年马一周内不进食，一般不会产生不良后果。

图3-45　佩戴口笼禁食

（2）镇静　有时镇痛会掩盖病情。

（3）疏通肠道

①油类泻剂：矿物油（4升），在轻度阻塞中使用。应避免重复给药，以免刺激肠道和产生毒副作用。

②渗透性泻药：经鼻胃管给硫酸钠（0.15～0.5克/千克）比硫酸镁（1克/千克）更有效，而且重复给药也不会发生镁中毒。

（4）液体支持　当阻塞物非常大且坚实时，给泻药前可以先用液体来软化阻塞物，不要给服大剂量的泻药，避免发生结肠破裂。严重病例或口服治疗困难时，可静脉输液，大量静脉输液可使更多的液体流入结肠，帮助软化梗阻并减轻脱水或电解质失衡对肠道运动的不利影响。

（5）肠道营养（图3-46）　通过鼻胃管给药经济且有效，确保胃管进入食道或胃内，灌服8～30升水和泻药。

（6）手术治疗　如果阻塞物很大，药物治疗无效或者出现严重的顽固性疼痛，则需要手术治疗（图3-47、图3-48）。

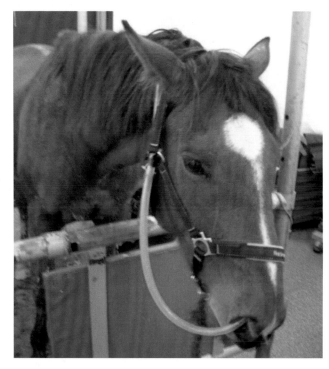

图3-46　大结肠阻塞，经鼻胃管进行肠外营养补充

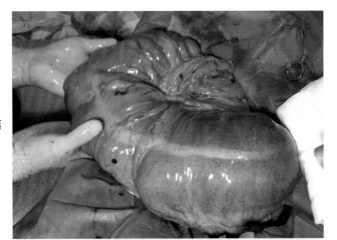

图3-47 腹部切开显露膨胀的大结肠骨盆曲，触诊内容物坚硬

图3-48 骨盆曲切开，取出堵塞的内容物

（7）护理 肠阻塞恢复后，要逐步开始喂草，最初给少量干草、易消化的草或麦麸，每隔几小时饲喂一次，少量多次并随时间增加，24～48小时后提供正常干草，可预防阻塞的复发。

七、腹膜炎

腹膜炎是指腹膜壁层和脏层发生的炎症性疾病，任何炎症刺激都可能引起腹膜炎，但马最常见的是感染性腹膜炎。

【病因】

常见病因是肠道细菌的外渗或转移，如胃肠破裂、直肠撕裂、异物导致的腹部穿孔、母马的繁殖道损伤、严重小结肠炎的细菌转移、新生马驹败血症病例中可能发生。腹部脓肿破裂也可引起腹膜炎。少数肠管手术后也会发生腹膜炎。

【临床表现】

临床症状取决于胃肠道破裂污染腹腔的程度及疾病持续时间的长短。通常急性胃肠破裂和腹腔严重污染的病症发展迅速，而肠道内容物缓慢漏出、细菌转移或血行播散的病症进展缓慢。发生急性胃肠破裂时，最初病马腹痛会明显减轻，但病情迅速恶化，发热，沉郁，心率加快可达＞100次/分，呼吸频率升高，黏膜充血到发绀，肠音减弱，全身出汗，机体脱水，最终因化脓性腹膜炎和感染性休克而死亡。

【诊断】

（1）临床检查　可以提示腹膜炎，但很难确诊。胃肠破裂直检腹腔可感到后部空虚，触及内脏表面时会有"砂砾"感。

（2）血液学检查　可见嗜中性粒细胞减少和嗜中性粒细胞毒性变化，总蛋白降低。

（3）超声波检查　可见大量腹水。

（4）腹腔穿刺液　具有诊断意义，病情不同穿刺液可呈浆液性、混浊到褐色不等，细胞计数显著增加［(15～800)×10^{9}个/升］，中性粒细胞变性，总蛋白升高，细胞学检查时发现有大量细菌。

【治疗】

（1）抗生素和支持治疗　疾病早期就需要大量静脉输液治疗，有的还要输入全血或血浆。广谱抗菌和抗厌氧菌治疗，如青霉素钠/钾（20000单位/千克体重，静脉注射，每6小时一次）、庆大霉素（6.6毫克/千克体重，静脉注射，每12小时一次）、甲硝唑（20～25毫克/千克体重，口服，每6小时一次）、有条件的进行细菌培养和药敏实验来确定抗菌药物。氟尼辛甲葡胺可用于抗炎镇痛（1.1毫克/千克体重，静脉注射，每12小时一次）或抗内毒素（0.25～0.5毫克/千克体重，静脉注射，每8小时一次）。

（2）腹腔冲洗　马站立镇静，在超声波介导下放置引流管进行腹腔灌洗，单一腹侧引流或结合背侧入口的腹侧引流均可，在病情稳定之前应一直进行引流和静脉输液治疗。成年马灌洗时，先注入10～20升电解质平衡液，然后夹紧引流管，慢步牵遛10～20分钟，有助于引流排液，之后打开引流管将液体排出，不建议腹腔内给抗生素。

八、肠积沙

肠积沙是指大量沙尘在大肠内的异常积累，急性肠积沙常与大肠内异常大量沙粒导致肠梗阻有关，而慢性肠积沙是以腹泻为特征的一种综合征，任何年龄均可发生。肠积沙常呈地区性发生，临床表现以腹泻为主。

【病因】

摄入沙子积聚在大结肠中，严重时引起肠阻塞。沙子主要来源于放牧的沙质土壤、沙质围场、沙质竞技场、马厩中的沙子垫料及饲草。饲草料不足、过度放养、有异嗜癖的马易发生。

结肠内积聚沙土，刺激肠道黏膜，使肠道的吸收表面积减少，干扰了肠道的正常运动，引起腹泻，有的会导致肠道形成憩室。

【临床症状】

主要表现为急性或慢性腹泻。急性病例可见发热、厌食、消瘦和间歇性腹痛。肠音听诊出现"沙沙声"。有的会引起肠道沙性阻塞及败血症性腹膜炎。

【诊断】

（1）粪便沙沉淀试验　粪便中有大量沙子可以提示该病。在直肠检查手套中放入少量粪便，加一定量的水，让粪便和水形成悬浮液，静置沉淀，根据粪便中的含沙量进行评估，手套指尖部有＞6毫米的沙子沉淀表明沙子过量，可提示该病（图3-49）。

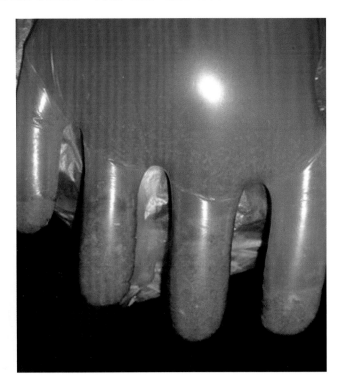

图3-49　粪便沙沉淀试验

（2）直肠检查　多数情况下，摸不到沙子，但当肠道发生沙性阻塞时可以摸到阻塞物或沙子。

（3）X射线检查　在腹下部可见明显的沙子积聚影像。

（4）血液学检查　可见脱水，其他无明显异常，总蛋白正常。

（5）腹腔穿刺液　外观性状正常，继发明显的结肠炎时可能异常，并出现总蛋白的轻微增加。

【治疗】

（1）药物治疗　车前子凝胶（0.25～0.5千克/500千克，加4升水，鼻胃管投服1次/6～24小时）治疗，临床症状缓解后，将车前子凝胶（0.25～0.5千克/500千克）与饲料混合，继续服用14天，出现腹痛症状的病例，根据病情给予镇痛药。

（2）支持治疗　出现明显脱水的病例，表明肠道吸收受损，需要静脉补液治疗。

（3）治疗监测　重复进行粪便沙沉淀检查观察疗效。以后定期通过粪便沙沉淀检查或腹部X线检查，评估肠道内是否有沙子积聚。

第四节　神经系统疾病

一、颈椎狭窄性脊髓病

颈椎狭窄性脊髓病，也被称为"摇摆"综合征，是发生在发育良好、年轻的纯血马和温血马的一种发育性关节异常导致颈椎不稳、狭窄和脊髓受压，以进行性共济失调为特征的一种神经学综合征，公马更易发生。

【病因】

该病有动态狭窄（CVM-1）［图3-50（A）］和静态狭窄（CVM-2）［图3-50（B）］两种表现形式。其中，动态狭窄或颈椎不稳发生在颈部屈曲或伸展时，导致颈椎管直径暂时性减小变窄，病变常发于6～18个月龄马的第3～4颈椎（C3～4）和第4～5颈椎（C4～5）。静态狭窄是一种椎管狭窄病变，多见于第5～6颈椎（C5～6）和第6～7颈椎（C6～7）。

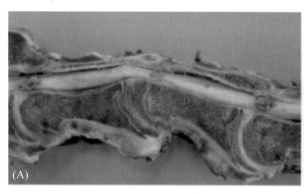
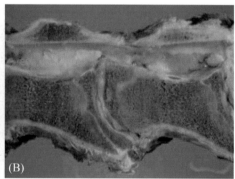

(A)　(B)

图3-50　CVM病变（矢状面观）

一般认为由于饮食、骨骼生长发育速度、生物力学异常和创伤之间的相互作用导致颈椎畸形，其结果是压迫颈部脊髓。另外，分离性骨软骨病（OCD）和骨关节炎也与此种疾病有关。

【临床症状】

（1）大多数病例最明显的症状是四肢共济失调（图3-51）。蹄踵及前肢内侧因受干扰而有擦伤，以及因过度拖磨蹄尖而造成马蹄短而方。

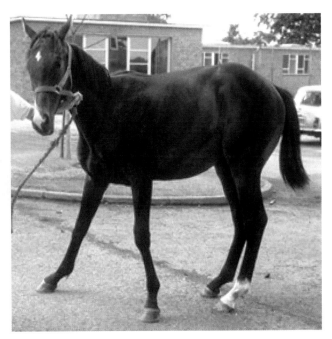

图3-51　CVM表现共济失调，两前肢外展

（2）表现运动神经元损伤体征　病马站立时表现为本体感受缺陷，如异常的外展站姿、异肢体放置和定位反射延迟，以及肢体动作夸张和痉挛等症状。颈部僵硬和疼痛，不愿移动颈部或从地上采食。神经系统缺陷常缓慢发生。

【诊断】

（1）神经学检查　可将病灶定位于颈部脊髓。

（2）X线检查　在许多病例中具有诊断价值。用半定量评分系统来评估颈椎关节角度、最小矢状位直径、椎管尾端椎体"滑跳"病变、椎体异常骨化、背弓尾端延伸、退行性关节病或椎管直径（最小矢状面直径）与椎体矢状面宽度（最大矢状面直径）的矢状比可以与普通X线片一起用来评估马颈椎管狭窄的程度。矢状位比值在C4～6时≤0.50，在C7时<0.52，高度提示狭窄病变（图3-52）。该比值法在每个椎体位置的灵敏度和特异性均>89%。此外，动态病变在马站立的X线片上（负重状态）有的表现不很明显，有时需要脊髓造影来确定诊断（图3-53）。

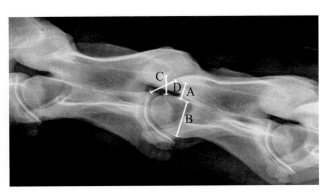

图3-52　CVM放射学侧位评估

成熟马C2和C3的侧位X线片中，A/B=椎内比值，C/B或D/B=椎间比值。椎内比值<52%提示CVM

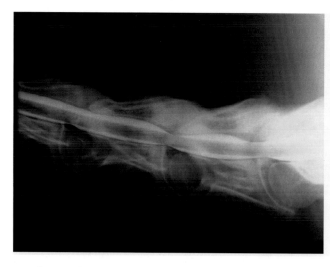

图3-53　CVM-I放射学检查——脊髓造影

【治疗】

（1）药物治疗　最常用的抗炎药物，10%氟尼辛甲氯胺，1.1毫克/千克体重，静脉注射，每12小时一次；DMSO，0.5～1.0克/千克体重，静脉注射等。渗透利尿剂，甘露醇，0.5～1.0克/千克体重，静脉注射，每12小时一次，可减轻水肿。在轻度至中度神经功能缺陷（2～3/5级）和中度至显著退行性改变的病马，在颈椎关节注射皮质类固醇和/或透明质酸，有改善作用。

（2）改善管理　一岁以下的病马，应限制运动和饮食，饲喂干草和维生素/矿物质补充剂，并将马驹关在马厩里几个月，定期重新评估。饮食中过多的碳水化合物会使内分泌失调，引起软骨成熟缺乏，从而导致发育性骨科疾病。

（3）手术治疗　腹侧椎体间融合术可以使关节突骨重建和治疗部位相关软组织肿胀消退。该手术不要在患有严重共济失调或压迫两个以上部位的马上进行。

二、桡神经麻痹

桡神经麻痹是由多种因素引起的一种马的神经系统疾病，常表现为前肢运动障碍、跛行，站立时肩关节伸展、肘关节下沉、蹄尖着地，运步时患肢不能充分提举。

【病因】

最常见的原因是在长时间麻醉或没有足够的填充物的情况下对神经的直接损伤。桡神经麻痹也可继发于肱骨骨折或第一肋骨骨折。

【临床症状】

肘关节处或附近的病变可导致高位桡神经麻痹、肘关节下垂（图3-54）、肢体伸展失败和远端肢体关节屈曲。四肢无法承重，蹄在休息时受重增加。桡神经远端病变可导致腕关节和系关节屈曲。如果掌骨和远端肢体伸直，患马可以支撑负重。肱三头肌反射减弱至消失。

【诊断】

基于典型的临床症状即可诊断。肌电图有助于检测桡神经损伤。本体感受减弱或消失。

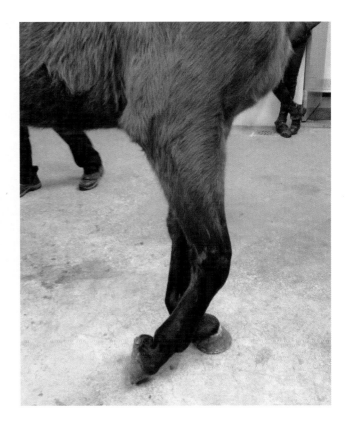

图3-54　桡神经麻痹使肘关节下垂

【治疗】

（1）药物治疗　全身使用地塞米松（0.05～0.20毫克/千克体重，静脉注射，每12小时一次）、氟尼辛葡甲胺（1.1毫克/千克体重，静脉注射，每24小时一次）或保泰松（苯基丁氮酮）（2.2毫克/千克体重，口服，每12小时一次），连用3天，抑制可进一步损伤神经纤维的局部炎症反应。

（2）康复理疗　患马置于厩内休息，最初24小时冷水或冰袋冰敷。侧卧患马应每天翻身6～8次，以防躺卧引发溃疡性肌病。用吊索支撑有助于保持双侧肢体的力量平衡。

三、破伤风

破伤风是由破伤风梭菌经皮肤或黏膜创伤侵入，在厌氧环境下生长繁殖，产生毒素而引起骨骼肌痉挛的一种特异性感染，以骨骼肌阵发性、强直性痉挛为特征。

【病因】

破伤风毒素侵袭神经系统中的运动神经元，毒素到达脊髓不可逆地与运动神经元结合导致骨骼肌痉挛。

【临床症状】

（1）早期症状为四肢僵硬，步态缓慢，如果受到刺激，第三眼睑（瞬膜）外露（图3-55），随后表现出明显的触觉和听觉感觉过敏，焦虑，强直站立呈"木马样"姿势，吞咽困难，反流。

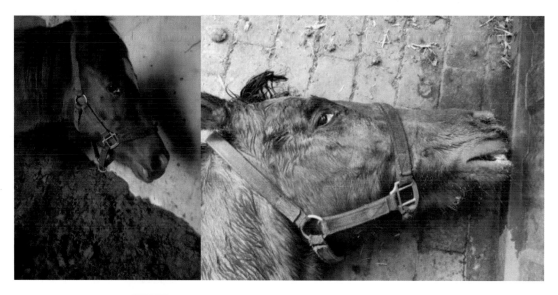

图3-55　第三眼睑外露是破伤风的示病症状（岳峰供图）

（2）晚期症状为卧地不起（图3-56）、肺炎、脱水、心跳和呼吸停止。

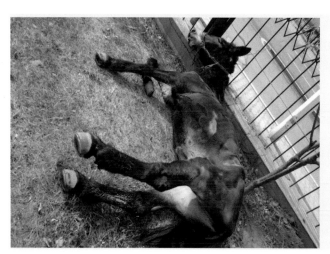

图3-56　破伤风晚期由于骨骼肌强直性挛缩患马无法站立

【诊断】

根据病史（创伤史）和临床症状即可确诊。

【治疗】

（1）早期病例加强护理，将患马放在黑暗安静的马房里，远离其他马匹，以减少刺激。

（2）抬高饲槽，喂食软食物。

（3）镇静有助于减轻感觉过敏。

（4）抗生素（青霉素）有助于清除伤口部位的细菌。

（5）静脉注射破伤风抗毒素可以中和未结合的毒素。

第五节　内分泌疾病

一、垂体中间部功能障碍

马垂体中间部功能障碍，也称马库兴氏综合征，是由垂体中间部黑色素细胞非恶性肥大和变性增生引起的老年马的一种退行性内分泌疾病。临床上以多毛、继发性蹄叶炎、多尿多饮为典型特征。多见于15岁以上老年矮马。

【病因】

（1）老年矮马垂体瘤（腺瘤）继发所致（图3-57）。腺瘤通过改变脑下垂体和肾上腺的激素分泌，以及由于颅底和视神经受到压迫而引起发病。

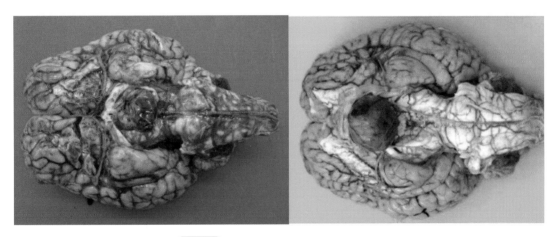

图3-57　垂体腺瘤（引自Ken Smiith）

（2）循环中皮质醇或褪黑激素过度增加以及增大的脑垂体对下丘脑温度调节中心的压力增加。

（3）继发于肥胖，类似于马代谢综合征。

【临床症状】

老年马（＞15岁）和矮马常发，表现多毛特征性外观、蹄叶炎、多尿/多饮、春季未脱毛和/或不适当多毛症应怀疑该病（图3-58）。不适当的多毛症被普遍认为是PPID的示病症状。在早期病例中，下颌骨和掌（跖）部不脱毛也可能提示PPID。

其他可能出现的临床症状包括多汗症、嗜睡、不孕症、母马不适当哺乳、失明、癫痫发作和由免疫损害引起的各种慢性感染。

【诊断】

根据临床症状和实验室检查来诊断。

（1）血常规检查　结果非特异，可见应激性白细胞增多（成熟中性粒细胞伴轻度至中

图3-58 多毛症

度淋巴细胞减少症)。慢性炎性病例可见显著的高纤维蛋白原血症和轻度贫血。

(2)血浆生化异常　包括轻中度高血糖、高脂血症和轻度肝酶活性升高。

(3)激素测定　检测血清或血浆中皮质醇、促肾上腺皮质激素、葡萄糖或胰岛素浓度，结果可能会随检测的季节而变化（正常马匹促肾上腺皮质激素在秋季分泌增多）。最常用的是两种方法：① 血清ACTH浓度的测定，患PPID的马ACTH水平较高；② 地塞米松抑制试验。

【治疗】

尽管可以成功地管理PPID，但不可治愈，只能延长寿命，常采用抑制肿瘤代谢活动的药物治疗。

(1)药物治疗　口服培高利特1.7～5.5微克/（千克·24小时）。初始剂量为2.0～3.0微克/千克，每日1次，持续2个月。两个月后应评估该病临床症状（多毛症）和实验室指标（血清ACTH浓度）。剂量可以增加1微克/千克，直到临床症状得到控制。

(2)对症治疗　春天剪毛、治疗蹄叶炎和外伤，预防损伤和感染以及仔细的饮食管理和日常护理，保持最佳体重，避免微生物和寄生虫的感染。

二、马代谢综合征

马代谢综合征是马以局部脂肪过多或脂肪分布异常或全身性肥胖、高胰岛素血症、高甘油三酯血症、胰岛素抵抗为特征的临床综合征。

【病因】

胰岛素抵抗是潜在的代谢异常，其发生与肥胖和特定品种有关，尤以矮马多发，无性别倾向且发病率随年龄增长而增高，易继发蹄叶炎。

【临床症状】

常继发蹄叶炎的症状。通常表现肥胖或者有特定部位的大量脂肪沉积，如颈部（图3-59）。

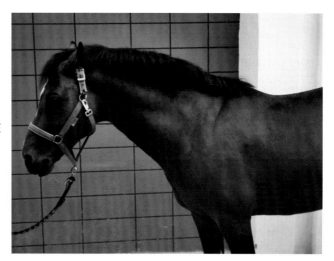

图3-59 颈部脂肪堆积，提示潜在的EMS发生风险

【诊断】

根据病史、临床症状可初步诊断，通过空腹胰岛素和血清葡萄糖或胰岛素对葡萄糖反应动态测试评估胰岛素抵抗来确诊。

【治疗】

（1）通过减轻疼痛、休息和钉蹄来治疗蹄叶炎。

（2）饮食和运动　饲喂低发酵的碳水化合物，如富含高纤维饲草料。浸泡干草可能有助于降低可溶性糖的含量。精料的饲喂量应根据体重控制在体重的1%～1.5%范围内。

（3）药物治疗　口服左甲状腺素钠［0.1毫克/（千克·24小时）］或二甲双胍［30毫克/（千克·12小时）］作为饲料添加剂，可使体重减轻并改善肥胖马对胰岛素的敏感性。

三、蹄叶炎

蹄叶炎是指马第3指（趾）骨（P3）不能维持其与内壁蹄小叶的连接，表现P3下沉和旋转，进而引起蹄小叶炎症导致单肢或多肢的剧烈疼痛和明显的跛行，其特征为在急性期表现出疼痛、跛行、蹄壁温度升高、指（趾）动脉增强等。四肢均可发生或同时发生，前肢比后肢更常见。

【病因】

（1）急性蹄叶炎

① 主要与内毒素血症继发有关，包括碳水化合物过载、腹痛、结肠炎、胸膜肺炎、子宫炎和肾功能衰竭。

② 单侧肢体长时间负重也可能引起蹄叶炎。

③ 全身或关节内类固醇（特别是曲安奈德）的使用是引起蹄叶炎的重要的医源性原因。

（2）慢性蹄叶炎　患有库兴氏综合征（PPID）和马代谢综合征（EMS）的马可引发慢性蹄叶炎，此与其内源性糖皮质激素的高水平活动有关。

【临床症状】

（1）急性蹄叶炎　患马不愿运动，慢步行走或长时间躺卧。由于蹄尖剧烈疼痛而使蹄踵着地负重，呈现"头高屁股低"的典型后倾站立姿势（图3-60），慢步行走时蹄踵先着地，蹄尖后着地。指（趾）动脉脉搏增加，蹄温增加，脚尖应用检蹄器后反应阳性。蹄底边缘远端有瘀伤，常在蹄叉的顶点前面看到一个弧形，有时蹄尖穿透蹄底（图3-61）。

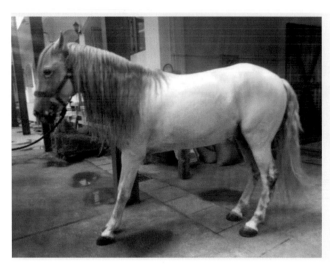

图3-60　蹄叶炎典型的站立姿势

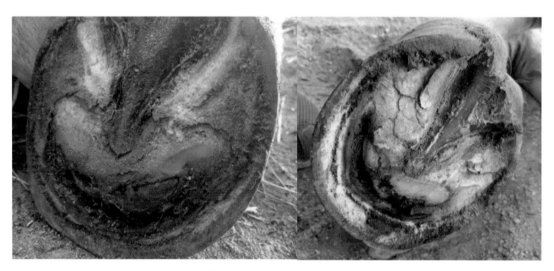

图3-61　蹄叶炎时蹄尖穿透蹄底

（2）慢性蹄叶炎　由于蹄小叶组织坏死、负重和运动应激导致P3相对于蹄匣发生移位。严重的病例中，在P3背侧的顶面和蹄匣之间形成一个增生的楔形表皮和真皮组织。楔形蹄小叶的存在和蹄尖壁异常生长导致马蹄的特征性变形，如蹄壁背侧凹陷、高蹄踵和扁平蹄底。

【诊断】

（1）急性蹄叶炎　可根据病史、"头高屁股低"特征性站立姿势、指（趾）动脉脉搏增强、蹄部发热、对检蹄器的反应阳性或不愿抬起四肢做出诊断。

（2）慢性蹄叶炎　可根据其蹄壁背侧的凹陷（图3-62）、生长环的积聚、蹄底下沉、白线变宽、冠状带凹陷等特征做出诊断。

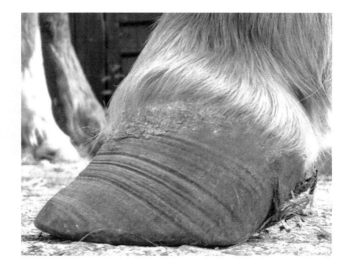

图3-62　慢性蹄叶炎背侧蹄壁外观

进一步还可采用放射学检查评估P3的旋转和下沉，具体操作如下：在进行放射学检查之前，应在从冠状带向远侧延伸的正中平面的背侧蹄壁做一金属标记，便于评估P3下沉（图3-63）。水平侧位、背掌位和斜侧位片是评价P3相对于蹄匣旋转和下沉的位置。分为主观评估与客观评估。

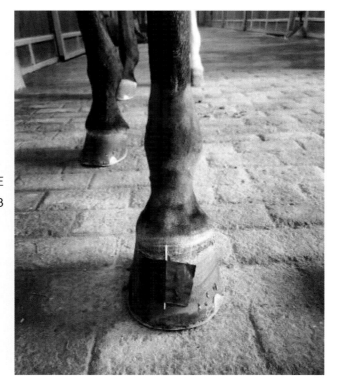

图3-63　蹄叶炎放射学检查前，在蹄壁背侧预置金属标记，用于评估P3下沉

① 主观评估：蹄壁与P3之间含气，提示蹄壁与P3分离，冠状带有压痕［图3-64（A）］。由于去矿化作用，P3背侧边缘不呈直线［图3-64（B）］；P3下沉（下陷）穿透蹄底［图3-64（C）］。慢性蹄叶炎P3骨骼重塑（图3-65）。

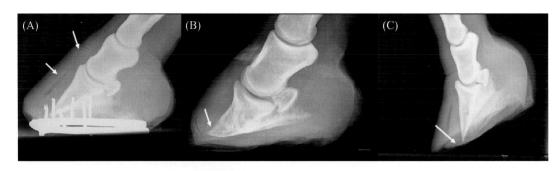

图3-64 蹄叶炎放射学主观评估

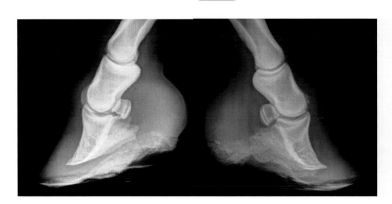

图3-65 慢性蹄叶炎放射学征象——P3骨骼重塑

② 客观评估（如图3-66）。

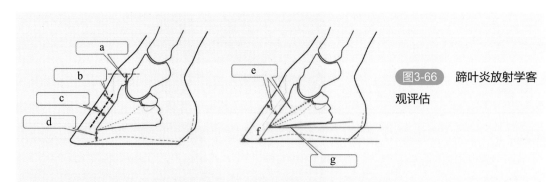

图3-66 蹄叶炎放射学客观评估

a—"蹄叶炎距离"，评估预后的重要指标，指冠状带与伸肌P3附着点的距离（投照时需要金属标记）≥14毫米提示蹄叶炎，成功治疗的可能＜50%；b、c—P3尖与蹄底表面的距离，提示P3下沉的程度，≥15毫米（矮马）和24毫米（马）提示蹄叶炎；d—P3尖与蹄底表面的距离，提示P3下沉的程度，≥15毫米提示蹄叶炎；e—蹄壁与P3之间的厚度与掌侧皮质距离的比值≥25%提示蹄叶炎；f—正常P3背侧与蹄壁不平行提示蹄叶炎；g—"蹄叶炎角度"，P3背侧与蹄壁之间角度增加提示蹄叶炎，旋转＞11.5°，预后不良

【治疗】

治疗因疾病的不同阶段而有所不同，可分为急性蹄叶炎治疗和慢性蹄叶炎治疗。

（1）急性蹄叶炎 急性蹄叶炎以药物治疗为主，结合支持性护理。

① 药物治疗：保泰松（2.2～4.4毫克/千克体重，口服或静脉注射，每12小时一次）或氟尼辛葡甲胺（0.25～1.0毫克/千克体重，静脉注射，每12小时一次）、乙酰丙嗪（ACP）（0.01～0.02毫克/千克体重，静脉或肌内注射，每6～8小时一次）和二甲亚砜（DMSO）（0.1～0.2毫克/千克体重，静脉注射或通过鼻胃管，每8～12小时一次）。其他药物干预包括异克舒令、阿司匹林和肝素全身给药。

② 支持治疗：降低P3在蹄小叶损伤向后移位的可能性，控制肢体水肿。通过严格的马房休息、去除蹄铁、在马厩里铺上泥沙子（图3-67），或者用聚苯乙烯泡沫塑料或硅树脂填塞在蹄底与蹄壁之间以抬高蹄踵。在疾病的发展阶段，将马蹄放在冰和水混合物中进行冰浴可以改善其疼痛程度。

③ 针灸治疗：蹄头穴放血（图3-68）。

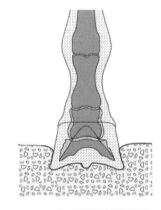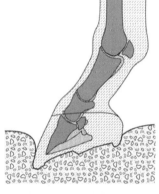

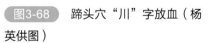

图3-67 马房休息、放沙治疗

图3-68 蹄头穴"川"字放血（杨英供图）

（2）慢性蹄叶炎 慢性蹄叶炎仍以药物治疗和支持性护理相结合的方式进行。然而，与急性蹄叶炎相比，支持性护理的主要形式是实施蹄壁开槽术配合矫正性蹄铁治疗（图3-69）。

根据需要可以采用保泰松控制疼痛。对于P3渐行性旋转而出现持续疼痛的患马需要进行腱切开术来降低指深屈肌腱的张力。部分蹄壁切除术和蹄壁开槽术可用来纠正凹陷的背侧蹄壁（图3-70）。

图3-69 慢性蹄叶炎矫正性蹄铁治疗

图3-70 蹄壁开槽术

第六节　肌肉疾病

一、横纹肌溶解症

横纹肌溶解症是所有类型马匹（特别是赛马和障碍马）的常见肌肉问题，也被称为星期一晨病、肌红蛋白尿症、疲劳性横纹肌溶解症。

【病因】

（1）运动马精料饲喂后休息1～2天，然后再返回训练。

（2）工作量及强度突然增加。

（3）饮食中电解质失衡/缺乏（特别是钠和钙）、维生素和/或硒缺乏。

【临床症状】

所有类型的马均可能发生，母马高于公马，青年马高于老年马。多见于紧张/应激的马。症状从轻度到重度变化很大。

（1）轻度　轻度僵硬（主要是后肢），步幅缩短，肌肉正常。

（2）中度　不愿意或不能移动，肌肉僵硬和疼痛，出汗和心动过速，呼吸急促，肌红蛋白尿。

（3）重度　侧躺，剧烈疼痛，大量出汗，肌肉萎缩明显，肌红蛋白尿，脱水，低血容量血和肾功能衰竭。

【诊断】

（1）根据病史和临床症状可做出初步诊断。

（2）血液生化分析可见肌酐激酶（CK）和天冬氨酸转氨酶（AST）含量升高。

（3）尿液检查可见肌红蛋白尿，尿液可能呈黑色、暗红色或巧克力色。

【治疗】

（1）马不要强迫牵遛（慢步）。

（2）仅以维持水平饲喂（干草、水和电解质），严重情况下电解质静脉输液。

（3）镇痛　使用非类固醇抗炎药（如氟尼辛葡甲胺）。

（4）如果患马非常痛苦，则需镇静。

二、疲劳综合征

疲劳综合征是由于经过一段时间高强度、持续的锻炼或比赛后，肌肉过度收缩，导致体内电解质和酸碱严重失衡的临床综合征，最常出现在耐力赛（特别是长距离比赛中，尤其是在炎热的天气里）中。

【病因】

肌肉肌束自主性收缩表现"抽筋"，大量出汗，液体和电解质丢失（包括钠、钾、氯和钙），进而造成低血容量和血液浓缩、肌肉缺氧引起乳酸堆积和消耗储存的糖原。

【临床症状】

可见骨骼肌团块性自主性收缩和全身僵硬，肌肉触诊疼痛。可能会有或多或少的明显的全身性紊乱，包括脱水、黏膜充血、毛细血管再充盈时间延长、心率增加，通常体温升高、精神沉郁、反应迟钝并表现出虚脱。

【诊断】

（1）临床检查　根据临床症状和检查可做出初步诊断，典型症状与低钙血症相似。

（2）血液分析　肌肉血清酶活性通常在正常范围或仅略有增加。血细胞比容和蛋白质浓度增加，血气和电解质分析表现低钠血症、低钾血症和轻度低钙血症、代谢性碱中毒。

【治疗】

（1）严重情况下经胃管口服或静脉输电解质平衡液（如复方盐水）治疗电解质平衡紊乱（至少10升）。

（2）患马应被放在一个凉爽、安静的环境中，冷水降温（图3-71）。

图3-71　比赛结束后，将马放在通风、凉爽的环境中，可缓解疲劳

（3）在剧烈运动期间要有规律地补充水分，并在水中补充足够的电解质。

第七节　造血系统疾病

一、出血性贫血

出血性贫血是由红细胞丢失增加引起，是导致严重贫血的最常见原因。慢性疾病是较轻的慢性贫血的一个常见原因。

【病因】

外伤性出血、胃溃疡、寄生虫及慢性出血所致。

【临床症状】

精神沉郁、虚弱，黏膜苍白或同时伴有黄染，心动过速、脉搏微弱，长期慢性贫血，表现消瘦。红细胞通过受损的血管壁渗漏导致水肿、黏膜局部出血或皮下血肿。

【诊断】

依据临床体征和实验室检查结果可做出诊断。

（1）评估出血迹象　包括外出血、肠道出血（黑色）、肾脏出血（血尿）、胸腔出血（血胸）或腹部出血（腹膜出血）。

（2）血液学检查　表现严重贫血（如大细胞性贫血、低色素贫血）和红细胞增生症。

（3）慢性出血　应测量血清铁和铁蛋白或检查骨髓中铁，来评估机体铁储量是否减少；通过胃镜检查发现胃肿瘤；粪便中潜血和寄生虫检查来评估胃溃疡或胃肠道出血；此外还应做皮肤外寄生虫检查。

【治疗】

（1）外伤性出血　首要措施是止血。外出血应直接按压止血。内出血、严重创伤或无法控制的动脉出血要手术干预。严重出血和出现贫血体征时要补充失血量，实施液体疗法，如输注电解质平衡液、血液制品或输血。

（2）慢性出血　根本措施是消除原发性病因，补充营养物质，适当输血。口服补充硫酸亚铁（1.0～4.0克/450千克，24小时1次）。如果出现严重贫血体征应输血。

二、新生幼驹溶血症

新生幼驹溶血症，是由于免疫介导从母体获取的抗体对新生幼驹红细胞破坏，从而引起衰竭，以血红蛋白尿、可视黏膜苍白和黄疸为特征的同种免疫溶血性疾病。

【病因】

免疫介导（抗体依赖性细胞毒性或Ⅱ型超敏反应）从母体获取的抗体对新生幼驹红细胞的破坏。特异性抗体存在于初乳中，被新生幼驹吸收，引起幼驹红细胞溶解或凝集。

新生幼驹红细胞溶解的发生，必须具备以下特征：① 胎儿必须具有母马不具备的血型抗原（因子）；② 母马必须接触胎儿具有的外来血型抗原；③ 母马必须产生针对胎儿血型抗原的抗体；④ 新生幼驹摄入和吸收初乳，初乳中含有针对新生幼驹红细胞抗原的抗体。

【临床症状】

幼驹在出生后的几个小时内正常。只有当幼驹摄入并吸收含有抗红细胞因子抗体的初乳时，才会出现症状。疾病的严重程度从临床上不明显到出生后不久即死亡不等。

（1）最急性病例　出生后8～36小时内发病，严重血红蛋白尿和可视黏膜极度苍白，死亡率很高。

（2）急性病例　出生后2～4天出现症状，黄疸明显（图3-72），可视黏膜中度苍白和血红蛋白尿（图3-73）。

图3-72　新生幼驹溶血表现口腔黏膜黄染

图3-73　新生幼驹溶血排出暗红色的血红蛋白尿

（3）亚急性病例　出生后4～5天才出现症状。黄疸明显，但无血红蛋白尿，仅表现可视黏膜轻度苍白。

【诊断】

（1）血液学检查　可见急性贫血、红细胞、血细胞比容和血红蛋白浓度降低，红细胞脆性和沉降率增加。根据疾病的严重程度和持续时间，可能出现白细胞增多（中性粒细胞增多症和单核细胞增多症）。血清生化分析显示血清游离胆红素浓度升高。

（2）免疫学实验　母马血清或初乳中存在导致新生幼驹红细胞溶解或凝集的抗体。

（3）剖解变化　肝脏可能有轻微的肿胀和脆性增加，脾脏显著增大且呈黑色，肾脏呈苍白色。

（4）组织病理学　可见缺血性肾小管病变、腺泡周围肝坏死和变性。红细胞吞噬作用显著。由于临床病程和治疗用药，可能存在广泛的含铁血黄素沉积。

【治疗】

（1）输血　输注足量的全血或红细胞。根据幼驹的临床状况决定是否输血。一般来说，心动过速、不能或不愿意吮乳、有严重运动不耐症或不能站立、红细胞压积通常低于15%的幼驹应该接受输血。稍有心动过速，但能努力吸吮并跟上母马的幼驹，血细胞比容在15%以上的则不需要输注红细胞。应监测血细胞比容的动态变化，血细胞比容迅速下降的幼驹可能需要输血或补充红细胞。

输血量取决于幼驹的临床状况和贫血的发展。幼驹通常需要输注1～4升全血（20～100毫克/千克）或500毫升红细胞浓缩液（约10毫升/千克），并且可能需要不止一次输血。

（2）营养支持　分娩36小时以内不可用母马哺乳。因此，应每天大约以100千卡/千克羊奶或商业母马的奶替代品等形式提供营养支持。超过36小时，母马的乳汁中含有大量抗体或者幼驹能够吸收抗体的可能性很小，此时应该使幼驹继续吮吸母马奶。对于幼驹，应提供替代饲料，直到幼驹至少36小时大。在这段时间里，母马应该每3～4小时挤奶一次，以除去初乳。

（3）输液　应通过静脉注射平衡的等渗液体和碳酸氢钠来评估和纠正中度至重度发病幼驹的体液、电解质和酸碱状态，以确保足够的尿量，并防止血红蛋白尿性肾病。

（4）排铁　病驹应用大量（＞4升）血液制品后发生肝衰竭，可能是由于铁过载引起的。给先前输注3升红细胞的幼驹注射去铁胺（1克，皮下注射，12小时一次）增加铁的尿排泄量，可降低肝脏中的铁浓度。

（5）抗生素　病情严重的幼驹应使用广谱抗生素，以防止继发感染。应注意护理，以尽量减少压力和防止并发症的发生，如卧地不起的幼驹可能诱发褥疮。

第八节　皮肤疾病

一、嗜皮菌病

嗜皮菌病是由刚果嗜皮菌引起的马常见的细菌感染性皮肤病，也称雨斑病或泥土热。其特征是皮肤渗出物和毛发缠结而结痂，可引起躯干皮肤化脓及蹄踵开裂。

【病因】

由多种因素引起的嗜皮菌增殖所致，皮肤损伤和被毛长时间潮湿是主要的诱发因素。嗜皮菌存在于马皮肤上，当马匹的皮肤防御系统因潮湿、泥泞或被胡荏、长草或粗糙的洗刷用具破坏而受损时发病。冬天马厩外的马和矮种马或在泥泞中工作的马更为常见。皮肤白色区域易感染。

【临床症状】

临床表现脱毛、全身结痂、嗜睡、沉郁、食欲不振、消瘦、发热、淋巴结肿大。无瘙痒，拔下硬皮就会连同被毛一起拔掉。头部和四肢的病变在白色皮肤区域更明显，并可有严重的红斑。根据季节的不同，表现分为：

（1）冬季型　厚的奶油状白色、黄色或绿色的脓液附着在皮肤和上面的痂之间（图3-74）。去除后，湿润的皮肤微微隆起，呈卵形。拔下来的痂的下表面通常是凹的，毛根从痂处伸出。

图3-74　雨斑病皮肤损伤

（2）夏天型　被毛较短提示病灶有较小的结痂（直径1～2毫米的弹丸样团块），结痂处有8～10根毛发。广泛性感染（雨斑病）会产生刷子般的效果。由于水分过多可导致湿疹发生，在潮湿不卫生的马厩里的马驹以及在老马的背部更为显著。此外速度赛马掌骨背侧有致密的小的缠结的毛发斑块。

【诊断】

根据缠结的被毛被渗出物包裹并突出毛根的临床表现及病变常发部位（后侧、下肢、面部、系部掌侧和掌骨背侧）可做出初步诊断。确诊特别是非典型或局部病例，依赖细胞学和/或皮肤活检，偶尔需进行细菌培养及药敏试验。

脓性渗出物的直接涂片、干燥结痂皮肤的胶布印痕或盐渍的碎结痂都可能显示革兰氏阳性分支丝，由平行排列的游动孢子组成，形成"铁轨"样外观（图3-75）。组织病理学检查通常会发现含有丝状细菌的栅栏状结痂。

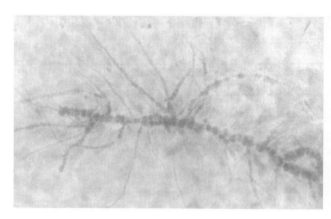

图3-75　显微镜下观察脓性渗出物涂片，孢子呈"铁轨"样外观

【治疗】

广泛性感染通常是由于管理不当而得不到治疗所致，大多数马在冬季3～4周内表现出不经治疗即可痊愈，在夏季潮湿的天气即将结束时治愈时间会更短。

有效的治疗需要尽可能避免长时间暴露在阳光照射、湿马厩及有湿草和雨水泥泞的地方，垫料必须清洁、无刺激性和干燥，每日局部2%～3%的洗必泰溶液喷雾或冲洗，必要时再使用3%的洗必泰或过氧化苯甲酰洗发水帮助去除结壳。结壳应小心处理，以避免进一步污染环境。

重症病例偶尔需要使用肠外抗生素，如应用普鲁卡因青霉素进行全身抗生素治疗（20000单位/千克体重，肌内注射，每24小时一次，连续3～5天，或硫甲氧苄啶，30毫克/千克体重，口服，每8小时一次，连续10～14天）。定期的局部抗菌喷雾可保护在高危时期的易感马匹。

二、皮肤癣病

皮肤癣病，也称皮肤真菌病。主要是由毛癣菌和小孢子菌引起的皮肤真菌感染，但也可由其他皮肤真菌引起，包括须毛癣菌、犬毛癣菌和石膏样毛癣菌。

【病因】

常见于成群饲养的马场，绝大多数通过直接或间接共用梳毛刷洗用具传播。障碍马和速度赛马常见，特别是来自马厩的马、青年马更易感染。

【临床症状】

表现为多发性隆起、大致呈圆形、边界分明的丘疹病变（图3-76）。早期病变可能类似荨麻疹。脱毛，病灶周围毛断裂。病变皮肤呈鳞状，有时呈波纹状增厚外观，无瘙痒。继发性病变为红斑、结痂、严重水肿、极少渗出。

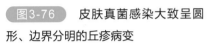

图3-76　皮肤真菌感染大致呈圆形、边界分明的丘疹病变

【诊断】

通过病史、临床症状及镜下观察显示病灶边缘的毛上有真菌和真菌培养阳性可诊断该病。皮肤检查应从活动病灶边缘收集毛发、皮肤表面碎片和角蛋白样本，然后送检进行真菌鉴定，有助于判断预后和识别最有可能的感染源并指导环境消毒。组织病理学可证实皮肤真菌病，皮肤胶带印痕可显示真菌孢子和/或菌丝。

【治疗】

（1）通常是自限性感染。大多数在1～3个月可不经治疗而痊愈。

（2）局部治疗　首选是每隔5～7天局部使用0.2%恩康唑冲洗，至少4周或直至病灶消失。

（3）环境消毒　环境净化对于消除感染至关重要，因为真菌孢子可以存活数月至数年。家用漂白剂（5%次氯酸钠）是固体表面最有效的消毒药剂之一，但必须小心使用。垫料、刷洗用具应彻底清洁、干燥和消毒。

三、足螨病

是由外寄生虫螨引起的感染性皮肤病，主要发生在长毛挽马，冬季和密集马群中的马更为常见。

【病因】

由寄居于地表的非穴居绒螯螨引起，可能为牛绒螯螨的所有变种。螨虫于皮肤上产卵，在1～5天内孵化，生活史2～3周，通过直接或间接接触传播。所有接触过的马都可被感染。

【临床症状】

足螨感染蹄和球节后，导致该部皮肤瘙痒、结痂、脱毛、肿胀、变厚和广泛性鳞屑，重度瘙痒可见患马用嘴啃咬四肢或与周围物体摩擦（图3-77）。在寒冷季节更为严重，如不立即治疗可转为慢性，此时皮肤明显地苔藓化和肿胀。

图3-77　足螨感染，因重度瘙痒导致患马用嘴啃咬四肢

【诊断】

根据典型的病史和临床症状做出初步诊断，确诊需要皮肤刮片检查。螨虫相对较大（0.3～0.5毫米），富集在表面的鳞片和碎片上（图3-78）。

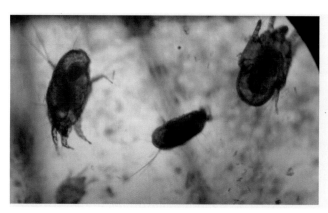

图3-78　足螨形态学观察

【治疗】

外用除虫菊酯治疗有效。必须对所有接触过的马的下肢进行彻底的治疗，每周一次，持续4～6周。伊维菌素或莫西菌素治疗无效。多拉菌素在某些情况下可能有效。对足螨生活史超过3周的所有马匹个体应持续治疗，并在接触未经治疗的马之前采取检疫措施和/或反复预防性治疗。

四、蛲虫病

蛲虫病是寄生于马盲肠和大结肠的鞭虫在母马肛周皮肤上产卵时引起刺激，导致肛周和尾部自发性创伤（瘙痒）的皮肤病。

【病因】

主要见于马厩中的马，与驱虫不当有关。

【临床症状】

肛周皮肤、尾基部瘙痒、断毛、斑片状脱毛，甚至破溃（图3-79）。

【诊断】

通过肛周皮肤胶带压痕试验，显示特征的三角形有盖卵（图3-80）的形态确诊。

图3-79　阴部两侧瘙痒导致皮肤破溃

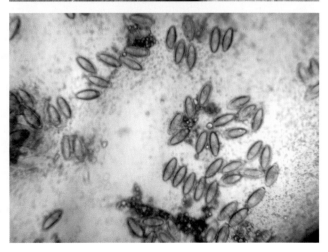

图3-80　皮肤胶带压痕检查——蛲虫虫卵形态

【治疗】

常规驱虫药治疗有效。

五、昆虫叮咬过敏性皮肤病

昆虫叮咬过敏性皮肤病是马最常见的皮肤过敏，无性别、皮肤颜色倾向。马驹在6～9个月不受影响，随着年龄的增长，病情逐年加重，在3岁之前较少发生。

【病因】

由于库蠓叮咬引起过敏。

【临床症状】

急性反应表现是沿着马的背部、从耳朵到尾巴出现丘疹，刺激诱发头、颈、背部和尾的摩擦，也有病变发生在腹中线。叮咬和摩擦会导致皮肤有渗出，斑片状脱毛，结痂和皮肤发黑。

慢性反应表现为颈部、肩部和尾部出现皮肤皱褶增厚，腹中线也有类似的慢性增厚。两者都表现出由于摩擦产生的机械刺激而导致的慢性脱发。由于持续的刺激可导致消瘦。马在傍晚和清晨更易发痒，表现为摇尾、摩擦增加和烦躁不安。

【诊断】

根据临床症状和季节性发病可做出初步诊断。活检显示皮炎伴轻度至重度嗜酸性毛囊炎。皮内试验可提供可靠的阳性结果，但目前还不能普遍使用。叮咬昆虫种类的鉴别非常重要，因为不是所有库蠓都在背侧区域叮咬，有些只攻击腹侧引起腹侧皮肤改变。并非所有的过敏反应都是由库蠓单独引起。

【治疗】

可以使用抗组胺药，如盐酸羟嗪（1～2毫克/千克体重，口服，每8～12小时一次）。病情严重的马，可持续使用醋酸甲基强的松龙（1毫克/2.5千克，肌内注射），每3～4周一次。虽然在高危季节每日口服强的松龙颗粒可以将瘙痒减少到最低程度，但鉴于使用皮质类固醇药物的副作用，临床上不提倡长时间使用。

六、荨麻疹

荨麻疹是一种特殊的过敏性皮肤症，而不是一种疾病。临床表现从轻微的短暂性到严重的全身性过敏，甚至危及生命。

【病因】

（1）肥大细胞和嗜碱性粒细胞的脱颗粒作用是基本的发病机制　化学介质的释放导致血管通透性增加，从而导致团块形成。

（2）免疫反应　过敏原通过全身途径到达皮肤，而不是通过局部接触（如注射药物，摄入化学物质、饲料，或吸入花粉、灰尘、化学物质、霉菌）引发免疫反应。

（3）过敏性荨麻疹　药物和食物过敏，吸入抗原、花粉、霉菌和接触过敏（非常罕见）。

（4）非免疫反应　① 皮炎；② 物理（寒、热、光）性荨麻疹；③ 皮肤划痕荨麻疹，因皮肤上的钝划痕而形成；④ 运动性荨麻疹。

【临床症状】

发病呈急性或亚急性，几分钟到几小时内皮肤或黏膜出现水肿性病变，多个小的、均匀的直径为3～6毫米水泡（如虫咬）。平顶丘疹/结节，壁陡，指压留痕。团块的大小和形状各不相同，常规直径大小为2～3毫米或3～5毫米，也有单个或多个水泡合并成直径可达20～30厘米人的团块。呈"日环食"样（图3-81）。

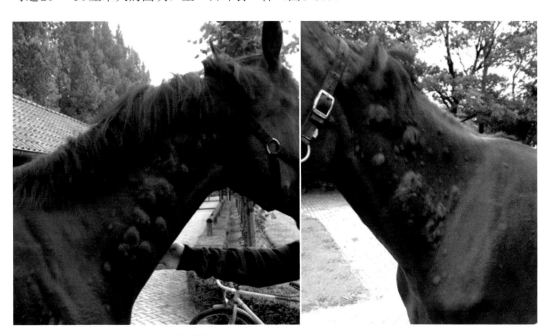

图3-81　荨麻疹特征性病变——皮肤水肿

【诊断】

根据临床症状和病史及实验室检查可基本确诊。

（1）器械粗糙划痕来评估在皮肤上的划痕反应，划痕在15分钟内显示团块为阳性。

（2）"冷"荨麻疹试验，将冰块敷在皮肤上，15分钟内出现水肿表明阳性反应。

（3）特异性ELISA反应，可对吸入抗原进行检测。

（4）食物过敏只能通过攻击性试验诊断。

【治疗】

初始治疗是短期全身应用糖皮质类固醇。若复发可重复治疗。如果8周后荨麻疹仍然存在，可以考虑采取脱敏措施，进行异位性皮肤试验或特异性ELISA检测IgE。在某些情况下可能需要长期使用糖皮质激素和/或抗组胺药。隔天口服最低剂量强的松龙或抗组胺药盐酸羟嗪｛1～2毫克/［千克·（8～12小时）］｝。可在3～4天内出现症状改善，但如果2周内仍未见症状改善，则应选择其他药物。

七、药物过敏

任何药物，包括大多数抗生素和许多疫苗、镇静剂，都可能导致皮肤过敏而出现皮疹。给药后立即、延迟数周甚至几个月后出现Ⅳ型超敏反应。

【病因】

（1）过敏反应可能是因为受到外界刺激产生。

（2）马是易过敏性体质，会药物过敏。

（3）药物过量会出现过敏反应。

【临床症状】

非特异性皮疹可能类似荨麻疹，表现丘疹、水疱和全身瘙痒（图3-82）。在停止使用药物后很长一段时间内仍可能会发生反应。

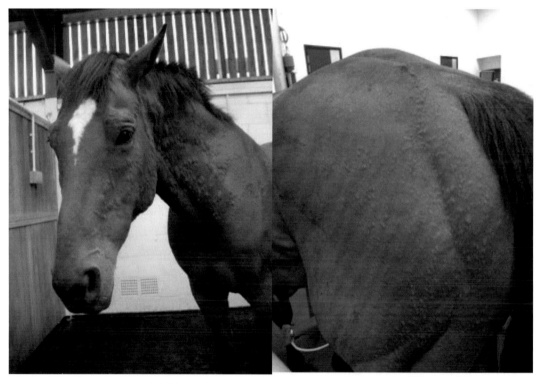

图3-82 静脉注射地托咪定导致纯种马药物过敏

【诊断】

诊断非常困难，除非给药后立即发病。根据药物攻击性试验，药物停用症状消失，然后随着可疑药物的再次使用出现临床症状可确诊。

【治疗】

立即停止使用可疑药物。如果发生严重的反应，可全身给予糖皮质激素，但效果可能较差。

八、乳头状瘤

乳头状瘤是一种病毒性皮肤病，其特征是在鼻子、嘴唇、眼睛周围、耳朵内部出现小疣，偶尔在颈部和四肢出现。

【病因】

由一种DNA乳头状病毒引起的疣，它可以产生两种不同临床形式的乳头状瘤，即病毒乳头状瘤和耳乳头状瘤（耳斑）。

【临床症状】

皮肤病变特征呈多发性、小的花椰菜样疣状生长（图3-83）。9～36月龄的青年马多发，偶见于老年马（＞25岁）。耳内表面发现有耳斑。

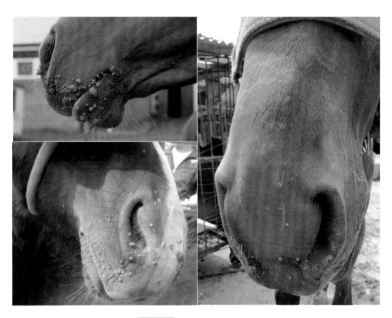

图3-83　皮肤乳头状瘤

【诊断】

根据临床表现、马的年龄、疣的大小和数量可做出初步诊断。确诊需要活检标本的组织病理学检查。应与肉状瘤、鳞状上皮细胞癌和马接触传染性软疣相鉴别。

【治疗】

青年马大多数疣在3～4个月后就会消失。眼周和嘴巴周围的疣可能需要外科手术切除。老年马几乎无退化。

九、肉状瘤

肉状瘤（结节状肿瘤）是一种局部侵袭性纤维母细胞性肿瘤，为最常见的皮肤肿瘤。

无明显的性别或年龄倾向。

【病因】

乳头瘤病毒科病毒感染上皮细胞，可导致其疣状增生、乳头瘤或疣的形成。牛乳头瘤病毒（BPV）目前分为A和B两个亚型和组。A亚组病毒可转化成纤维细胞和上皮细胞，而B亚组病毒仅能转化上皮细胞。据认为，A亚群的BPV Ⅰ型和Ⅱ型与结节病的发生有关。病毒不产生传染性病毒粒子，但可通过下调MHC-I表达导致持续存在和发病。

与马相比，肉状瘤更常见于驴、骡子和斑马，骟马易感染，发病年龄在1～7岁之间。纯血马、温血马和工作马（如阿帕卢萨马、阿拉伯马和夸特马）容易形成结节。

【临床症状】

病变的分布因结节的类型不同而异，大部分病变发生在头部、颈部、四肢及乳房。临床上主要有以下六种表现形式：

（1）隐性型　无毛，灰色，有鳞片，皮肤轻度增厚，浅表性肉状瘤皮肤有圆形斑块呈现（图3-84）。

图3-84　隐性型肉状瘤

（2）疣状型　呈灰色、鳞片或疣状隆起外观，可合并成较大面积，皮肤弹性降低，可能会开裂和形成溃疡，生长缓慢，创伤可导致向结节型或纤维母细胞型转化（图3-85）。

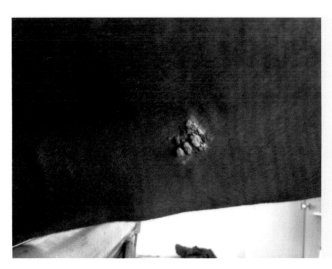

图3-85　疣状型肉状瘤

（3）结节型　可不附着于皮肤或附着于皮肤、不附着于皮肤深层组织/附着于皮肤深层组织。一种非常严重的易识别的皮下离散结节，常见于肘关节内侧、大腿内侧和眼睑，呈现多个"葡萄串"样外观，进一步发展可形成溃疡（图3-86）。

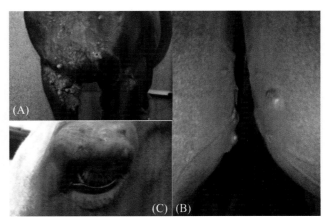

图3-86　结节型肉状瘤
（A）—肘关节内侧；（B）—大腿内侧；
（C）—眼睑

（4）纤维母细胞型　基部难以治疗的肉质和呈侵袭性外观的结节，由于苍蝇叮咬易溃烂（图3-87）。

图3-87　纤维母细胞型肉状瘤

（5）恶性型　广泛性局部浸润或快速扩散，较为罕见，肘部、大腿内侧和脸侧常发，兼有结节型和纤维母细胞型病变的特征（图3-88）。

（6）混合型　多为不同类型的混合表现，常继发于反复的轻微创伤。

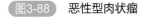图3-88　恶性型肉状瘤

肉状瘤的分布差异较大，纤维母细胞瘤主要发生在副性腺（乳房）。结节型有很强的侵袭真皮和皮下的能力。肉状瘤可发生在新鲜愈合的伤口或完全手术切除后在同一部位复发。无转移性扩散。通常不会危及生命，但严重限制马的用途。

肉状瘤可以通过家蝇叮咬传播，引入具有纤维母细胞瘤的马，可在6～8个月内导致农场其他以前未感染的马出现肉瘤。结节可以在个别马身上增殖，但也可以长时间保持静止。

【诊断】

根据病史、临床表现及肿瘤组织活检可见活跃的纤维母细胞结节即可确诊。

【治疗】

（1）局部药物治疗　外用药膏（含有多种重金属、迷迭香油和抗有丝分裂化合物，如5-氟尿嘧啶和硫脲嘧啶），3～5次/天，连续或隔天涂抹。

（2）免疫接种或免疫刺激　用牛疣疫苗接种。

（3）手术切除　使用二氧化碳激光技术去除结节，至少15～20毫米的正常组织应同时被切除。

（4）电烧烙术　单个小的结节肿块，采取普通烧灼法即可收到满意的治疗效果。

（5）放疗　植入物或同位素应用于肿瘤或在肿瘤内治疗（近距离放射治疗）。

（6）化疗　采用足叶酚、甲氨蝶呤、5-氟尿嘧啶、顺铂、丝裂霉素C及5%咪喹莫特乳膏治疗。

十、黑色素瘤

黑色素瘤是一种通常发生在青马和白马身上的常见的恶性黑色素肿瘤。

【病因】

黑色素瘤是由黑色素细胞恶性增殖引起。

【临床症状】

常见于肛门、外阴、尾巴和包皮周围皮下小而硬的缓慢生长的多发或单发性肿瘤，腮腺、眼睑和嘴唇较少见（图3-89），通常侵蚀皮肤，伴有大量黑色渗出物。

【诊断】

根据病史及基本信息可做出初步诊断，确诊需要活检或完全切除进行组织病理学评估。

【治疗】

广泛的手术切除、冷冻治疗、生物反应调节剂干预和化疗是最常用的治疗方法。

（1）手术及冷冻治疗　除青马的个别肿瘤外，均可进行手术切除。即使大多数"黑色"团块呈良性，青马预后也应谨慎。小的（直径＜3厘米）或单一的肿瘤通常采用广泛的手术切除或冷冻治疗更为有效。某些单纯的手术切除可能刺激邻近手术部位的异常黑色素母细胞导致肿瘤快速再生，因此更适合双冻融循环的冷冻治疗，肛门括约肌区域无法进行手术全切的病例，在肿瘤被切除后，剩余的无法进入的区域多采用冷冻治疗。

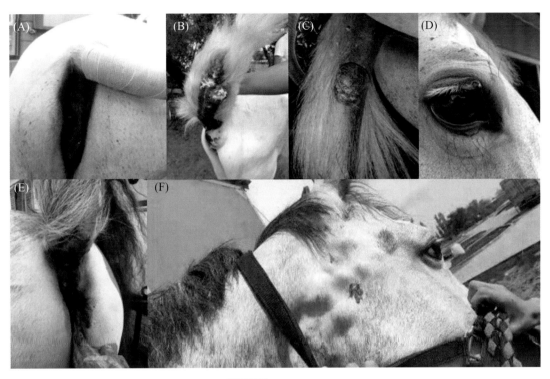

图3-89　黑色素瘤

（A）—会阴部；（B）—尾和会阴；（C）—尾；（D）—眼睑；（E）—肛门；（F）—腮腺

（2）生物反应调节剂干预　组胺可抑制T细胞的激活，而具有限制肿瘤生长的作用。西咪替丁作为一种有效的H_2阻断剂，已用于治疗黑色素瘤，剂量为2.5毫克/（千克·8小时）或者7.5毫克/（千克·天），一次给药，或分两次给药。

（3）化疗　仅限于顺铂治疗。直径大于3厘米的肿瘤应进行手术切除，小于3厘米的肿瘤可每2周肿瘤基底部注射顺铂，剂量为1毫克/厘米^3，共4次治疗。由于药物扩散受限，注射部位应间隔5～8毫米。治疗后应用青霉素或保泰松可消除注射后肿胀。治疗不成功的可能在治疗后7～8个月复发。重复治疗可以继续使用顺铂。

十一、鳞状上皮细胞癌

鳞状上皮细胞癌是一种由角质形成细胞引起，发生于马皮肤、眼、鼻窦、胃肠道和生殖道的恶性肿瘤。

【病因】

由于海拔升高，稀疏被毛的皮肤暴露在太阳辐射下，导致皮肤色素沉着减少。

【临床症状】

皮肤病变部位呈现小的粒状溃疡，具恶臭味。阴茎和包皮出现菜花样或侵袭性病灶（图3-90）。外阴和肛门处肿瘤生长缓慢。眼睑边缘或角膜/巩膜交界处最初为白色凸起的斑

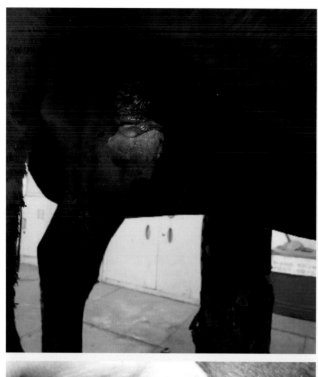

图3-90　鳞状上皮细胞癌（阴茎）

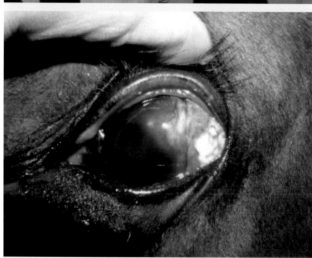

图3-91　鳞状上皮细胞癌（眼睑）

块（图3-91），随后可能迅速发展为肉芽肿和溃疡性病变。在鼻子和嘴周围呈凹陷性溃疡，并发展为恶性肉芽肿。

【诊断】

根据临床症状可初步怀疑，确诊需进行组织病理学检查。

【治疗】

临床常采用广泛的手术切除、冷冻治疗、放疗和化疗。肿瘤早期手术切除有效，大多数病例可完全缓解。如果可以进行广泛切除（如断尾、眼球摘除、眼睑完全切除或阴茎截断），也同样有效。长期存在于眼睑、包皮、口腔以及外阴的恶性肿瘤手术切除效果不佳。

参考文献

[1] 郭定宗. 兽医内科学. 3 版. 北京：高等教育出版社. 2016.

[2] 刘宗平，赵宝玉. 兽医内科学（精简版）. 北京：中国农业出版社，2021.

[3] Munroe Graham. Equine Clinical Medicine, Surgery and Reproduction (2nd edition). CRC Press. UK. 2019.

[4] Reed Stephen M, Bayly Warwick M, Sellon Debra C. Equine Internal Medicine. 4th edition Elsevier. UK. 2017.

[5] Sprayberry Kim A, Robinson N Edward. Current Therapy in Equine Medicine. 7th edition. Elsevier. UK. 2014.

[6] Mair Tim S, Divers Thomas J. Equine Internal Medicine: Self-Assessment Color Review. 2nd Edition. CRC Press. 2015.

[7] Smith Bradford P, Van Metre David C, Pusterla Nicola I. Large Animal Internal Medicine. Mosby. 2019.

[8] Constable Peter D, Hinchcliff Kenneth W, Done Stanley H. Veterinary Medicine. 11th edtion. Saunders, London. 2016.

[9] Christenson Dawn E. Veterinary Medical Terminology. Saunders. 2019.

第四章　马外科病与诊治

第一节　头部疾病

一、马喘鸣症

马喘鸣症也称喉部偏瘫，是由于马匹单侧喉头坍塌造成，发生部位通常为左侧，造成杓状软骨和声带突出到喉口，引起气道阻塞，并影响马匹的正常呼吸功能。正常的喉口如图4-1所示，喉口是由小角突、杓状软骨会厌褶和会厌软骨构成的一个气道口，呈左右对称。如一侧喉口因偏瘫或错位等原因，造成对称结构丧失或影响气流力学，则在马匹运动中，不对称的喉口或异常凸起结构对吸气气流流经时产生振动或涡流，发出声响，使马匹运动时的呼吸音变为异常噪声，且运动不耐受（亦可称为运动表现不佳）。在大型马或颈部较长的马匹更常见。

（一）病因

1.鼻炎喉部塌陷

鼻炎喉部塌陷发生部位位于鼻咽部和喉部之间，鼻咽部的软腭顶壁和侧壁发生错位，

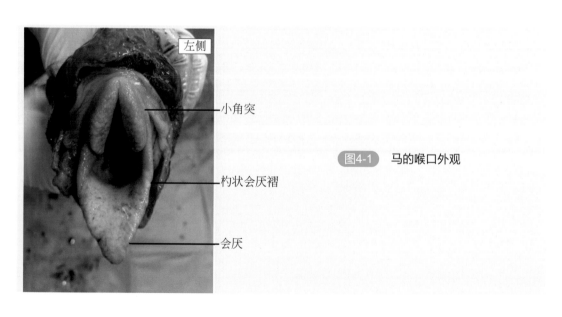

图4-1　马的喉口外观

突出于呼吸道。无法治愈，可终结运动马的职业生涯。

2.喉返神经功能障碍

支配杓状软骨的内收和外展肌肉的喉返神经远端轴突麻痹导致一侧或双侧的声襞运动停止而发生轻瘫或麻痹，刚好位于喉口中线的侧边，导致喉口狭窄，以致在马匹吸气时发生喘鸣音。喉返神经是对杓状软骨及其相关声襞的外展肌/开肌和内收肌/闭肌的运动进行神经支配的运动纤维。左侧喉返神经损伤的原因未知，但可能有遗传倾向，其他可能的病因有外伤、铅中毒、肝脏疾病和病毒感染。尽管发生了左侧声襞麻痹，但静息肺通气足够。在运动时，喉口横截面积在吸气时因塌陷而变小，吸气气流减少而产生噪声，干扰运动表现。双侧麻痹塌陷较少见，会因严重的气道阻塞而呼吸困难，甚至死亡。

3.软腭背侧错位

软腭通常位于会厌软骨的下方，且不会阻塞呼吸道，但呼吸时会发出鼾声。在软腭背侧错位的病例中，软腭会移位到会厌软骨上方。最常见于接受较高强度训练的后期。

4.杓状软骨炎

杓状软骨的角突部位发生炎症而凸起或肿胀，或变形卷曲，而占据喉口空间，马匹呼吸时发出鼾声和运动不耐受。

（二）临床症状

马匹在运动时发出异常的噪声或运动表现不佳，对于表现出上述症状（单独表现或同时表现）的马匹需进行纤维喉镜镜检，直接视诊咽喉情况，以便及时发现异常的结构（如图4-2和图4-3所示）。采用纤维喉镜通过马鼻腔直接观察喉部结构时，需马夫帮助保定马头部，操作人员需左手持喉镜操作端，右手持喉镜头端经鼻腔入喉。临床上可将喉口偏瘫的程度进行临床症状分级，当喉口发生轻度偏瘫时，可将患马置于高速跑步机，安置纤维喉镜，连接显示屏，观察在不同运动强度下，声襞运动的实时表现。马匹喉部肌肉因运动兴奋后，会厌软骨会发生最大限度的外展。当喉口右侧的杓状软骨最大限度地外展时，左侧杓状软骨被拉回，进而使喉口对称。但当左侧喉返神经元减少或缺失时，这种异常牵拉无法恢复喉口的对称状态，表现为声襞不动，即可确诊病因。

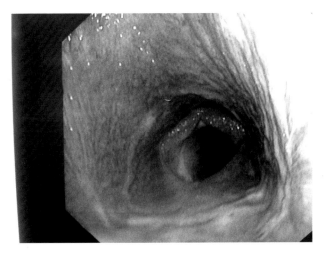

图4-2 纤维喉镜视诊可见咽喉黏膜充血

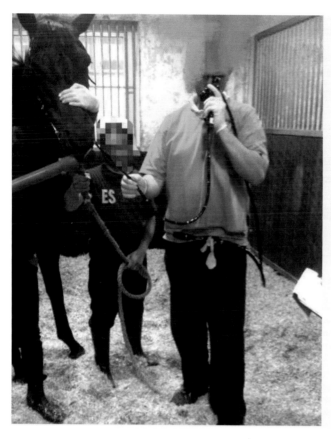

图4-3　采用纤维喉镜进行喉部视诊

（三）防治方法

1.实施杓状软骨会厌皱襞包埋、杓状软骨炎或软腭背侧错位的管理方案

（1）软腭背侧错位时使用舌带或绕成"8"字形的鼻带或中间带有"U"形延伸的衔铁，防止舌头位于衔铁上方。

（2）对症治疗　给予抗菌消炎药和口服中药方剂。

（3）手术治疗　采用经口的激光烧灼法，移除少部分软腭或分离杓状软骨与会厌间皱褶（如图4-4所示）。另外一种方法是切除下颈部部分肌肉，如施行胸骨甲状肌切除术（带肌肉横断），使得会厌部松弛展开，也可防止喉部向后滑动。

2.喉返神经麻痹的手术治疗方案

（1）喉口成形术　也称软腭背

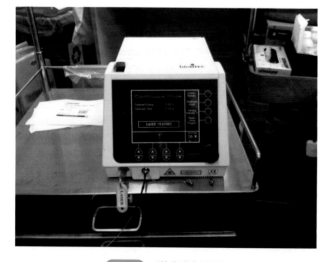

图4-4　激光发射仪器

侧移位术，该术是治疗马喉偏瘫的优选外科治疗方法。通过施行喉口成形术放置假体或进行肌肉移位，可以实现左侧杓状软骨外展程度的可变性，因此在手术中进行肌肉缝合时切勿过度牵拉。如图4-5所示，马喉部左侧解剖结构图显示的黄色点为喉成形术时缝线的刺入点。软腭背侧移位术时的缝线穿刺点可通过对甲状舌骨肌的部分牵拉，以恢复双侧杓状软骨对称性的外展，将软腭背侧移位到左环杓状软骨背侧肌，恢复完整的杓状软骨功能。

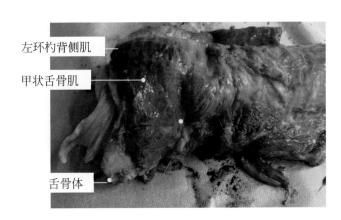

左环杓背侧肌

甲状舌骨肌

图4-5　马喉成形术时的缝合点

舌骨体

　　该术用于轻度喉部偏瘫的马匹或1岁喉部偏瘫马匹。术后手术通路填塞灭菌纱布，开放处理（如图4-6所示）。

图4-6　马喉部术后的皮肤开放处理

　　（2）杓状软骨切除术　一般用于喉口成形术失败病例、会厌软骨过厚、杓状会厌褶襞创伤等，切除大部分杓状软骨以助喉成形术，但无法解决因喉偏瘫造成的气道阻塞，且患马以后运动预后不良。

　　（3）经皮放置起搏器　起搏器发挥电刺激，治疗上气道疾病，如声襞瘫痪、声襞轻瘫、单侧声襞疾病、双侧声襞疾病、喉部偏瘫、喉部轻偏瘫、神经元变性、软腭背侧移位、鼻咽塌陷、会厌软骨后倾、轴突变性、远端轴突病及鼻翼沟瘫痪。治疗信号为双相波形施加到上气道组织，产生区域刺激，使得声带组织外展，并维持数小时。

二、运动诱导性肺出血

运动诱导性肺出血简称为肺出血，是赛马的一种常见呼吸系统疾病。主要由于马匹运动强度过大，伴随气道产生真空效应而导致肺部高血压，引起肺部毛细血管破裂，在肺内气道中产生大量淤血，如图4-7和图4-8所示，马匹死亡后剖解可见肺脏组织背侧面大面积出血，形成深浅不一的肺出血灶。而健康的肺组织如图4-9所示，呈淡粉色。

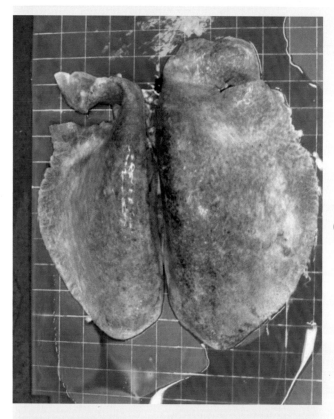

图4-7　肺组织大面积出血

图4-8　右肺组织出血

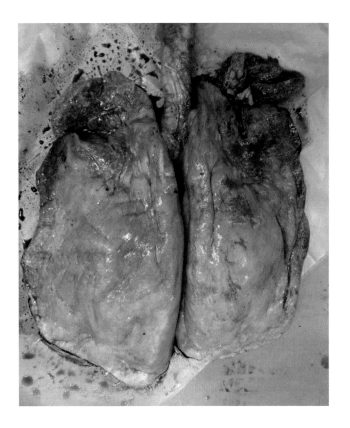

图4-9　健康肺组织

该病极常见于运动马，但不宜通过体表察觉，需兽医在比赛后，对赛马立即进行喉部内窥镜检查确诊。严重的肺出血会影响赛马的竞技水平，甚至造成突然死亡。

（一）病因

1.主动性肺充血

主动性肺充血是由于马匹过度奔跑或剧烈劳役，或吸入炎热的空气，使得机体过度兴奋或受热、代谢机能增强、耗氧量增多、心脏功能加强、血液由左心房大量压入肺动脉、肺循环血容量增加，以致毛细血管过度充盈而发生充血。目前被兽医广泛接受的发病机理是毛细血管壁在压力超过90毫米汞柱时就会破裂。另一理论认为，马匹在剧烈运动时，肺组织产生异常、不协调的应激反应，造成肺组织功能衰退和不协调，导致肺泡及相关毛细血管与正常功能区域之间的节奏紊乱，最终破裂、出血。这种过程反复发生，应激应答表现为支气管动脉新生，造成肺部出血症状加重，危及生命。

2.被动性肺充血

被动性肺充血主要见于失代偿性心肌功能减退性心脏病，如心肌炎、心脏瓣膜病、某些传染病、严重胃肠疾病以及中毒性疾病引起的心力衰竭。

（二）临床特征

轻度的肺出血不易从体表观察到，需进行喉镜观察。严重的肺出血，可见鼻孔流出鲜血，让人误以为鼻出血，需进一步喉镜检查确诊。非训练状态时引起的鼻出血很少见。有些马匹在运动中会因大量的肺出血而突然倒地死亡，危及参赛人员和马匹的安全。大多数马匹在剧烈奔跑训练后会出现轻度的肺部出血，通常被咽下而不会流出鼻孔。

根据发病的严重情况，可以将肺出血分为以下几个等级（表4-1所示为澳大利亚墨尔本市马研究中心的划分标准）。

表4-1　赛马肺出血内窥镜可视病情划分等级

肺出血等级	临床症状
0级	无出血症状
1级	气管内有血斑或血迹不超过气管长度的1/4
2级	一条连续的血流痕迹长度超过气管的1/2，或气管内有多条血迹，但不超过其长度的1/3
3级	气管内壁表面1/3以上的部分被多条血迹覆盖
4级	气管内大量流血，表面布满血迹，且胸口有淤血

（三）防治方法

1.定期纤维喉镜检查方案

对于赛马，需每场速度赛后的60～90分钟时，由兽医对赛马的呼吸道进行纤维喉镜检查，如查出气道流血，并记录≥3次，则该马匹的运动生涯结束，转为他用。其他赛马可在日常训练后的1个小时内，接受喉镜检查，以观察气道出血情况进行确诊。内窥镜检查时需注意鉴别诊断其他疾病，如喉囊真菌性感染和筛骨血肿。

2.支气管细胞学检查

对支气管内窥镜检查出血情况为阴性的可疑马匹，可以采用细胞学检验的方法，抽吸气管、支气管灌洗液样本，进行含血铁黄素的巨噬细胞检验。如灌洗液中含有这种含铁色素的细胞，则在染料的显色下非常易于辨认。此外，也可镜检观察灌洗液是否含有血细胞，对赛马肺出血进行诊断。这里要指出，患肺出血马匹的血象常规检查和凝血时间检查与正常马匹相比并无异常。

3.利尿治疗

磺胺类利尿剂是赛马肺出血的常用的治疗药物之一，可通过降低肺毛细血管压力而有效预防肺出血的发生率。赛前4小时给予利尿磺胺100～200毫克，或其他可选用的利尿药有丁苯氧酸、噻嗪类利尿剂药物。

4.扩支气管药物

通过扩大支气管直径以增加呼气量，也可在一定程度上缓解肺出血等症状，舒喘宁、氨哮素和咳喘素是常用的一些扩支气管药物。

5.降血压药物

在进行剧烈运动后，赛马的心率从静息时的25次/分增加到250次/分，肺毛细血管血压则从约40毫米汞柱升至90毫米汞柱，易造成血管内壁破裂。然而，降血压药可以有效缓解如此大的血管压力，避免血管破裂的发生。因此，治疗赛马常用的降压药物有α-2型肾上腺素能兴奋剂、α-1型肾上腺素能对抗药物以及一些神经递质抑制剂。

6.雌激素疗法

注射雌激素也可以很好地治疗赛马的肺出血症状，使用也较为普遍。

7.抗炎药物

马匹肺出血时，其肺部容易受病菌感染而发炎。此时，抗炎药物如皮质类固醇激素的治疗有助于炎症的减轻。兽医临床常用的氢化皮质酮和醛固酮是治疗肺出血较为有效的药物。

8.止血疗法

马匹肺出血时，其肺组织内部大量毛细血管破裂。因此，及时快速止血在肺出血的治疗中尤为重要。临床上常采用口服阿司匹林、维生素K、维生素C和氨基己酸等药物来辅助治疗赛马肺出血。

9.草药治疗

在马匹饲草中添加芸香、山楂以及荞麦，可改善肺的呼吸性能，从而有效防止肺出血的发病率。

10.臭氧治疗

让马吸入一定量的臭氧也可有效治愈肺出血。臭氧疗法通过顺势作用机理，对肺出血诱发的一些疾病如支气管炎、新血管化和纤维化有很好的疗效，进而达到治疗肺出血的目的。

三、马面神经麻痹

马面神经麻痹在中兽医称为"歪嘴风"，该病常表现为不对称的口鼻下垂和闭眼能力丧失。出现口鼻不对称的临床症状与面神经的解剖结构有关。面神经为第七对脑神经，系混合神经，有三种神经纤维。运动神经纤维支配运动，植物性感觉神经纤维支配味觉，副交感神经纤维支配舌下腺、下颌腺、泪腺和鼻黏膜腺等的分泌。第七对脑神经位于延脑前外侧，途经面神经管，再由岩颞骨的茎乳突孔出颅腔。面神经仅由运动纤维构成，支配全部颜面肌和颈部的部分皮肤。此时，面神经开始分支。其中，面神经的主干在腮腺前缘、咬肌表面并到达皮下，形成颊支，支配颊、唇和鼻孔的肌肉。而面神经的分支则分布于腮腺、腺耳肌和颈皮肌。因此，马面神经麻痹的临床表现完全取决于损伤的部位。根据损伤程度分为全麻痹和不全麻痹。根据损伤部位分为中枢性麻痹和末梢性麻痹。

损伤如果发生在面神经的中枢部，则会导致整个面部肌肉麻痹和腺体分泌减弱或丧失。但在马兽医临床，更多见的是面神经的分支损伤，如发生在中耳或颅外部，可引起单侧颜面肌的麻痹。此外，马面神经的分支位于皮下时，特别易受到笼头过紧的压力而损伤。因

277

此，马面神经麻痹以单侧性多见。

（一）病因

1.中枢性面神经麻痹的主要原因

（1）脑部神经受压引起　如脑的肿瘤、血肿、挫伤、脓肿、结核病灶、指形丝状线虫微丝蚴进入脑内的迷路感染等。

（2）传染病　如马腺疫、传染性脑炎、乙型脑炎等。

（3）中毒性疾病　如毒草及矿物质中毒等均可出现症候性面神经麻痹。

（4）代谢性疾病　如甲状腺机能减退、糖尿病等。

2.末梢性面神经麻痹的主要原因

外伤性因素如马笼头过紧造成面神经干及其分支受到创伤、压迫等；肿瘤性因素如面神经管内的肿瘤、中耳疾病或腮腺的肿瘤、脓肿等。

（二）临床特征

临床表现完全取决于损伤的部位。

1.单侧性面神经全麻痹

患侧耳歪斜呈水平状或下垂，上眼睑下垂，眼睑反射消失，鼻翼下塌，通气不畅，上唇下垂并向健侧歪斜，出现歪嘴，耳自主活动消失。

2.单侧性颊上支神经麻痹

耳及眼睑功能正常，仅患侧上唇麻痹、鼻翼下塌且歪向健侧，如图4-10所示，马匹头

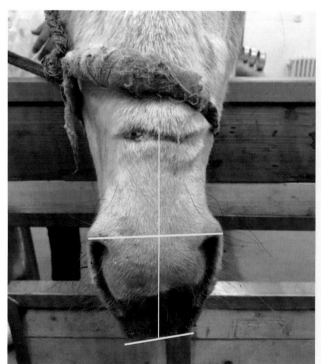

图4-10　右侧面部神经麻痹示意图

面部背侧直线与两侧鼻翼上缘直线及上唇缘直线不再垂直对称，说明右侧面部神经麻痹，造成组织松弛而失去对称性。

3.单侧性颊下支神经麻痹

单侧性颊下支神经麻痹时，患侧下唇下垂并歪向健侧。

4.两侧性面神经全麻痹

两侧性面神经全麻痹多是中枢病变的结果，除呈现两侧性的上述症状外，因两侧鼻孔塌陷，导致通气不畅、呼吸困难。由于唇部肌肉麻痹，无法采食和饮水，流涎，并有下咽困难等症状。泪腺和唾液腺的分泌活动减弱或丧失。

（三）防治方法

1.消除病因，积极治疗原发病

通过病史调查和体格检查分析可能的致病病因，如笼头过紧则重新调整，以适合佩戴为宜。

2.理疗按摩

在神经通路上进行按摩，用温热疗法，并配合外用10%樟脑软膏或四三一搽剂（10%樟脑酒精4份、10%氨溶液3份、95%酒精10份）等刺激药。

3.局部注射

在神经通路附近或相应穴位交替注射硝酸士的宁和樟脑油、维生素B_1，隔日一次，3～5次为一疗程。

4.理疗仪器的使用

采用红外线疗法、感应电疗法或硝酸士的宁离子透入疗法，也有一定效果。

5.电针疗法

采用电针刺激疗法，以开关和锁口为主穴，分水和抱腮以及上关和下关为配穴。

（1）穴位及针具消毒。

（2）患侧和健侧均由"锁口穴"进针，直透"开关"穴，可进针10～12厘米。

（3）检查电疗机各旋钮是否都在始0位。

（4）将电机两条导线的鱼夹夹在已刺入穴位的针柄上。

（5）打开电疗机开关，频率由慢到快，电压由弱到强，治疗中可作频率慢交替，治疗结束将电压和频率旋钮恢复至始位，关闭开关，每次10～15分钟，每日或隔日电针一次，6～10次为一疗程。具体的穴位定位方法如图4-11、图4-12和图4-13所示。马匹面部肌肉结构体表位置示意图：蓝色区域为咬肌，耳下红色区域为腮腺，唇部红色区域为口轮匝肌。锁口穴位于口轮匝肌外缘处；开关穴位于咬前缘与口角延长线的交点；抱腮穴位于内眼角垂线与口角延长线的交点；分水穴即旋毛中心点。采用的经穴治疗仪如图4-14所示，针灸刺入方法如图4-15所示，平刺3厘米，平补平泻。

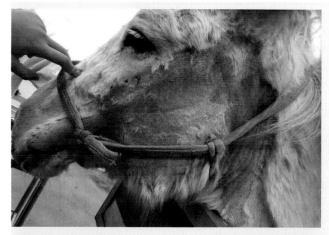

图4-11 马面部肌肉结构体表位置示意图

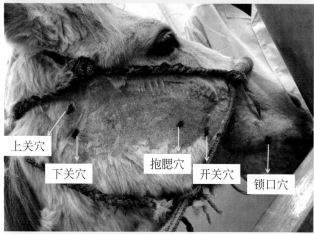

图4-12 面部针灸穴位示意图

上关穴

下关穴 抱腮穴 开关穴 锁口穴

图4-13 面部分水穴示意图

分水穴

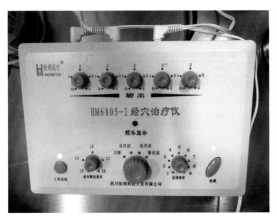

图4-14 经穴治疗仪

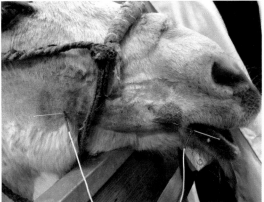

图4-15 电针刺入方法

6.外科手术治疗

双侧性面神经麻痹并伴有鼻翼塌陷和呼吸困难的马，宜用鼻翼开张器或进行手术扩大鼻孔，解除呼吸困难。鼻翼开张方法有皱襞紧缩法和皮瓣切除法两种（图4-16）。图4-16中所示皱襞紧缩法是先将鼻翼背部的皮肤形成若干纵褶，横穿粗缝线，收紧打结，由于皮肤向中央紧缩所以鼻孔开张；皮瓣切除法是在两鼻孔间的鼻背上切除一片椭圆形的皮肤后，进行切口的皮肤结节缝合，使鼻孔张开。

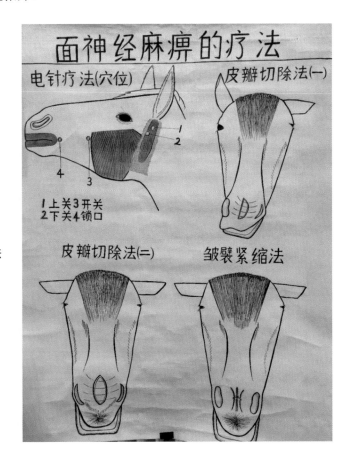

图4-16 马面神经麻痹的手术疗法示意图

四、马副鼻窦蓄脓

副鼻窦炎是指副鼻窦内黏膜发生的炎症，最常见的是化脓性炎症，而导致副鼻窦腔内脓汁蓄留，故称副鼻窦蓄脓。马常发颌窦蓄脓。

（一）病因

马的副鼻窦包括额窦和上颌窦。临床上副鼻窦常因感染、化脓引起副鼻窦蓄脓。常见病因有鼻炎、牙齿疾病（如上颌后臼齿龋齿、化脓性齿槽骨膜炎、齿瘘等）、额骨或上颌骨骨折、某些传染病（如马腺疫和马鼻疽）、肿瘤以及异物进入等，这些因素均可引起副鼻窦炎或蓄脓。

（二）临床特征

大多数病例没有明显的全身症状，只是一侧鼻孔流出黄白色脓性鼻液，伴有恶臭味，鼻液伴随咳嗽或低头时排出增多。

患马头部常呈倾斜姿势，下颌淋巴结肿大。由于鼻液的潴留与鼻腔黏膜长期受刺激增生肥厚，患马呼吸困难，常发鼻塞鼾音，时间长久后，局部骨骼微膨隆，颜面变形。幼驹表现最为明显，同时骨骼因脓汁侵蚀变软。叩诊时因渗出物潴留窦内呈浊音，但窦内充满气体或有少量渗出物时，浊音不明显。在病初叩诊副鼻窦时，多呈阴性反应。

（三）防治方法

1.保守疗法

对症治疗，使用抗生素控制感染程度。

2.手术疗法

实行副鼻窦圆锯术，以打开副鼻窦与外界的通路，对鼻窦中的脓汁进行冲洗和引流，或摘除副鼻窦内肿瘤、寄生虫异物等。该手术也可用于上颌后臼齿发生龋齿、化脓性齿槽骨膜炎、齿瘘、齿冠折断等需作牙齿拔牙术时的手术通路。

（1）手术部位的解剖结构　马的副鼻窦包括额窦和上颌窦。额窦分为前部、中部和后部。上颌窦解剖结构分为上颌前窦和上颌后窦（图4-17），马副鼻窦解剖示意图中褐色区域为额窦、蓝色区域为颌窦、靠近眼眶的空腔为上颌后窦、前方为上颌前窦。上颌窦由上颌骨、额骨、泪骨、颧骨、筛骨和部分鼻甲骨组成，其前界大约在面脊前端2～3厘米处；其后界在眼角的连线所作的横切面上；上界相当于骨质鼻泪管的投影（为额鼻甲窦的侧面）。额窦和上颌后窦通过卵圆孔相通。上颌前窦与上颌后窦不通，中部由骨板隔开。上颌前窦和上颌后窦都通过鼻颌裂与中鼻道相通。因此，上颌前窦和上颌后窦蓄脓时可从鼻腔流出。

（2）手术所需器械　除一般常用外科手术器械外，还需准备圆锯、骨膜剥离器、球头刮刀及骨螺子等（图4-18）。

图4-17 马副鼻窦解剖示意图

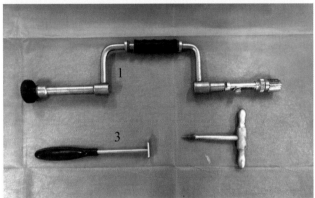
图4-18 骨科器械

（3）麻醉与保定 全身麻醉结合局部线性浸润麻醉或全身镇痛是保证马安全的有效方法，全麻时采用侧卧、患侧在上的原则。如采用全身镇静的方法，患马在杜栏内施行站立保定，且头部固定确实。马匹全身注射麻醉的药物使用剂量见表4-2。

表4-2 马匹麻醉药物使用剂量推荐表

麻醉药物合并使用	镇静剂量	麻醉前诱导剂量
乙酰丙嗪 塞拉嗪	0.02 ～ 0.05毫克/千克 0.5 ～ 0.6毫克/千克	0.03 ～ 0.04毫克/千克 1.0毫克/千克
乙酰丙嗪 地托咪定	0.03 ～ 0.04毫克/千克 0.01毫克/千克	0.03 ～ 0.04毫克/千克 0.01 ～ 0.02毫克/千克
乙酰丙嗪 罗米非定	0.03 ～ 0.04毫克/千克 0.05毫克/千克	0.03 ～ 0.04毫克/千克 0.1毫克/千克
乙酰丙嗪 布托非诺	0.02 ～ 0.05毫克/千克 0.02 ～ 0.04毫克/千克	0.03 ～ 0.04毫克/千克 0.02毫克/千克
乙酰丙嗪 美沙酮	0.05 ～ 0.1毫克/千克 0.1毫克/千克	0.03 ～ 0.04毫克/千克 0.1毫克/千克
塞拉嗪 布托非诺	0.5 ～ 1.0毫克/千克 0.02毫克/千克	0.5 ～ 1.0毫克/千克 0.01 ～ 0.02毫克/千克
地托咪定 布托非诺	0.01 ～ 0.015毫克/千克 0.02毫克/千克	0.02毫克/千克 0.02毫克/千克

续表

麻醉药物合并使用	镇静剂量	麻醉前诱导剂量
罗米非定 布托非诺	0.05毫克/千克 0.02～0.03毫克/千克	0.05～0.1毫克/千克 0.02毫克/千克
塞拉嗪 美沙酮	0.5毫克/千克 0.1毫克/千克	0.5～1.0毫克/千克 0.1毫克/千克
地托咪定 美沙酮	0.01～0.015毫克/千克 0.1毫克/千克	0.01～0.02毫克/千克 0.1毫克/千克
乙酰丙嗪 布托非诺 地托咪定	0.03～0.06毫克/千克 0.01～0.02毫克/千克 0.01～0.015毫克/千克	0.03～0.04毫克/千克 0.02毫克/千克 0.015毫克/千克
乙酰丙嗪 美沙酮 地托咪定	0.04～0.06毫克/千克 0.05～0.1毫克/千克 0.01～0.015毫克/千克	0.03～0.04毫克/千克 0.05毫克/千克 0.015毫克/千克

（4）备皮 额窦作为术部时，有3个下钻部位：分别是额窦后部——在两侧额骨颧突后缘做一连线与额骨中央线（头正中线）相交，在交点两侧1.5～2厘米处为左右圆锯的正切点；额窦中部——在两个内眼角之间做一连线与头正中线相交，交点与内眼角间连线的中点即为圆锯部位；额窦前部——由眶下孔上角至眼前缘做一连线，由此线中点再向头正中线做一垂直线，取其垂线中点为圆锯孔中心。上颌窦作为术部时，从内眼角引一与面嵴平行的线，由面嵴前端向鼻中线做一垂线，再由内眼角向面嵴做垂线，这四条线与面嵴构成长方形。此长方形的两条对角线将其分成四个三角区，距眼眶最近的三角区为上颌窦后窦，距眼眶最远的三角区为上颌窦前窦。临床上颌后窦为常用手术部位，图4-19为手术部位的剃毛范围和备皮消毒。手术部位的圆锯定位见图4-20，该区域所示为马的上颌后窦区域。

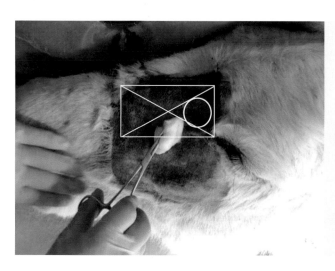

图4-19 术部剃毛消毒

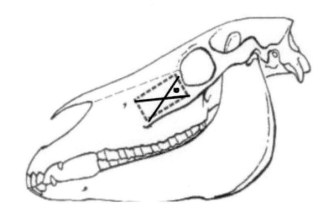

图4-20 术部圆锯定位点

（5）术式 术部铺设创巾（如图4-21所示），然后直线或瓣形切开皮肤（图4-22），钝性分离皮下组织或肌肉直至骨膜，彻底止血，"十"字形切开骨膜，用骨膜剥离器把骨膜推向四周（图4-23所示），其面积以容纳圆锯稍大为度。调整圆锯锯心使其突出齿面约3毫米（图4-24），将圆锯锯心垂直刺入欲作圆锯孔的中心，使全部锯齿紧贴骨面，然后开始旋转圆锯，锯出槽后，将锯心退回，继续分离骨组织。操作期间，用止血钳将圆锯周围软组织提起，以防操作时卷入锯齿。术者左手按压圆锯，右手旋转锯齿，直到骨板锯透（图4-25）。待将要锯透骨板之前彻底去除骨屑，用骨螺子旋入中央孔，向外提出骨片（图4-26），如无骨螺子可用外科镊子替代。剪除黏膜，修整创缘，然后进行清除脓汁、除去异物和肿瘤、打出牙齿等治疗措施。主手术完成后，缝合固定引流管。创口皮肤一般进行假缝合，刀口覆盖结系绷带。若以诊断为目的，术后将骨膜进行整理（图4-27），皮肤结节缝合，闭合手术通路（图4-28），外系结系绷带。通路闭合可以根据主手术目的进行封闭或开放式闭合。

图4-21 术部铺设创巾

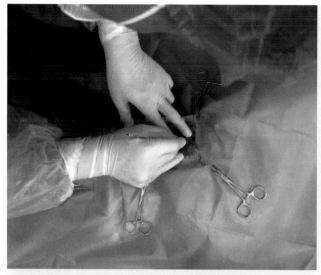

图4-22　皮肤U形切开

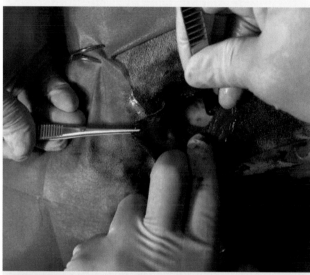

图4-23　骨膜剥离器剥离骨膜

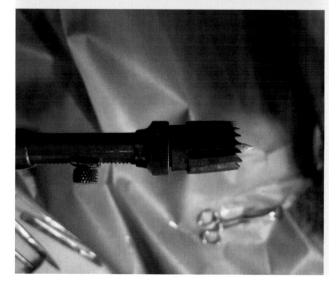

图4-24　调整圆锯的锯心

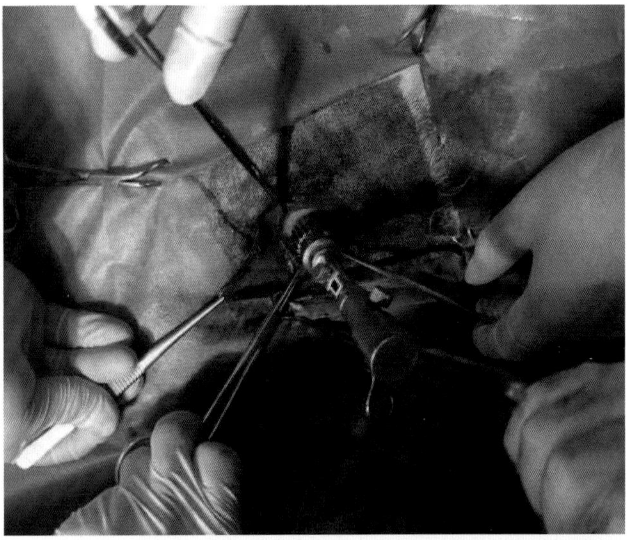

图4-25 圆锯操作

图4-26 暴露副鼻窦腔

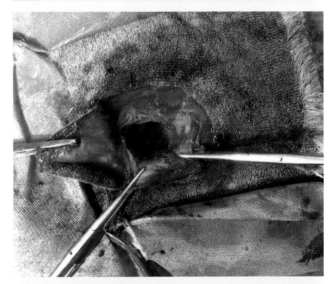

图4-27 拉展骨膜组织

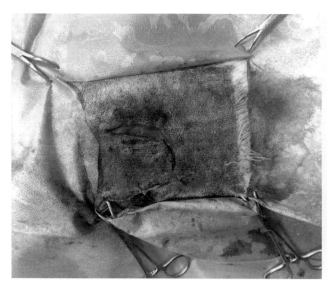

图4-28 皮肤结节缝合

（6）术后护理 每日用消毒药冲洗，直至炎性渗出停止再拆除引流管。有全身反应的病马还应给予对症治疗。

五、马牙科疾病

马的牙科疾病是兽医临床上的多发病。马匹通常因患牙科疾病而对饲草咀嚼不充分，直接影响其消化和营养吸收，造成营养不良、体质衰弱、生产能力下降，进而使得机体抵抗力降低而患其他疾病。

（一）病因

1.饲养管理的问题

饲草质量差或饮食不合理造成牙齿的生长发育异常，生理功能改变，抗病力下降。

（1）中毒性因素 重金属中毒、药物中毒对牙齿产生不良影响。

（2）营养素缺乏因素 缺乏维生素C、维生素D和维生素A都会影响牙齿的健康。

2.遗传性疾病因素

糖尿病时由于胰岛素缺乏，影响机体代谢机能，易发牙龈炎。

3.机械性因素

牙齿磨灭不正，食物在齿隙残留，外力如摔倒等易造成齿裂、齿折等，导致发生感染。另外，口衔佩戴不当、搓牙治疗、饲草中有异物（如狼针、木屑或铁钉）等机械性损伤还会造成软组织感染引起齿槽骨髓炎。

（二）临床症状

马常发牙齿发育异常，如上门齿过长、牙齿磨灭不正、斜齿（图4-29）、过长齿、波状齿、阶状齿和滑齿。发生这些牙齿问题时，患马表现为咀嚼缓慢且不充分，采食时间长，咀嚼时头倾向健侧，口腔会残留食物，口臭和流涎。长期遭受牙齿疾病还会使得被毛粗乱、消瘦、粪便异常等。此外，马在成年后易发生龋齿，且多见于第二和第四上臼齿。长期的龋齿或齿折还会引起马匹齿槽骨髓炎等，造成体温升高、精神沉郁、采食困难、口臭流脓或副鼻窦蓄脓等症状。

（三）防治方法

1.定期进行口腔检查

马匹在镇静后，使用开口器充分打开口腔，用头部支撑装置适当支撑头部（图4-30）。左手捏住鼻唇镜进行徒手保定，右手深入口腔探查牙齿表面磨损情况。利用头灯或其他光源视诊齿列情况，从上、下唇黏膜和切齿的齿龈开始仔细视诊，观察颊部、齿龈、舌侧面黏膜有无损伤、溃疡和肿胀。同时注意口气是否异常。然后再结合触诊检查牙齿的位置和方向，以及牙齿磨灭情况，有无齿裂、齿缺损、换牙、牙齿松动等（图4-31）。如怀疑牙根或齿槽患病时，可做X线检查。

2.加强饲养管理

提供均衡营养，平时注意观察马匹采食、咀嚼动作及粪便情况，及早进行牙科检查。

3.牙齿异常的治疗

（1）过长齿　用齿剪或齿刨去除过长的齿冠，再用粗、细齿锉进行修整（图4-32和图4-33）。软组织损伤时进行口腔冲洗，损伤处涂抹碘甘油。

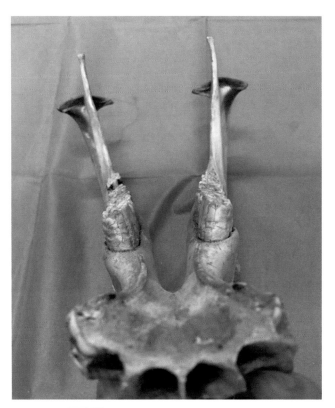

图4-29　下颌牙齿磨灭不正引起的斜齿

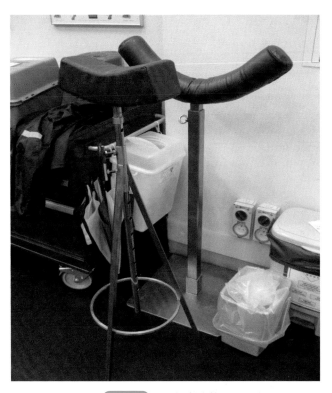

图4-30　头部支撑装置

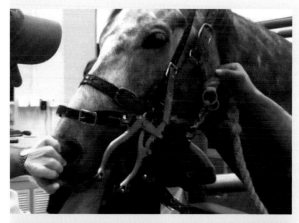

图4-31 口腔探查牙齿缺损情况

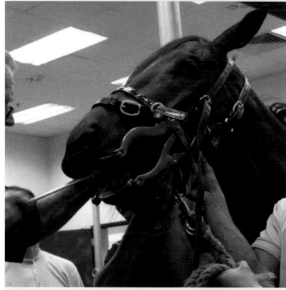

图4-32 用手锉挫牙

图4-33 电动挫牙

（2）锐齿　可用齿剪或齿刨去除尖锐的齿尖，再用齿锉适当修整其残端。下臼齿重点修整内侧缘，上臼齿重点修整外侧缘，冲洗口腔后，损伤处涂抹碘甘油。

（3）阶状齿和波状齿　剪断或拔除病齿的过长部分，然后逐渐用齿锉修整搓平。

（4）齿间隙过大和上颌臼齿拔除　通过马上颌前窦的手术部位拔除上颌臼齿后进行X射线成像检查，对间隙或拔除臼齿形成的空位进行塑胶镶补技术，填塞漏洞（图4-34～图4-36）。手术通路的打开请参见马副鼻窦蓄脓部分。拔牙后，齿槽骨因缺失牙齿而形成口鼻瘘，需用牙科材料进行填塞闭合。术后刀口缝合如图4-37所示。

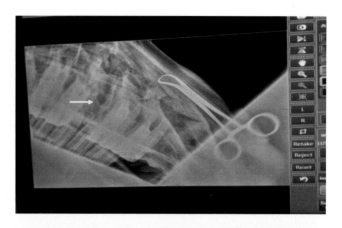

图4-34　上颌骨X射线成像

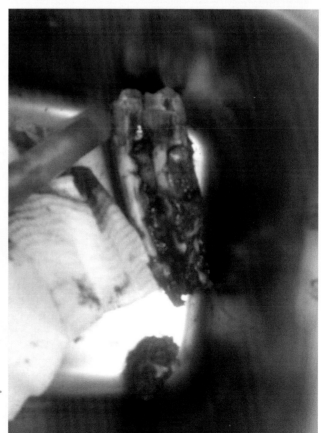

图4-35　被拔除的上颌臼齿

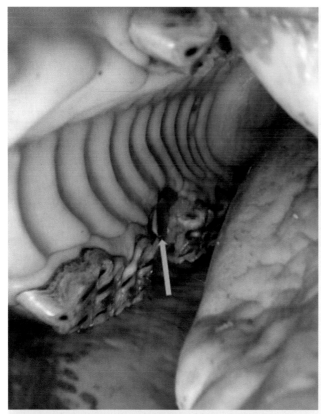

图4-36　塑胶塞填补空隙

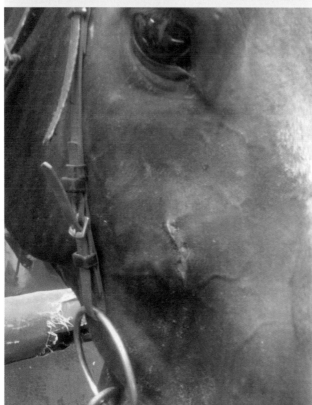

图4-37　术后伤口开放处理

六、马鼻泪管阻塞

鼻泪管阻塞常一侧或双侧发病。临床上以长期溢泪和内眼角有脓性分泌物附着为特征。马的鼻泪管开口于鼻前庭（如图4-38所示）。

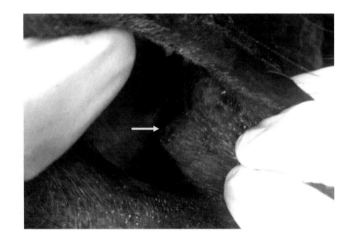

图4-38 鼻泪管在鼻腔开口位置

（一）病因

1.异物性因素

常有异物如脱落的睫毛、沙尘、眼屎等落入鼻泪管。

2.外伤性因素

外伤引起官腔黏膜肿胀或脱落。

3.继发性因素

常继发于结膜炎、角膜炎等眼病，如图4-39所示的眼睑的视诊，手指按压眼眶上下眼窝，并向眼角内推，可使上下内眼睑和第三眼睑外翻，以便检查可视黏膜是否有病变，如炎症、异物、脓性分泌物等。

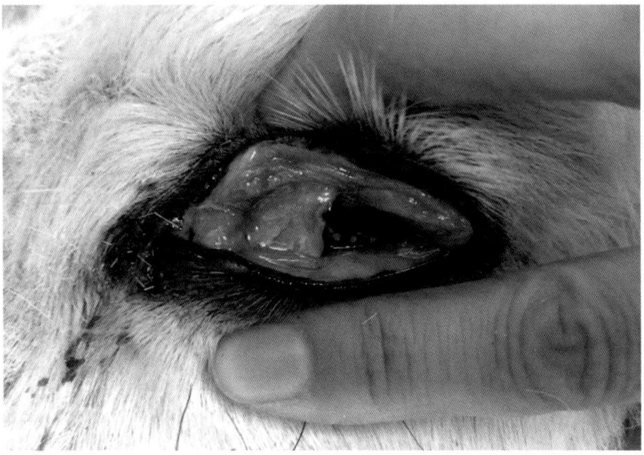

图4-39 眼睑视诊

（二）临床症状

患马表现出溢泪、内眼角有脓性分泌物附着。皮肤长期因泪液的浸渍可发生脱毛或湿疹。

（三）防治方法

1.视力检查

视力正常的马，当听到声音时，立即注视发生方向，运步灵活。视力丧失或不良的马，耳部频频摆动，注意收集声音，易受惊动，步行时常低头探寻地面，前肢高抬，小心前进，甚至撞到障碍物上，若一眼失明，常斜颈，使用一侧健康眼。用手掌慢慢接近眼部，如视力丧失，上下眼睑无反应。

2.眼部检查

检查者一手拉住笼头，必要时打开眼睑，如图4-39所示的打开眼睑方法，注意左右眼进行对比，如两眼均患病可和健康家畜对比。打开眼睑后按照如下顺序进行眼的检查。

（1）眼睑　有无外伤、肿胀、畸形、眼睑开张情况，分泌物的性质和数量，第三眼睑有无新生物，如肿瘤。

（2）结膜　用手打开上下眼睑，观察颜色、充血、损伤、溃疡、异物、分泌物性质和数量等情况。正常为粉红色，发炎时血管充血，并有纤维素性或脓性分泌物。

（3）角膜　注意角膜损伤、溃疡、穿孔（有房水流出）、角膜翳、新生毛细血管。正常角膜透明。可用角膜镜检查角膜面。

（4）眼前房　检查眼前房的深度，观察眼房液的透明度，眼房液内有无渗出物、出血和混睛虫（白色，长2～4厘米）。正常眼房液为无色透明。

（5）瞳孔　观察大小、形状、两侧是否一致，不同动物的瞳孔形状各异。瞳孔大小随光线强弱而变化。可用灯光（手电光）照射眼部，检查瞳孔反射。正常情况下，照射一侧眼，另一侧眼的瞳孔也缩小；如有一眼失明，受照射的失明眼，其瞳孔不缩小，但照射正常眼时，失明眼的瞳孔亦缩小。

（6）虹膜　急性虹膜炎时，瞳孔缩小，如虹膜与晶状体粘连称虹膜后粘连，虹膜与角膜粘连称虹膜前粘连，应用散瞳药或缩瞳药常不起作用。虹膜发炎时纹理不清，表面粗糙，有时见有血管，色彩由褐色变成灰褐色。

（7）晶状体　检查透明度、位置，表面如有色素沉着，常因虹膜后粘连造成。正常晶状体为透明体。如做全面检查，最好在半小时前用1%硫酸阿托品点眼2～3次，使瞳孔散大。

（8）角膜、晶状体烛光成像检查　将点燃的蜡烛放在被检眼前外方约10厘米处（最好在暗室）。正常情况下，可在角膜面晶状体前囊和后囊各反映出一个烛像（角膜的烛光成像最清楚），前二者为正像，后囊映出倒像。当移动蜡光时，前两个成像随蜡光向同一方向移动，而倒像则相反。若玻璃体混浊时，倒像反比正常时更清楚。当晶状体移位或缺晶状体时，只见角膜映像，晶状体混浊仅见两个正像。也可散瞳后做检查。

（9）眼底检查　用检眼镜检查先作散瞳。检查者左手持笼头，右手持检眼镜，打开开关，使光线射入患眼，检查者的眼立即接近检眼镜窥视孔进行检视。视野模糊时，旋转透镜轮盘进行调整，直至看清眼底。先寻找视神经乳头。马的视神经乳头呈椭圆形，如同初升的太阳，四周有密集的放射状血管，注意视神经乳头的大小、颜色、形状、凹陷或隆起，眼底上方明亮的绿区即绿毯，向下看到的暗黑色区为黑毯。

3.荧光素钠点眼检查法

使用荧光素钠条，用生理盐水溶解后形成1%荧光素钠溶液，滴于结膜囊内，数分钟后如不能从鼻孔内流出，证明鼻泪管阻塞（图4-40）。马荧光素钠点眼后，黄绿色的液体浸润整个眼眶，多余的液体经下眼睑缘眼角处的泪点流入鼻泪管，最后经鼻腔的鼻泪管开口处流出。

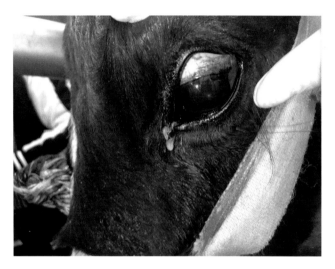

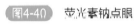
图4-40　荧光素钠点眼

4.外科治疗方法

采用犬用8号或10号硬质单腔导尿管，从鼻孔内的鼻泪管开口处逆向插入1厘米深，导尿管尾端连接含有生理盐水的20毫升注射器，加压反复冲洗，直到生理盐水从内眼角喷出（图4-41）。

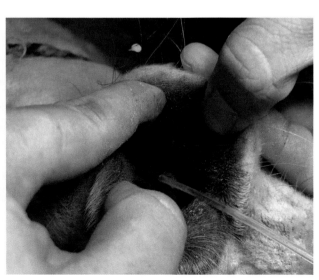

图4-41　鼻泪管冲洗

第二节　腹部疾病

一、马胃溃疡综合征

　　马胃溃疡综合征是指食管、胃和/或十二指肠上部黏膜发生糜烂和溃疡。马是单胃动物，胃黏膜分为4个区，分别是非腺体区、基底腺区、心脏腺区和幽门腺区，容量为5～15升，胃底扩展形成胃盲囊（图4-42）。马胃内黏膜面由明显的褶缘将胃分成较大的无腺部和有腺部，无腺部占据胃底和胃体的一部分。图4-43中显示无腺部有肠胃蝇的幼虫

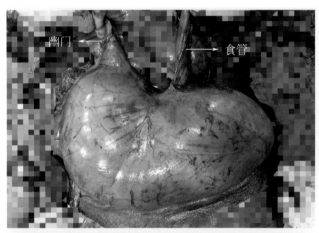

图4-42　马的胃部外观

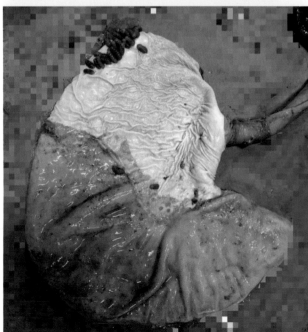

图4-43　马胃黏膜

寄生并形成瘢痕。基底腺区主要分泌胃酸。腺体区域的黏膜比非腺体区域的黏膜颜色更红。非腺区和腺体区之间形成一条线性的皱褶，使两个区域范围很明显地被区分开来，发挥限制胃液上溢的作用。发育良好的贲门括约肌和斜行的食管入口可能是马不会呕吐的原因。幽门是胃进入小肠的开口，十二指肠是小肠的第一部分。幽门括约肌大部分时间呈开放状态，马匹每日需16～18个小时不间断地采食，以保证胃内的充盈。因此，马的胃很少处于空虚状态，且胃内食糜因不断地进食和排出到小肠，使得胃液呈现不同酸度层，例如非腺体区的pH值为7～8，靠近皱褶处的非腺体区pH值为6～7，皱褶区下方的基底腺区pH值为4～5，心脏腺区和幽门腺区的pH值为1～2。越接近胃底部，胃酸浓度和酸度越大。马匹仅在咀嚼的过程中分泌唾液，碱性的唾液在长时间咀嚼中大量产生，进入胃部后能够与胃酸进行中和，降低胃溃疡的风险。

（一）病因

1.运动性因素

当胃部保护性黏膜屏障长期暴露于胃酸中时，就会出现损伤、发炎，最终导致溃疡。因此，靠近褶缘部位的非腺体区是胃溃疡的高发位置，其次是幽门开口。马匹运动时，胃内腺体区内的胃液会因剧烈运动而发生液面起伏。此外，马匹运动时腹部肌肉比休息时更多地对胃产生压力，而造成胃的收缩，导致胃液上部非腺体区的pH值发生变化，即酸度增加，非腺体区黏膜暴露在酸性环境中引起黏膜糜烂或溃疡，称为胃溃疡。

2.排泄性因素

主要是因为食糜不能正常地从胃内排出，例如采食谷物过多造成胃扩张，或是胃肠道阻塞引起疝痛，但胃排泄阻塞（例如幽门狭窄）较罕见。

3.肿瘤性因素

肿瘤生长会在胃内占位且引起胃黏膜发生炎症。胃部肿瘤常见鳞状细胞癌，它存在于胃的非腺体区域。当成年马表现出体重减轻、食欲不振、贫血和间歇性流口水时，应进行胃部内镜检查以寻找鳞状细胞癌的症状，例如黏膜坏死。当肿块已足够大或扩散到腹膜腔时，有时可通过直肠触诊感知，或在腹膜液中可见肿瘤细胞。

4.反流性因素

当小肠因梗阻或功能障碍时，其蠕动减缓或消失，肠内大量的液体会反流进入胃内，而液体可能主要来自胰腺。正常胰腺液呈水性，无味。当十二指肠或空肠发生炎症，胰腺液呈红色，浑浊，恶臭。如果胰腺液介于这些描述之间，可能是小肠阻塞。

5.食物性因素

谷物饲粮在消化道代谢产生挥发性脂肪酸。运动马的饲粮中谷物含量较高，代谢副产物中含大量的挥发性脂肪酸，降低胃液pH值。

6.药物性因素

长期大量服用非甾体类消炎药物，可引起黏膜溃疡。原因可能是抑制了PGE2抑酸作用的发挥。

7.继发性因素

十二指肠炎症会引起水样腹泻、磨牙或疝痛。继发性胃溃疡可引起黏膜穿孔，有致命性。

（二）临床症状

根据黏膜损伤的范围和深度，可表现出不同程度的临床症状。通过胃内镜检查，通常会发现糜烂面或溃疡面在皱褶附近，或沿着皱褶向非腺体区的黏膜延伸。如图4-44所示，胃内窥镜可见胃黏膜非腺体区出现大小不等的多个溃疡灶，呈黄白色。胃黏膜轻度损伤时，马匹因轻度腹痛而表现出精神不振、食欲减少、体重减轻、被毛无光泽、腹泻、咬槽、反复腹痛等轻微的迹象。如图4-45所示，轻度胃溃疡时胃内窥镜可见非腺体区局部少量的黏膜发红的炎症病灶。如图4-46所示，马胃溃疡时内窥镜检查可见非腺体区大范围的黏膜炎症，充血发红。胃黏膜损伤范围扩大，深度加深会引起严重腹痛，或称疝痛。但疝痛有可能提示患有胃溃疡，未必是腹痛的主要病因。临床上马匹发生胃溃疡大多未必表现出临床症状，或仅有轻度症状。

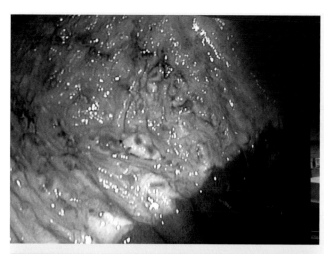

图4-44 胃内窥镜下的胃黏膜

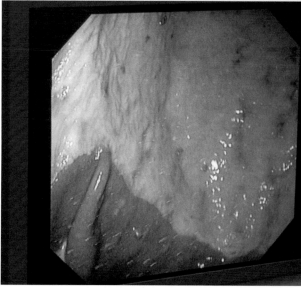

图4-45 胃内窥镜见黏膜炎症

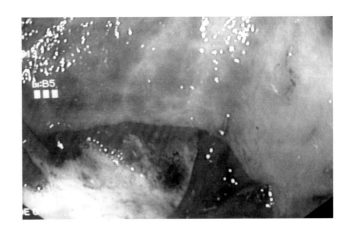

图4-46 内窥镜见黏膜充血

（三）防治方法

1.鼻胃管排液

胃反流的治疗包括通过鼻管进入胃，以排出胃内容物。

2.胃内镜检查

十二指肠炎症时，内镜检查可见非腺体区黏膜和十二指肠黏膜出现肿胀，伴有黄色脓液和病变。马可能开始流口水，磨牙，有周期性的疝痛，并有明显的体重减轻。这表明十二指肠有纤维组织的严重炎症，阻碍胃排空，导致严重的继发性胃或食管溃疡。

3.药物治疗

用抗溃疡药物治疗，大多数幼驹可以在1周内恢复止常。

（1）使用铝/氢氧化镁制剂缓冲胃酸，每天两次口服240毫升。

（2）使用组胺-2受体拮抗剂，如西咪替丁和雷尼替丁。

（3）使用质子泵阻断剂，如奥美拉唑。FDA批准的唯一产品是一种名为Gastro Gard的口服糊剂。口服Gastro Gard，以4毫克/千克的剂量，每天1次，已被证明可以减轻马在训练中原发性鳞状病变的严重程度。

（4）硫糖铝可用作黏膜保护剂，保护溃疡面。

（5）使用抗生素　如多西环素。

【附：纤维内镜检查方法】

马用胃内窥镜如图4-47所示。马内窥镜专用清洗装置如图4-48所示。马匹接受纤维内镜检查前需镇静，然后用一根顶端带有镜头的长而灵活的3米纤维内窥镜首先从鼻孔进入，一旦马匹吞咽后，管子自然进入食管，进而进入胃部。内窥镜检查的马匹保定方法和检查者的姿势如图4-49～图4-51所示。马匹纤维内镜进行胃内黏膜视诊时需进行镇静，结合四柱栏、鼻捻子保定，使用软透明硅胶管先从一侧鼻孔插入，以便纤维内窥镜头端顺利到达咽部，进入食管和胃。马匹纤维内窥镜操作时需一人操作头端控制插入深度，另一人调节头端角度。二人同时观察显示屏影像信息进行头端方向和深度的适时调整。通过显示屏图像了解胃内黏膜情况。内窥镜检查内容包括食道黏膜、胃黏膜和十二指肠黏膜。在疗程结束前，应该禁止一系列胃镜检查，否则即将痊愈的溃疡将很有可能迅速复发。每匹马进行胃内窥镜检查后，都必须使用专用清洗设备进行内窥镜清洗消毒。

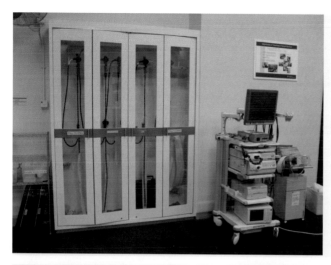

图4-47　马用胃内窥镜设备

图4-48　内窥镜专用
清洗装置

图4-49　鼻腔插管

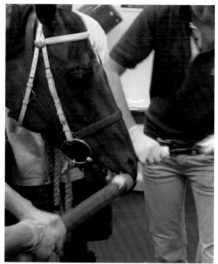

图4-50　鼻捻子保定

图4-51　内窥镜屏幕检查

二、马疝痛

马的疝痛也称为马的急腹症，是马属动物的常见急性发作的疾病之一。主要是胃肠道炎症或暂时性阻塞等因素引起腹部不同程度的疼痛。随着兽医诊疗技术的提高，马疝痛的预防和治疗都取得了进步。兽医知识的进步以及新药和外科技术的发展更有助于提高患疝痛马的存活率。

（一）病因

1.饲养管理不当

饲养管理不当是主要病因，例如驱虫不当造成大量虫体阻塞肠腔、马胃蝇病、胃溃疡等。牧草病（肉毒芽孢梭菌引起）常引起小肠梗阻，但体温正常；消化不良引起肠音增强，发生痉挛性疝痛；肠变位引起剧烈的疝痛。

2.沙石的摄入性蓄积

沙石在消化系统的大量蓄积也是引起疝痛的重要原因之一。马通过吃草或吃地上的干草或谷物来摄取沙子。土壤是含有一定量的沙子（沙子是一种天然细碎岩石），此外还含有粉土，粉土是一种更细的岩石颗粒。有些土壤还含有砾石，砾石是比沙子大的岩石颗粒。而马匹在采食时摄入的淤泥、沙子和砾石都必须经过马的消化系统，才能从类便中清除。马的胃肠道需要足够的蠕动力，才能清除沉积的沙石，而大结肠是沙石沉积量最多的部位。少量的沙石沉积会刺激胃肠道蠕动，但大量的沙石沉积会阻碍胃肠道蠕动，造成消化不良和营养吸收障碍，甚至引起腹泻和疝痛。

（二）临床症状

马疝痛的典型临床症状包括慢性腹泻、体重减轻、肠音减弱或消失、四肢发凉、精神萎靡、脉搏增数、后肢蹴踢或回头啃咬自己的腹部、食欲下降或废绝、回头观腹。严重的疝痛表现出性嗅反射（上唇外翻）、刨地、玩水而不饮、呼吸加快、反复起卧、打滚、犬坐姿势或仰卧、排尿姿势而无尿、大量出汗。可视黏膜会出现不同颜色，例如黄染、发绀。机体大量脱水引起皮肤弹性下降。但对马疝痛进行外科手术时，可见肠管阻塞，甚至变性坏

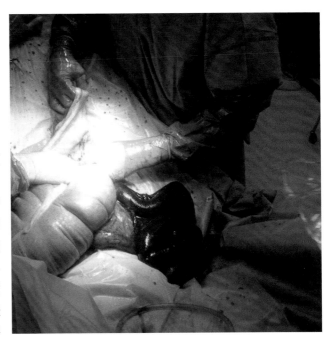

图4-52 小肠坏死

死（图4-52）。马肠道坏死引起的疝痛，手术时取出的小肠组织整体颜色呈黑红变性坏死。

马疝痛的预后需根据机体心血管功能进行评估。评估指标包括血压、心率、口腔黏膜毛细血管再充盈时间、精神抑郁程度、静脉血红蛋白浓度、血细胞比容、红细胞计数、血清尿素氮浓度和乳酸浓度、腹腔液乳酸浓度。

（三）防治方法

1.禁饲

马表现出上述临床症状疑似疝痛时，应立即停止饲喂。

2.实验室检查

立即抽血进行实验室CBC、PCV和TP评估。血清乳酸浓度正常时＜2毫摩尔/升，存活率高的在（2.98±5.53）毫摩尔/升，存活率低的在（9.48±5.22）毫摩尔/升。血浆乳酸＜6毫摩尔/升时，可对疝痛马的预后进行评估。

3.镇静

对于严重疝痛的马匹需给予镇静，以便安全地实施急救。脉搏增数（预后指标）＞80次/分时，说明生命危险。

4.腹腔穿刺检查

腹腔穿刺时需马匹镇静。腹底剑状软骨突起后缘15厘米，腹白线两侧3厘米处为穿刺点（图4-53）。穿刺部位剃毛消毒后，术者下蹲，左手稍移动皮肤，右手持穿刺针垂直刺入腹腔4厘米，拔出针芯，用常规采血管接着流出的液体，进行实验室检查。首先观察穿刺液样本的性状（如出现血色和浑浊，为肠变位特征之一）。然后在显微镜下进行样本细胞计数［异常时，细胞数＞（1～2）×10^9个/升］，最后对样本进行生化检查，如测得总TP＜12克/升，腹水乳酸浓度＜血浆乳酸浓度时，再结合上述症状，则可怀疑肠变位，需立即进行手术治疗。

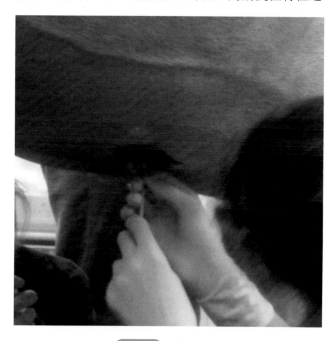

图4-53　腹腔穿刺

5.直肠检查

检查前马匹需镇静，以保证人和马的安全。操作时使用大量的润滑剂和安全的操作姿势，手在直肠内触诊的顺序为骨盆区（触诊肛门、直肠、膀胱、子宫和腹股沟环）、左腹后区（触诊小结肠和左腹大结肠、左腹壁）、左腹前区（触诊脾、左肾和胃）、腹中区（触诊腹主动脉、前肠系膜根部和十二

图4-54 直检操作

指肠）和右腹区（触诊右上大结肠胃状膨大部、盲肠和右腹壁）（图4-54）。马匹直肠直检时要注意人和马的安全，在马厩内操作时要助手和操作者站在门两侧安全位置进行操作。

（1）肠变位特征 直肠内空虚，有较多黏液或黏液块，通常可摸到局限性气胀的肠段，肠系膜紧张如索状。如果用力触压或牵动肠系膜，患马表现疼痛不安。此时，可判断肠变位。而肠变位通常可分为肠扭转、肠缠结、肠嵌闭和肠套叠。不同的类型，摸到的结果也不一样。如为小肠缠结，可摸到肠系膜紧张或呈索状；如为肠套叠，可摸到圆柱形肉样肠管和套叠部，为诊断肠变位提供重要线索。

（2）急性胃扩张特征 在左肾前方可触摸到膨大的胃后壁，胃壁紧张，脾脏后移。感知胃内容物的状态（如气体或食物），进行鉴别诊断。

（3）肠阻塞特征 可摸到不同硬度的粪结。

6.投胃管检查（释压减痛）

用于食道探诊，探查其是否畅通；用于胃部排气或抽取胃液以释放胃内压力，缓解胃部疼痛。

7.腹部超声检查

局部剃毛，超声探头置于脐孔后方区域，测量肠壁的厚度（图4-55）。

8.外科手术治疗

需立即手术的病例应尽快进行术前准备，施行开腹探查和肠管断端吻合术等主手术。而这个操作速度大大决定了马匹的成活率。具体手术操作见图4-56～图4-74所示。先进行腹部剃毛和消毒，剃毛范围超过脐孔周围。然后，铺设创巾，创巾开口，暴露脐后20厘米长的区域创巾钳固定。接着，外科手术刀片一次性沿腹中线切开皮肤15～20厘米。依次锐性剪开皮下结缔组织，暴露腹膜并打开腹腔通路。打开腹腔后，先取出臌气的盲肠，在

图4-55 腹部超声检查

纵带处穿刺放气，或者取出臌气的结肠穿刺放气。对于肠变位的病例，取出小肠，直到找到坏死变性的肠管，辨认坏死范围，准备摘除坏死组织。在摘除前先将小肠内容物用手挤压，顺着肠管走向将所有肠内容物挤出肛门外。摘除肠管坏死部分，行肠管断端吻合术。对于肠阻塞病例，在盲肠放气后，找到结肠的骨盆曲段准备灌洗。在骨盆曲处较细的结肠侧壁用手术刀扎一小口，进入污染手术操作。将灌洗的胶管从骨盆曲的切口处先后向2个方向进行温生理盐水的灌洗，通过液体软化坚硬的粪结并冲出，此过程为污染手术。肠阻塞的粪结完全冲通后，用温生理盐水冲洗干净肠壁切口四周，对结肠的切口进行第一层内翻缝合，再用温生理盐水冲洗整个外露的肠壁组织，直到清洁为止。术者移除被污染的隔离创巾，更换手套，手术由污染转为清洁。对肠壁切口处进行第二层内翻缝合，闭合后检查缝合处漏液情况。肠管组织还纳腹腔后，简单连续闭合腹膜和腹直肌，结节缝合皮下结缔组织，间断水平纽扣缝合皮肤和皮下组织。最后，腹部用弹力绷带包扎，防止缝线断裂和腹壁疝发生。

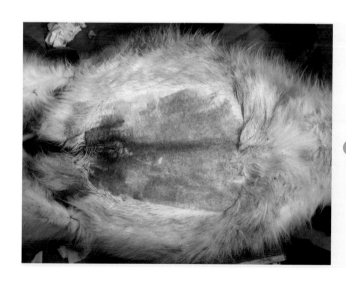

图4-56 腹部剃毛和消毒

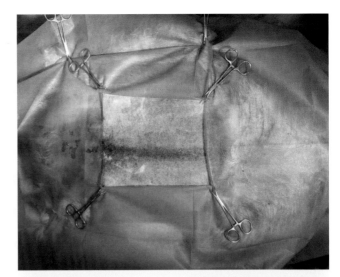

图4-57 铺设创巾

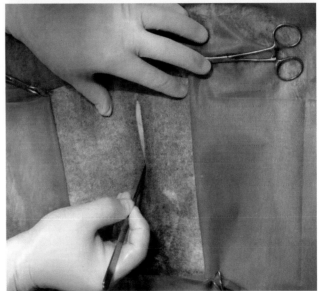

图4-58 沿腹中线切开皮肤

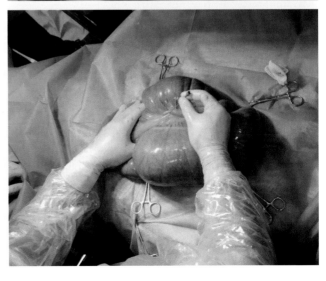

图4-59 盲肠纵带处穿刺放气

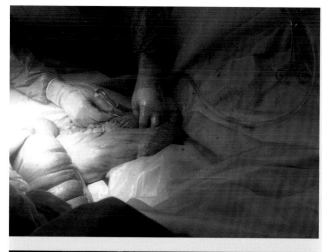

图4-60 结肠穿刺放气

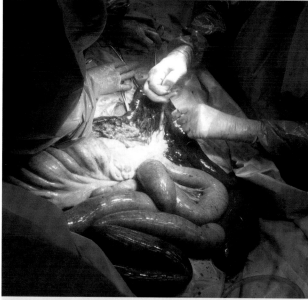

图4-61 取出肠管

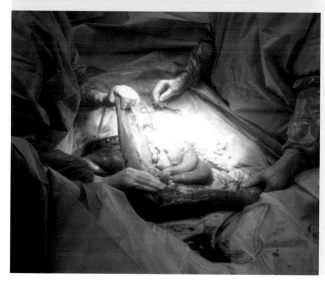

图4-62 排空内容物

图4-63 肠管断端吻合术

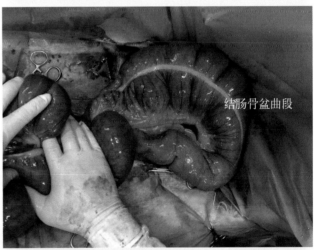

结肠骨盆曲段

图4-64 结肠的骨盆曲段

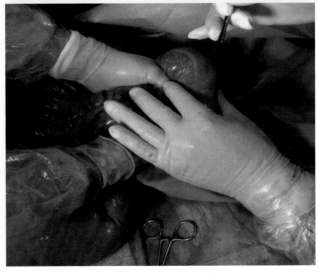

图4-65 结肠侧壁切开

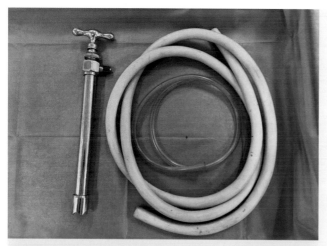

图4-66 肠道灌洗装置

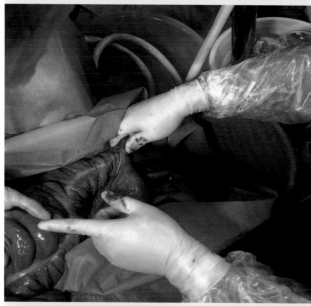

图4-67 肠道灌洗

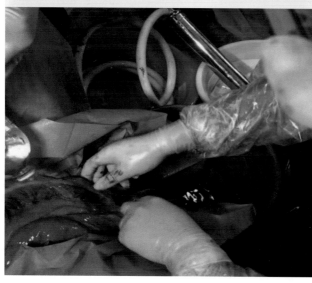

图4-68 肠壁冲洗

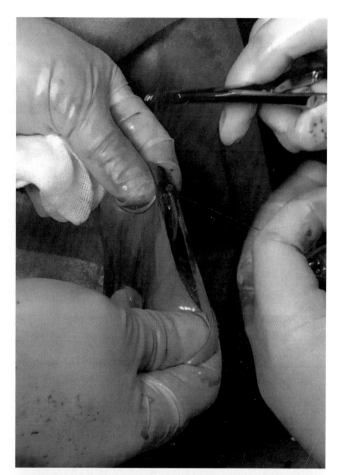

图4-69 闭合肠壁

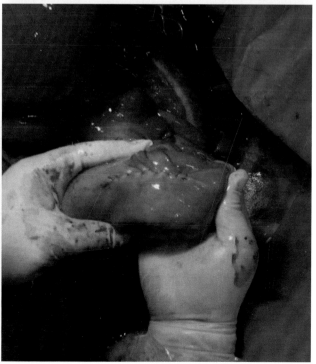

图4-70 检查肠道漏液情况

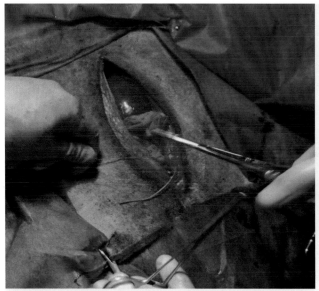

图4-71　闭合腹膜和腹直肌

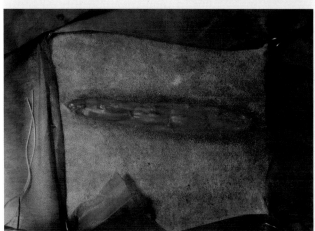

图4-72　缝合皮下结缔组织

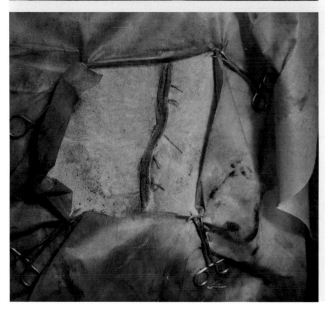

图4-73　缝合皮肤和皮下组织

图4-74 腹部包扎

三、马脐疝

脐疝常见于幼驹。胎儿的脐带内含有胎儿脐静脉、脐动脉和脐尿管，这些组织间是疏松结缔组织，形成脐带走向胎膜。在胎儿出生后脐孔闭合，留下脐带痕迹。如果断脐带不正确，例如太短或发生脐带感染，脐孔过大或不正常闭合时，幼驹强烈努责、用力跳跃等原因，使腹压增大，肠管很容易通过脐孔进入皮下形成脐疝。

（一）病因

1.先天性因素

一般以先天性原因为主，可见于初生时或出生后数天或数周。

2.发育性因素

脐孔发育、闭锁不全，脐部化脓或腹壁发育缺陷等。

3.继发性因素

以脐孔周围腹腔中线为手术通路，腹腔闭合或术后护理不当造成腹腔内器官从刀口处漏入皮下形成脐疝。

（二）临床症状

在脐部出现一个球形肿胀物，质地柔软或紧张，缺乏红、肿、热、痛等炎症反应。病初进行触诊可探明脐孔的大小和疝内容物的性质，例如听诊听到肠蠕动音，则疝内容物为肠管。当周围结缔组织增生时，触诊摸不清疝轮。嵌闭性脐疝不多见，一旦发生可引起全身症状，如不安、高热、食欲废绝、脉搏加快等，须立即手术治疗。

（三）防治方法

1.B超检查

根据内容物的典型B超图征，鉴别诊断肿瘤、脓肿、血肿和疝。

2.手术治疗

手术疗法比较可靠，按常规手术进行术前准备和无菌操作。术中，疝轮纤维结缔组织需剪除形成新鲜切面，水平纽扣缝合。闭合皮下无效腔，皮肤结节缝合。术后进行腹绷带的包扎或选择商品腹绷带套装，保持7～10天。术后抗生素控制感染，保持5～7天。术后避免过饱和剧烈运动。

第三节　骨科疾病

一、马骨折

骨折常因外力直接或间接作用于骨折部位，引起骨的完整性和连续性遭受机械性破坏。同时，骨折部位周围的软组织也会发生损伤。马的各个部位都会发生骨折，但四肢骨和下颌骨骨折较为多发。

（一）病因

1.机械外力因素

赛马常因高速运动造成肢体扭闪或急停、跨沟滑倒等瞬间间接暴力发生骨折，或者因为日常的踢蹴、摔倒、车辆冲撞的直接暴力所致。

2.骨应力抵抗下降因素

马匹因衰老或各种骨质疾病，例如骨软骨病、氟中毒、遗传性骨发育不良时会引起骨质疏松，抗力下降，在受到轻度的外力时即可发生骨折。

（二）临床症状

1.骨裂时局部症状

骨折线仅造成骨完整性或延续性的部分中断，无移位症状。

2.完全骨折时局部症状

完全骨折时形成的骨折断端会发生移位，引起骨变形和骨折断端的摩擦音、肢体变形和异常的肢体活动幅度。断端可引起周围皮肤和皮下软组织开放性或非开放性损伤。

（1）出血和肿胀　骨折时骨膜、骨髓及周围软组织因血管破裂出血，造成局部急性炎症，引起周围组织紧张发硬，不易辨别骨折部位，马匹下颌骨横骨折（图4-75），可见骨折

图4-75　马匹下颌骨横骨折

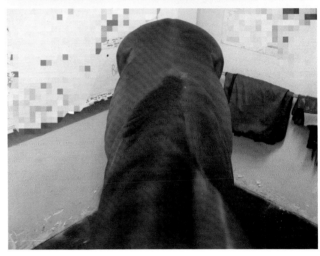

图4-76　马左肩胛骨骨折

线处有出血形成的血肿，视诊时骨折线不易辨清，下颌闭合困难，造成采食障碍。骨折后数日内肿胀加重，10多天后可逐渐消散。马左肩胛骨骨折（图4-76）数日后局部肿胀明显。

（2）疼痛和机能障碍　因为骨折和骨裂都会引起骨膜和神经受损而发生疼痛，马常见肘后、股内侧出汗或全身发抖等疼痛表现。骨裂时，局部会有压痛感。受伤的骨因疼痛即刻表现为不敢负重、跛行等不同程度的机能障碍。

（3）骨摩擦音　将听诊器置于肿胀部位，活动患部可听到骨断端摩擦音；敲打对侧部位，传导音变钝变浊，说明发生骨折。

（4）骨折线可被触及　直肠检查用于马髋骨或腰椎骨折的辅助诊断。

3.全身症状

当骨折部位大量出血或并发内脏损伤时，会发生休克等一系列综合症状；当骨折部位发生感染时，马匹体温会升高，且局部痛感加重、食欲减退。当局部组织遭受破坏后产生的分解产物和血肿不能有效排出时，机体吸收大量的毒素会引起体温升高。影像学检查：根据X线正侧位和斜位图征，了解骨折线的部位和形状及骨愈合情况。X线检查球节正位片（图4-77）可见第三掌骨远端有明显的骨折线图征。

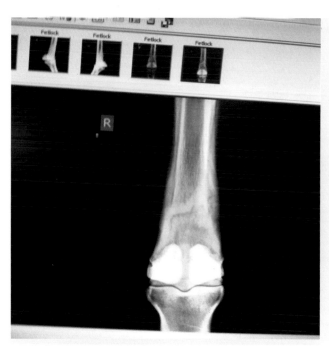

图4-77　X线检查球节正位片

（三）防治方法

1.急救措施

急救时，首先要制止出血和防止休克，给予镇静剂和紧急外固定包扎。用商品外固定支架或绷带、夹板、就地取材等方式对局部进行包扎和简单的外固定，以保护骨折部位不被污染和骨折复杂化，同时起到压迫止血作用，然后尽快就医。骨折的急救处理措施是临时外固定技术（图4-78），图中为模型马模拟的四肢远端腕以下骨折时使用的商品外固定支具。对于骨折断端首先用厚棉片将腕以下部位包扎，然后放置支具进行马匹运输。

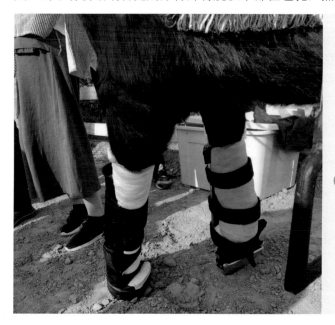

图4-78　骨折的急救处理措施

2.骨折内固定术

根据马匹用途和骨折部位决定手术的必要性。下颌骨骨折使用钢丝进行固定。马下颌骨折进行内固定时，需用生理盐水清创后充分暴露骨折断端，复位后采用电钻在骨组织打孔，然后用钢丝固定（图4-79）；上颌切齿齿槽骨纵向骨折时，采用钢丝进行齿的复位固定（图4-80）；长骨骨折使用马专用的骨板和螺钉，对负重较小的骨折部位，采用切开复位、螺钉和/或接骨板内固定技术进行整复。马匹上半截趾骨（也称长胶骨，英文为proximal phalanx bone，缩写为P1）纵骨折或骨裂时的拉力螺钉内固定法如图4-81，图中显示骨折线已经延伸至指关节面，患马表现为跛行、屈曲试验阳性和局部触诊疼痛。图4-82为马球节处第三掌骨远端骨折的拉力螺钉内固定法。图4-83所示为骨板螺钉内固定方法。负重较大的骨（如掌骨、股骨等）骨折会因内固定不牢靠和术后易松动、弯曲、二次手术拆除等因素限制手术的实施。因此，面对此种情况需多方沟通选择安乐死、截肢等措施。

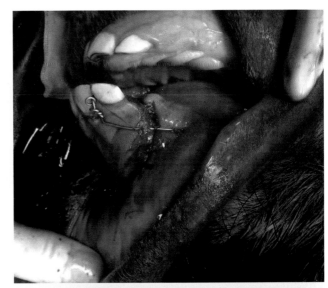

图4-79 马下颌骨折钢丝固定

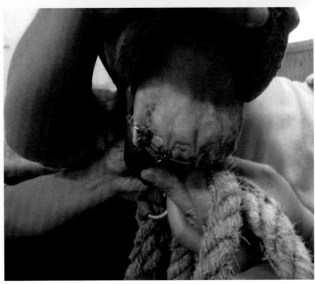

图4-80 马上颌切齿骨折钢丝复位固定

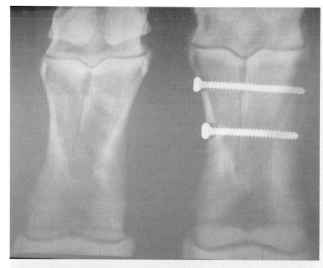

图4-81 拉力螺钉内固定法

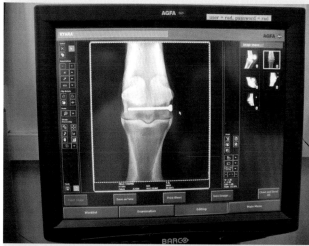

图4-82 掌骨远端骨折的拉力螺钉
内固定法

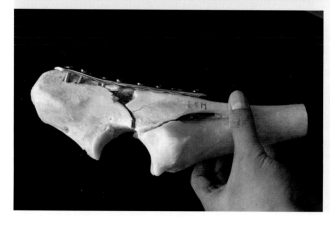

图4-83 骨板螺钉内固定方法

3.术后护理

（1）患马术后需给予镇痛剂，减轻术后疼痛。

（2）额外补充钙剂、维生素A、维生素D、青绿饲草等加速骨的愈合。

（3）局部理疗　防止肌肉萎缩和关节僵硬等，采用按摩、温热疗法、复练等方式恢复功能。

（4）术后悬吊装置　术后将患马置于四柱栏内，用宽扁绳在腹部和股部兜起或利用悬吊装置将马兜起，以便四肢疲劳时，可倚在绳索上休息，保证骨折断端能安静地修复。

二、马骨软骨炎和骨软骨病

在马兽医临床上，处于生长发育阶段的幼龄马驹易发生骨发育不良，形成关节软骨和骺软骨内骨化障碍的一种非炎性疾病，称为骨软骨炎。轻度的骨软骨炎表现为软骨下囊状损伤（也称为骨囊肿），但当受损软骨脱离软骨面时，就称为剥脱性骨软骨炎（osteochondritis dessicans，OCD）。恰巧剥脱的软骨以游离碎片的形式引起关节屈曲障碍时，称为骨软骨病（osteochondrosis，OC）。因此，OCD是骨软骨炎加重的后果。OCD与OC的区别就是软骨碎片是否影响所在关节的屈曲。骨软骨炎可引起骨软骨病。但长期的骨关节病还会引发受损关节的骨膜、关节囊及关节周围肌肉的病理变化，使关节面上生物应力平衡失调，形成恶性循环，不断加重病变，最终导致关节面完全破坏、畸形，造成关节间隙变狭窄，引起骨关节炎的临床表现。图4-84表明了由轻度的关节软骨损伤发展到骨关节炎的进程。

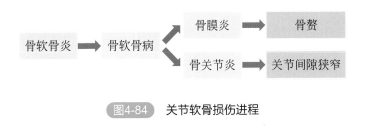

图4-84 关节软骨损伤进程

（一）病因

1.创伤性因素

常见的创伤性因素，例如骨关节遭受过度牵引或压迫性外伤。过度训练或运动不规律的周岁运动马OC发病率较高，其次是2～4岁刚开始投入训练的运动马。

2.继发性因素

长期的骨软骨炎会继发引起发育性骨科疾病，例如骨软骨病。

3.营养性因素

矿物质缺乏、氧张力降低、激素失调、维生素缺乏及代谢病等为诱因，引起骨软骨增殖、成熟和钙化异常，又继发引起软骨细胞外基质异常。

4.循环障碍性因素

通过实验动物造模，血管畸形也会引起该病。

5.遗传性因素

本病具有遗传倾向性。

（二）临床症状

OC易发部位有四肢球节、后肢跗关节和膝关节，较少见于颈椎关节、肩关节和髋关节。

跗关节的受损部位为胫骨远端中间嵴、距骨外侧滑车嵴、胫骨内踝、距骨内侧滑车嵴。

球节的受损部位为第三掌骨背侧远端中矢状嵴、上半截趾骨/跖骨近端背侧缘（或边缘），马球节内关节液正常时呈淡黄色透明黏液（图4-85）。健康的关节软骨表面光亮。马骨关节病时球节内第三掌骨远端关节软骨面出现囊状缺损（图4-86），关节面干燥，关节液量减少。马双侧掌指关节发生骨关节病时，球节关节软骨由于长期负重磨损，造成第三掌骨远端软骨面发生大面积的磨损，可见软骨面因摩擦脱落，关节液呈血性透亮黏液。上半截趾骨近端背侧缘软骨被磨损缺失。关节纤维囊颜色变黄（图4-87）。马球节关节囊周围软组织变黄坏死（图4-88）。第三掌骨背侧远端中矢状嵴软骨和P1近端背侧缘软骨都发生磨损迹象。马前肢双侧球节关节面中第三掌骨远端关节软骨面被大面积磨损（图4-89），双侧磨损情况呈对称式。周围关节囊呈黄色坏死病变，关节液呈血色透亮黏液。双侧P1近端背侧缘软骨都发生磨损和缺损迹象。

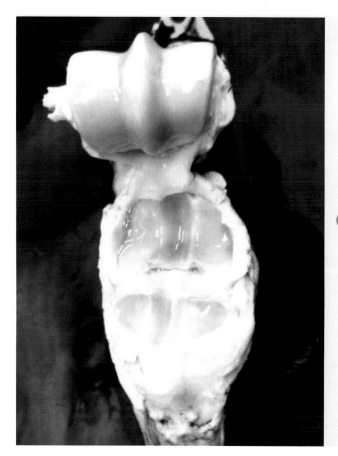

图4-85　关节液呈淡黄色透明黏液

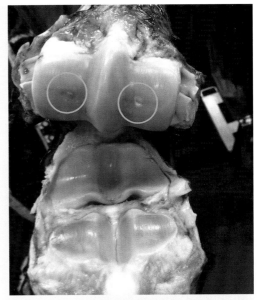

图4-86 掌骨远端关节软骨面囊状缺损

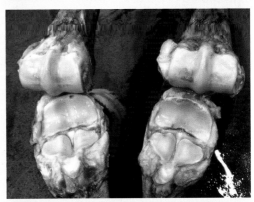

图4-87 关节纤维囊颜色变黄

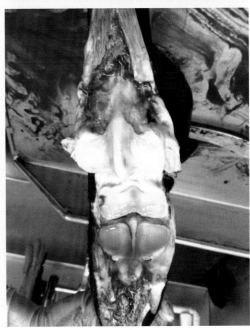

图4-88 马球节关节囊周围软组织变黄坏死

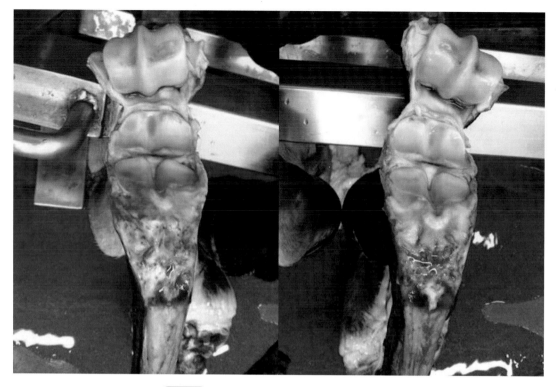

图4-89　掌骨远端关节软骨面被大面积磨损

后肢膝关节的受损部位为股骨外侧滑车嵴和内侧滑车嵴、髌骨远端和股骨滑车沟。

同一匹马发生多处骨软骨病不太常见，常呈双侧病变，其中跗关节还会同时发生多处损伤。

OC的临床特征有物理性关节炎、肢体屈曲畸形、干骺端不闭合、软骨下骨囊肿。临床症状表现为关节肿胀，通常伴有积液；周岁马出现轻度跛行，或依据发病位置和范围的不同出现严重跛行。特别轻微的不表现任何临床症状。

X线片、透视和B超检查时一定要双侧同部位进行对比，关节内出现≥1个关节碎片即可疑似为OC。后肢膝关节的屈曲和/或斜侧位易发现病变，同时观察髌骨轮廓是否完整。OC只有当马驹的年龄在6月龄以上时，影像学诊断才有意义。B超诊断时可区分OC性关节碎片和创伤性关节碎片、损伤位置和严重程度。关节内窥镜（硬镜）检查视为该病确诊的金标准。

（三）防治方法

1.早期预防

由于骨骺软骨骨化的时间问题，有些患有OC的马驹在11月龄以后才有机会自愈。当5月龄的马驹发生球节和跗关节以及8月龄的马驹发生后肢膝关节OC时，都会造成永久性损伤。

2.保守疗法

首先是休息，同时减少能量摄入。全身给予非甾体消炎类药物，关节内或全身注射透明质酸和氨基多糖，以及甲基强的松龙。口服关节保健产品，例如硫酸软骨素和葡萄糖胺，或者直接全身注射含有硫酸软骨素和葡萄糖胺的药品、钙制剂和维生素 B_1。

3.外科手术

外科手术的条件是：软骨碎片＞2厘米，软骨损伤深度＞5毫米；跗关节发病；球节有软骨碎片；髌骨脱位。一般需进行双侧肢同部位的手术，尽早治疗，通过关节镜施行关节清创术，取出碎片。对于慢性病例，尽管可手术清创治疗，但不能根治该病。

4.长期护理

当患马后肢膝关节发生软骨大面积损伤和关节碎片时，需长期治疗和护理。

5.蹄平衡矫正

着矫正鞋可以调节蹄平衡。

三、马骨膜炎

马骨膜炎是常见疾病之一，分为化脓性和非化脓性、急性和慢性骨膜炎，是指骨的邻近软组织感染引起的骨膜炎，造成局部明显的骨膜增生，而不向临近骨膜侵犯。因此，骨膜炎只影响骨皮质，不影响骨髓腔。

（一）病因

1.创伤性因素

常见的创伤性因素如踢蹴、击打、跌倒、碰撞等引起马四肢腕以下的局部骨膜受损。

2.异常牵拉性因素

马匹在快速运动中，四肢的肌腱和韧带在运动时过度紧张，牵拉其所附着的骨膜组织力量过大；或局部骨膜遭受了长期、反复的外力刺激，引起局部骨膜发炎。

（1）周围慢性炎症性因素　当马匹发生肢势异常、削蹄不当、幼驹过早训练、使役过重或骨软骨炎时，因关节炎或肌腱炎向周围骨膜蔓延所致。

（2）病原微生物感染性因素　当马匹发生开放性骨折、内固定手术或化脓性骨髓炎时，病原菌如葡萄球菌、坏死杆菌、链球菌等入侵骨膜，形成骨膜下脓肿，继而破溃浸润周围组织，甚至皮肤形成窦道或蜂窝织炎。

（二）临床症状

1.急性骨膜炎

首先以骨膜浆液性渗出为主，造成局部充血发硬和热痛性扁平肿胀。触诊有痛感和指压留痕。四肢运动出现机能障碍，跛行由轻度变为运动性加重。由于局部疼痛，患马病肢常避免负重而屈曲，以蹄尖着地，如为双侧肢发病，则交替负重或不愿站立。

2.慢性骨膜炎

由于发病骨膜反复或长期发炎，进而转变为慢性炎症，包括纤维性骨膜炎和骨化性骨膜炎。前者病变部位有弹性且仍有热痛感，后者病变部位坚实且突出于骨面，形成小的骨赘或大的外生骨瘤，无痛感。马右前肢球节背腹位外斜侧X线片图征显示中间趾骨（middle phalanx bone，简称P2，也称为短胶骨）近端背侧缘有异常增生的骨赘（图4-90）。马右前肢球节背腹位内斜侧X线片图征显示P2近端背侧缘有异常增生的骨赘（图4-91）。前肢腕关节骨关节炎侧位X线片显示，腕骨关节面边缘出现增生的骨赘（图4-92），且局部密度降低。前肢腕关节骨关节炎屈曲侧位X线片显示，腕骨关节面边缘出现增生的骨赘，并翘起（图4-93）。马前肢球节以下背腹位X线片图征显示，各关节水平面不互相平行，蹄平衡丧失（图4-94）。P1和P2、P2和末端趾骨（distal phalanx bone，缩写为P3，也称蹄骨）关节间隙内侧缘变窄，说明发生骨关节炎。又由于关节炎症的蔓延和周围软组织对关节边缘骨膜的异常牵拉，造成骨膜炎，长期炎症引起关节面边缘骨膜有骨质增生迹象。马前肢腹背位X线片图征显示球节以下各关节面水平线互不平行，蹄平衡丧失。P1和P2关节面外侧缘骨膜有轻度的骨质增生，P3内侧缘和外侧缘局部骨膜有骨赘形成（图4-95）。各趾关节间隙均匀，密度均一。

3.化脓性骨膜炎

临床症状除了局部肿胀、剧痛、窦道和脓性分泌物外，还有全身高热和局部淋巴结肿大、精神沉郁、食欲减退的症状，严重者可继发败血症。

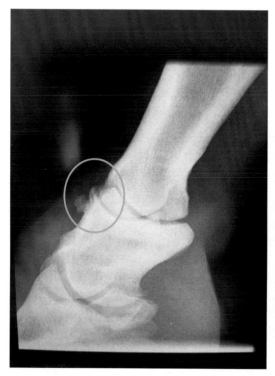

图4-90　中间趾骨近端背侧缘骨赘（一）

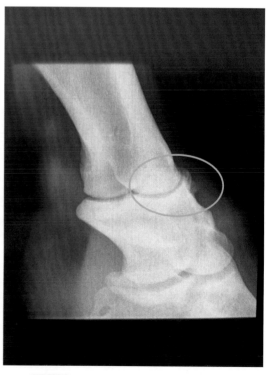

图4-91　中间趾骨近端背侧缘骨赘（二）

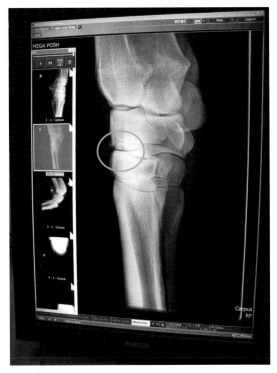

图4-92　腕骨关节面边缘骨赘

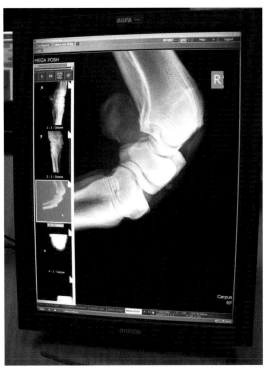

图4-93　骨赘剥离并翘起

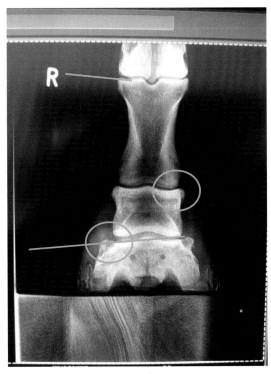

图4-94　关节间隙内侧缘变窄

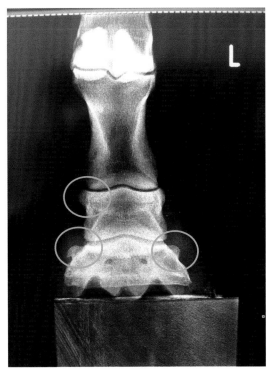

图4-95　骨膜骨赘

（三）防治方法

1.静养

静养即让马匹安静休息。

2.保守疗法

（1）冷疗　急性病例需在发病后第一个24小时内进行局部冷敷，24～48小时后改为温热疗法。

（2）温热疗法　非化脓性骨膜炎时，局部应用温热疗法，如酒精热绷带和各种理疗仪器（例如红外线理疗仪等）促进局部血液循环，减轻肿胀程度和炎症反应。

（3）封闭疗法　以盐酸普鲁卡因溶液在肿胀处周围皮下分点注射，进行镇痛。

（4）抗生素疗法　全身给予抗生素，预防败血症和控制感染。

（5）外涂消炎剂　外敷用醋或酒精调制的复方醋酸铅散、10%碘酊或碘软膏、鱼石脂膏等。

（6）全身非甾体类抗炎药物的使用　例如美洛昔康。

（7）压迫绷带包扎　限制关节活动，减少局部渗出和肿胀。

3.外科疗法

（1）化脓性骨膜炎　当局部组织由坚硬转变为软化灶时，可手术切开局部皮肤组织排脓，或对窦道进行扩创术，对创口进行清洁术后，放置引流条，绷带包扎。

（2）慢性骨膜炎　当骨膜炎转变为骨化性骨膜炎时，需进行外科骨膜环切术，即骨赘周围2～3毫米宽的骨膜组织环形切除，刮除骨赘，修平骨面，皮肤对接缝合。如果该手术治疗无效时，还可做神经切除术。

（3）修蹄　如病因为肢势不正引起，应及时矫正蹄平衡，进行适当的削蹄和装蹄矫正。

四、幼驹肢蹄成角畸形

幼驹肢蹄成角畸形是指幼驹四肢关节发生内翻或外翻畸形，临床表现为腿部外观不直。四肢关节成角畸形常发生的部位为腕关节、跗关节、球节。腕关节是肢体中结构最复杂的区域。腕关节内有许多小骨头和韧带，组成了3个主要关节，即腕桡关节、中间腕关节和腕掌关节。腕骨排列成2排，形成了以桡骨为上界、掌骨为下界的关节。这些骨骼由数条韧带连接并固定，维持了关节的稳定并且吸收外力的冲击。幼驹前肢外观不直，常因腕关节的内翻和外翻造成了桡骨和掌骨的相对成角而不直。当幼驹四肢运步时，因先天发育畸形或关节炎等疾病引起该角度偏于正常值（腕关节为内翻5°、外翻1°）时，就产生了成角畸形，如内翻、外翻和直立。

（一）病因

1.胎儿发育畸形性因素

见于产前期，胎儿腕关节构造异常或胎位异常。

2.生长发育性因素

出生后，马驹因营养过剩、运动过度和外伤导致。幼驹生长发育中，体重逐渐增大，对腕关节产生压力，容易形成内8字的成角畸形。

3.肌肉性因素

腿部肌肉张力松弛，形成无力的后肢。

（二）临床症状

腕关节正常时向内弯5°以内，被认为可防止腕关节骨折。随着幼驹的发育，长大后胸腔扩展，双侧腕关节会转向正前方，形成笔直的前肢，满足运动需求。腕关节因发育性因素造成向外歪斜或向前歪斜等腕关节偏移症状，影响肢的外观。马驹左前肢腕关节外翻（图4-96），造成肢势异常。如发生在跗关节，会造成足外翻，形成"招风"式的外形。如肢的肌肉松弛无力，则会造成球节下沉或蹄直立。长期的成角畸形会引起肘关节与腕关节不在一条直线上，形成偏移。关节的成角畸形会继发骨关节炎、粉碎性骨折、悬韧带近端韧带炎或第三掌骨硬化症。其中，骨关节炎是最常见的继发病。

图4-96　前肢腕关节外翻

（三）防治方法

1.鉴别诊断

通过发病史、视诊和X线即可确诊。

2. 矫正畸形

腕关节或跗关节轻度成角畸形的幼驹可穿着矫正鞋。幼驹专用的橡胶延展内翻矫正鞋如图4-97，鞋的大小可随着蹄的生长而变化。外侧延展部分有助于行走时矫正肢势。该法适用于轻度的关节内翻和偏移。一侧的关节偏移只需纠正一侧即可。幼驹关节外翻1°较理想，腕关节外翻严重者，可通过在蹄内侧粘胶垫延展内侧受力面进行矫正。

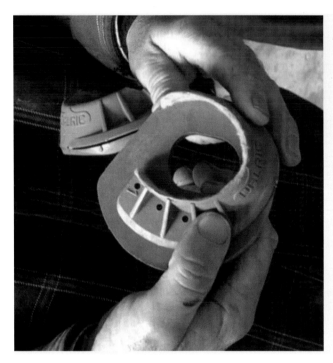

图4-97 内翻矫正鞋

3. 外科手术

矫正失败的进行外科手术，如骨膜剥离术或金属桥连术（即在生长板过度生长的部位拧入螺钉阻止该部位的生长板生长）。幼驹28日龄后生长板缓慢闭合，此时可进行骨膜剥离术。且骨膜剥离术适用于蹄内翻1°的马驹，如果内翻大于1°，则需进行经骺端的金属桥连术。但金属桥连术需在幼驹40日龄后拧入螺钉，否则骨质太松软无法操作。因此，一般在幼驹3月龄时进行金属桥连术。

（1）蹄直立的幼驹 先进行指深屈肌腱副韧带切断术，如不见效，再行指深屈肌腱切断术。术后着装普通蹄铁，在蹄铁底封胶形成软垫，3个月后可恢复球节与系冠蹄的直线角度。

（2）球节下沉的幼驹 因掌部肌腱无力造成球节下沉，蹄尖上翘。马蹄理想的轴线是从球节中心位置开始，划出一条贯穿趾骨和蹄部的理想直线（图4-98）。当球节下沉时，这条线不再平直（呈折线）。在幼驹6月龄时，可穿着矫形蹄铁（特别蹄铁的尾部加长并外展，为蹄踵提供支撑）进行矫正，如无效再用外固定支架进行矫正，即用带有腿套的蹄铁在蹄踵处垫高球节进行固定。或提高饲槽高度，马驹采食时需提高头部，后肢用力才能吃到食物，以起到锻炼后肢肌腱强度的作用。

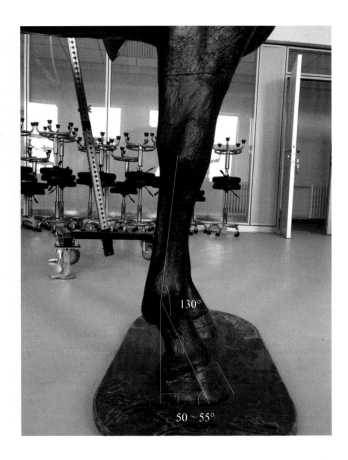

图4-98 马肢蹄理想角度

130°

50~55°

第四节　皮肤病

　　皮肤是马体最大的器官，感觉周围环境的变化和调节体温，控制水分的流失和帮助矿物质的储存，保护内脏器官。

　　皮肤覆盖在马身体的各个部分，不过各处厚度不同。最薄的地方是在口鼻部、嘴唇部、腹股沟的皱褶处以及前腿下面，相应地这些部位更易受伤。

一、过敏性荨麻疹

　　马的许多皮肤病和呼吸系统疾病，可能都是由过敏引起。马兽医临床常见的过敏性疾病包括瘙痒性皮肤病、复发性荨麻疹、过敏性鼻结膜炎和反应性气道疾病。其中，复发性过敏性荨麻疹，不管有没有瘙痒，都是马的常发疾病之一。荨麻疹是一种血管皮肤反应，典型的表现为短暂性、发痒性局部水肿，水肿边界清晰、中心苍白、光滑，有的形成轻度高出皮面的红斑，形状及大小表现多样。此反应是由局部组胺或高敏反应引起的血管活性物质的释放造成。

（一）病因

急性荨麻疹发展迅速，通常有明确的原因。例如，马匹会对镇静镇痛药物的注射或蚊虫叮咬过敏而引起全身皮肤多处扁平凸起的肿胀，即丘疹，也称为过敏性荨麻疹。马匹常见的吸血蠓虫包括库蠓（也称小咬）、黑蝇和蚋属。它们的卵、幼虫和蛹常引起马匹皮肤过敏。但马过敏性荨麻疹的发病机制尚不清楚。在人类，荨麻疹与免疫和非免疫机制有关，导致肥大细胞释放各种介质。有荨麻疹病史的马的真皮-表皮交界处沉积的含免疫球蛋白的细胞明显多于健康马。因此，免疫球蛋白介导的过敏反应可能在马的荨麻疹发病机制中起作用。

（二）临床症状

患马表现出跛行，甚至共济失调（左右摇晃），需排除颈部损伤。皮肤可见明显的局部多处肿胀或皮疹。马静注布托非诺后发生过敏，表现为躯干和颈部皮肤大面积粟粒状皮疹（图4-99和图4-100）。因此，血管性水肿或巨大的荨麻疹是急性暴发的典型表现，通常累及黏膜，有时可累及上肢、下肢及生殖器。

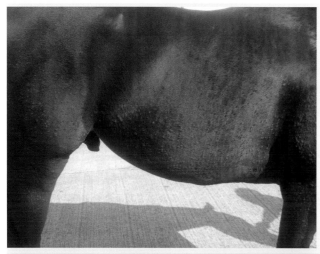

图4-99 马躯干粟粒状皮疹

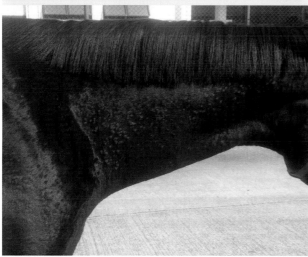

图4-100 马颈部粟粒状皮疹

（三）防治方法

1.静养

静养即保持患马处于安静。

2.局部治疗

水管冲洗局部可减轻皮肤症状，或用炉甘石洗剂冲洗。

3.镇静镇痛

为防止马匹因皮肤炎症而发生自损或不安、食欲下降等，可给予镇静、镇痛药，如布托啡诺。

4.消炎

给予非甾体类消炎药物，以减轻炎症反应，结合抗生素可预防继发感染。

二、马皮炎

马皮炎发生时，通常表现为皮肤结痂和脱屑。当皮肤发生炎症时，局部会有炎性渗出液、血清或者血液，有的发展为脓性分泌物，在局部硬化。而大量脱落的皮屑在局部堆积会形成鳞屑，鳞屑的出现表明皮肤存在角化异常。

（一）病因

引起马匹发生皮炎的病因有细菌、真菌或寄生虫感染，蝇类叮咬和病毒感染，免疫介导等。

（二）临床症状

过度脱屑是马皮炎的典型特征之一，而皮肤脱屑现象通常被称为脂溢症。因此，皮炎的表现除了过度脱屑，另一个典型特征是因瘙痒而蹭痒。

1.细菌性因素

（1）嗜皮菌是一种革兰氏阳性厌氧菌，常见的是刚果嗜皮菌在长期的潮湿天气时，可引起马匹背部皮肤感染。大量的嗜皮菌在马匹颈背部皮肤增殖时即可引起瘙痒，造成马匹非常烦躁。

（2）其他的皮肤常在菌，例如当葡萄球菌和链球菌在皮肤局部大量增殖时，也会引起皮肤发生炎症，如毛囊炎或疖病，呈现红、肿、热、痛的表现。

（3）因假结核棒状杆菌增殖感染而引起的马皮肤病被划分为三类动物疫病，临床上也称为溃疡性淋巴管炎。早期后肢水肿、疼痛，炎症部位排出绿色脓性、恶臭分泌物。

2.真菌性因素

（1）马拉色菌属。

（2）腐霉属。

（3）嗜毛藓菌　引起马匹被毛片状脱毛，但无瘙痒。

（4）小孢子菌和石膏样小孢子菌　引起皮肤圆形脱毛，表面有结痂和皮屑（图4-101）。马感染真菌时，皮肤被毛粗乱，且有大片的鳞屑（图4-102）。将图4-102中的鳞屑用改良Diff-quick染色镜检，低倍镜（40倍）下可见大量的成熟小孢子菌，如呈梭形深染的真菌孢子（图4-103）。

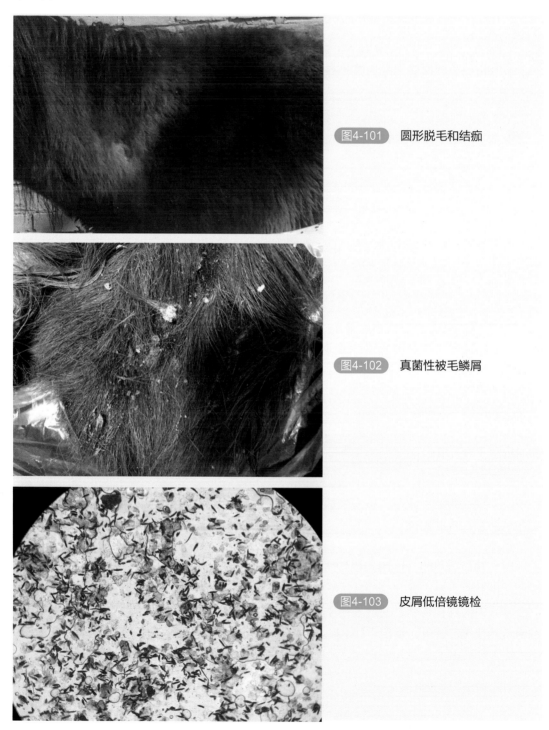

图4-101　圆形脱毛和结痂

图4-102　真菌性被毛鳞屑

图4-103　皮屑低倍镜镜检

（5）蛙粪霉菌属 会引起受损皮肤及皮下组织发生严重的大范围溃疡，其表面有黏稠的脓性分泌物。

3.体外寄生虫

（1）虱子（壁虱、扁虱）引起马皮肤瘙痒、斑状脱毛。壁虱见于鬃毛下，被毛油腻，秃斑；扁虱见于耳内外。被毛表面常能见到大量细小的白色虫卵。

（2）螨虫（马疥螨、痒螨、马足螨和马蠕形螨）常引起皮炎。马足螨引起的特征性表现是散发性的后肢系部屈面皮炎，引起马匹啃咬和摩擦局部，且十分烦躁；家禽恙螨引起马匹颈部严重瘙痒，后肢挠痒引起颈部脱毛；马痒螨病是口岸检疫疾病之一，常引起耳部皮肤损伤；蜱虫叮咬会引起皮肤组织严重的肿胀。

4.体内寄生虫

主要有丽线虫蚴病、马盘尾丝虫病、蛲虫病。

（1）皮肤丽线虫蚴病也称为夏疮，是厩舍的马胃蝇（包括德拉西线虫属和丽虫属）幼虫入侵受损皮肤引起的过敏症状和肉芽肿性损伤，马胃非腺体区黏膜表面吸附有大量的红色马胃蝇幼虫（图4-104）。该病常发生在四肢远端球节以下的腹侧面皮肤，易被误认为其他皮肤病，如疤痕和类肉瘤。

图4-104 马胃蝇幼虫

（2）盘尾丝虫病是盘尾丝虫的微丝蚴经库蠓或黑蝇传播，马匹对死亡微丝蚴发生过敏。发生部位主要是蚊虫易叮咬的面部、颈部、胸腹部腹侧。症状包括被毛稀疏、硬皮、斑块、鳞屑、溃烂、渗出。

5.蝇类叮咬

（1）皮下蝇蛆病（牛皮蝇）　牛皮蝇幼虫偶尔也会在马背部皮下形成结节或包囊，用力可挤出三期幼虫，挤出口会形成"气孔"。

（2）厩螯蝇（牛虻）叮咬后会在马皮肤叮咬处形成3～4毫米的扁平圆形凸起的肿胀结节。

（3）水牛角蝇（黑角蝇属）成群地落在颈背部，马匹会十分烦躁。

（4）蝇蛆病　蝇蛆常在马匹皮肤创伤处产卵孵化出幼虫，聚集在创伤处，引起溃疡和脱毛。

6.病毒性因素

（1）嬛疹病毒-3会引起马匹的阴茎皮肤和阴唇皮肤发生疱疹性皮炎和溃疡。因马的交配而发生病毒性传染。

（2）乳头状病毒Ⅰ型和Ⅱ型可引起马乳头状瘤、类肉瘤、鳞状上皮癌，具体内容见本章第六节。

7.免疫介导性因素

（1）落叶型天疱疮　是一种免疫介导性皮炎，1岁以下马驹病情不那么严重，对治疗反应良好，并可能自发退化。临床症状表现为皮肤硬化、鳞屑性皮肤病，常发生于面部和四肢，具有遗传性。病变包括局灶性结痂、环状糜烂和脱毛，四肢和腹腔可能出现水肿，严重病例同时出现发热、抑郁和厌食症的全身症状。个别病例可能有变异性瘙痒或疼痛。

（2）红斑狼疮　典型的红斑狼疮分为两种形式：一种是慢性皮肤（盘状）红斑狼疮（盘状），可损伤皮肤，偶尔可损伤黏膜；另一种是红斑性狼疮（也称为系统性红斑狼疮），这是一种多系统的疾病，主要侵害皮肤，常见于面部、眼睛周围、嘴唇及鼻孔处，亦可见于会阴及生殖器皮肤。皮肤损伤的临床症状为色素脱失，伴有斑片状脱毛，红斑和脱屑。在长期的病例中，皮肤可能看起来像起皱的羊皮纸。头部的脱毛通常是瘢痕性的和永久性的。阳光可能会加重病变。全身受累罕见，但可能出现发热、体重减轻、蛋白尿、溶血性贫血、低血小板计数及关节病。

（三）防治方法

1.临床检查

对患马进行病史调查，体格检查，皮肤刮片、活组织切片检查，鉴别诊断病因。

2.局部治疗

先用抗虫香波进行局部清洁去污，再用皮肤消毒剂消毒，最后涂抹抗生素药膏。

3.抗生素治疗

全身应用抗生素控制感染。

4.定期驱虫

可选用伊维菌素和类固醇（图4-105和图4-106）。

图4-105 伊维菌素制剂

图4-106 类固醇制剂

5.防止蚊虫叮咬

可给马匹头部佩戴头罩，穿马衣，体表喷洒驱虫剂。马房内可放置驱蚊虫灯或昆虫粘板。

6.镇静

给予镇静药，以便摘除虫体。

第五节 创伤

一、开放性创伤

开放性创伤是临床常发疾病。各种外界因素作用于机体，引起机体组织器官在解剖结构上的破坏或生理上的紊乱，并伴有不同程度的局部或全身反应。

（一）病因

1.机械性损伤

机械性损伤是由致伤物引起皮肤完整性破坏的损伤（图4-107）。

2.物理性损伤

物理性损伤，如烧伤、冻伤、电击及放射性损伤等。

3.化学性损伤

化学性损伤如化学性热伤和强刺激剂引起的损伤等。

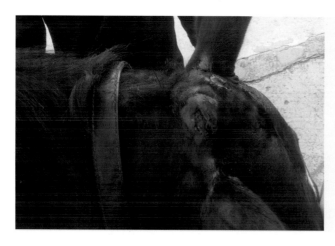

图4-107　头部开放性新鲜创伤

4.生物性损伤

生物性损伤如细菌、毒素等引起的损伤。

（二）临床症状

皮肤的完整性破坏，有出血、创口开裂、疼痛和机能障碍的症状。若创口感染，会出现红肿、发热、疼痛的症状，成为陈旧创，甚至有炎性分泌物和脓性分泌物（图4-108和图4-109）。

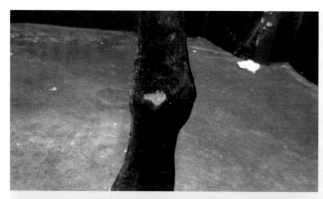

图4-108　球节处皮肤陈旧创

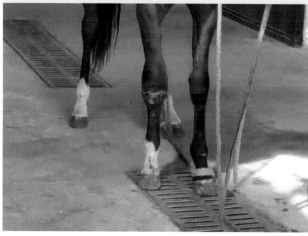

图4-109　腕部皮肤开放性损伤

（三）防治方法

1.创围清洁法和创面清洗法

（1）止血　一旦止血，则开始消毒伤口。

（2）清洁伤口　大量细菌可抑制伤口愈合，需无菌操作。

（3）清创手术　按照无菌操作流程，剪去所有失活组织，清除异物和血凝块，消灭创囊和凹壁，扩大创口或制作引流孔进行引流。

2.外科缝合法

针对不同形状的皮肤创口进行对合缝合，如结节缝合、十字缝合、纽扣缝合等。缝合前马匹需全身镇静，局部皮下浸润麻醉（图4-110）。缝合后涂抹消炎药膏（图4-111）。

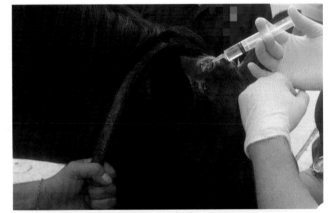

图4-110　局部皮下浸润麻醉

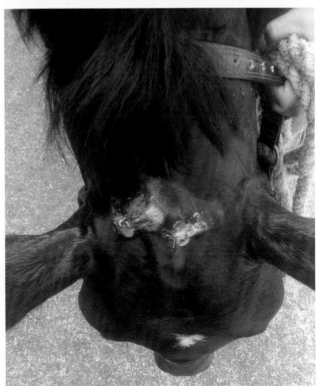

图4-111　皮肤结节缝合后涂抹药膏抑菌处理

3.包扎

经外科处理过的伤口，对完全闭合的皮肤开口进行绷带包扎，需开放的皮肤开口则不需包扎。包扎时需注意：受伤区域被完整覆盖，没有外露；绷带贴身，能较好地衬垫；伤口压力均匀；在骨凸出部分避免压力过大，可加衬垫或开口释压；对侧肢或负重侧肢的软组织部分需衬垫起支撑作用。

4.全身治疗

用抗生素控制感染；另外，根据损伤病因，如为动物咬伤则需注射狂犬疫苗和破伤风抗毒素。出血较多时可静脉补充胶体液或晶体液。补充碳酸氢钠以防酸中毒。强心或解毒。

5.烧伤的治疗

烧伤时，损伤表浅，愈合快。严重的造成休克、低血压。如烟尘造成角膜损伤和坏死，需做全身检查。伤口降温；疼痛剧烈需镇痛；创面涂凝胶或0.1% ～ 0.2%聚维酮碘膏，防止伤口感染；继发感染见于深部烧伤，需检查眼（角膜水肿，疼痛），用抗生素和阿托品点眼；如是烟雾造成肺损伤，机体会发生CO中毒、肺水肿或肺炎时，需吸氧治疗，给予支气管扩张药和广谱抗生素；输液用于抗休克。

6.创伤物理疗法

应用热效应原理，采用各种理疗仪器如红外线、紫外线、激光等光疗法，也可用直流电药物离子透入法、短波、超短波及微波等电疗法。

二、非开放性创伤

非开放性损伤是由钝性外力的撞击、挤压、跌倒等导致的损伤，但皮肤保持完整性，深部组织发生损伤。

（一）病因

机体受到钝性外力直接作用，如踢蹴、棒打、碾压、摔落、撕咬等引起血管或淋巴管破裂。

（二）临床症状

1.挫伤和血肿

挫伤和血肿发病急，肿胀部位迅速增大，有明显的波动感或饱满性弹性（图4-112和图4-113）。4 ～ 5天后肿胀周围坚实，并有捻发音，中央有波动，局部增温。穿刺可排出血液。

2.淋巴外渗

淋巴外渗则发病缓慢，一般在伤后3 ～ 4天出现肿胀，并逐渐增大，有明显的界限，炎症反应轻微。穿刺可见透亮的黄色淋巴液。不可热疗、按摩和涂刺激剂。

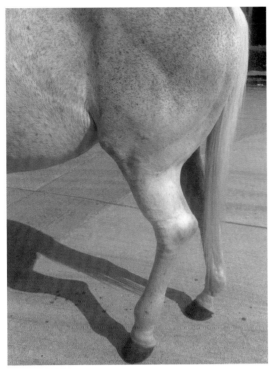

图4-112 球节非开放性损伤后局部肿胀

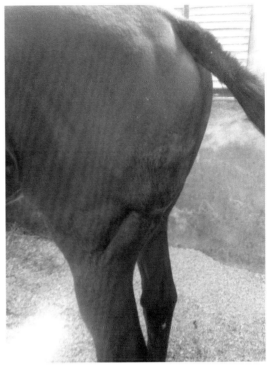

图4-113 臀部皮下血肿可见局部有挫伤和肿胀

（三）防治方法

1.冷疗和热疗

受伤24～48小时内冷疗，超过48小时需热疗。

2.刺激疗法

涂鱼石脂软膏等刺激剂，促进炎性物质的吸收，减轻肿胀程度。

3.压迫绷带包扎

压迫绷带包扎可制止溢血，局部肿胀处进行包扎加压，控制进一步肿胀（图4-114）。包扎使用的棉片，对于机体凸起处需剪出减压孔。

4.镇静镇痛

使用镇静镇痛剂予以镇静镇痛。

5.中药治疗

灌服跌打丸或云南白药等，舒筋活血。

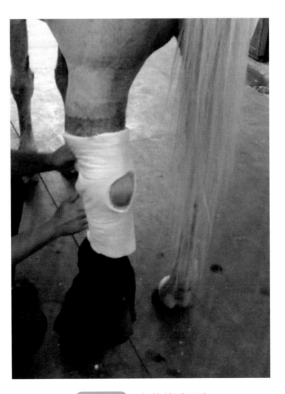

图4-114 包扎处减压孔

6.外科手术疗法

外科手术切开，清创，缝合或开放。淋巴外渗手术切除效果最佳，不易复发，切口需引流。

第六节 肿瘤

一、鳞状细胞癌

鳞状细胞癌是由鳞状上皮细胞转化形成的恶性肿瘤，又称鳞状上皮癌。马多发皮肤鳞状细胞癌，好发部位包括耳郭、唇部周围、乳腺皮肤、鼻孔周围及鼻中隔、眼睑周围、生殖器官皮肤。老龄马多发，并多发于皮肤的无色素区域。

（一）病因

1.辐射性因素

长期阳光辐射，其中紫外线对人和动物的皮肤有致癌作用，引起鳞状上皮细胞过度角化或形成乳头状瘤。因此，高原地区或紫外线强烈照射的地区，会引起白色被毛的马匹多发。

2.机械性损伤

外伤或炎性损伤后形成瘢痕、肉芽肿等基础上易发。

3.化学性因素

化学性刺激，例如有过石蜡、柏油等碳氢化合物接触史。

4.物理性因素

物理性冻伤和烧伤等都会继发该病。

（二）临床症状

鳞状细胞癌一般质地坚硬，单个发生，起初突起于皮肤表面，基底部范围较宽，表面呈菜花样或火山状。恶化加重时发生溃疡，且边缘不规则，甚至出血。癌细胞转移时，首先侵犯临近的淋巴结组织，出现淋巴结肿大的临床特征。癌症晚期时癌细胞转移至肺部，使得X线检查时发现肺部多处片状高密度团块状阴影，最终侵袭骨组织，造成骨密度下降和骨完整性丧失而易发生骨折。

1.眼部皮肤鳞状细胞癌

可见角膜和巩膜上皮层出现肉样团块覆盖表面，略呈白色突出表面，马右眼角膜生长鳞状上皮肿瘤，可见外观呈肉粉色，覆盖在角膜表面，影响视线（图4-115）。眼分泌物呈

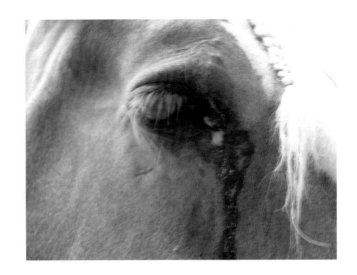

图4-115　角膜生长肉粉色肿物

脓性。随着时间的推移，白色团块由最初的色斑增大为扁平的疣状物，进一步又形成乳头状瘤，最终大范围覆盖在角膜或巩膜上形成癌瘤。个别病例还会扩散侵袭瞬膜和眼睑结膜。

2.外阴部和会阴部的鳞状细胞癌

生殖器官的鳞状细胞癌可见阴茎、外阴、肛门和肛周皮肤组织发生病变，尤其是一些色素沉着缺乏的部位。老龄马和骟马多发。

组织细胞学检查可见：鳞状上皮癌细胞呈圆形，核浓缩，大量增生聚集呈团块或条索状皮肤块，细胞间桥明显。分化良好的鳞状上皮癌细胞呈同心层排列，产生大量的角蛋白，形成角珍珠，属低毒恶性；分化不良的鳞状上皮癌细胞中有个别角质细胞。

（三）防治方法

1.早期诊断

该病的早期诊断是延长生命的重要手段。临床上尽可能地做到早发现、早诊断、早治疗。

2.手术疗法

早期进行瘤体周围的大范围（距离瘤体边缘1～2厘米所包围的区域为切除区域）切除术可解决临床症状（如溃疡和出血）的问题。但切除术会诱发癌细胞向周围组织转移，需同时切除临近的前哨淋巴结以防癌细胞扩散和转移。术中需注意以下几点：

（1）术中用纱布隔离瘤体，保护好各层组织的切面，以防沾上癌细胞发生种植性转移。

（2）术中使用高频电刀、激光刀，随切随止血，可减少癌细胞随血液转移或污染健康组织发生种植性转移。

（3）手术一定要在健康的皮肤组织上切割，不要进入癌组织。遇到血管应先结扎，再切断，淋巴结也是先结扎淋巴管再摘除。

（4）术前和术中用化学消毒液（含氯制剂）冲洗癌瘤区，保证液体与手术创面接触4分钟。

（5）眼部手术时需采用专用的眼科手术显微镜进行镜下操作，将瘤体基底部与角膜上皮细致分离，最终摘除瘤体（图4-116）。术后由于角膜上皮受损，建议眼睑闭合，马眼部鳞状上皮肿物经过眼科手术去除后，在上眼睑穹窿安置灌洗装置，并外固定于眼睑皮肤，方便用药和冲洗（图4-117～图4-120）。

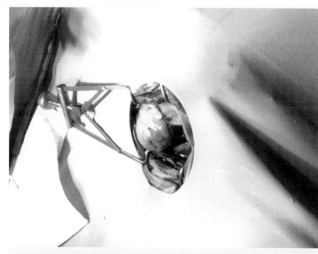

图4-116 角膜鳞状上皮癌时进行眼科摘除术

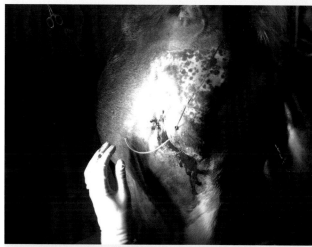

图4-117 眼科手术术后放置眼科专用灌洗装置

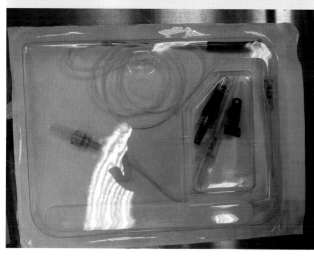

图4-118 马眼科专用灌洗装置

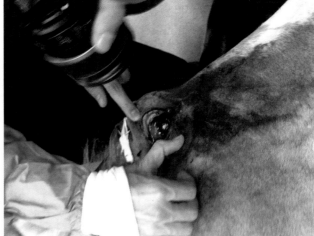

图4-119　眼部肿物摘除后的透明角膜

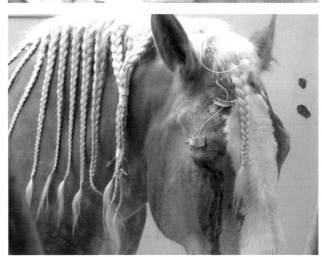

图4-120　灌洗装置的固定

二、皮肤黑色素瘤

皮肤黑色素瘤原则上属于肉瘤类，但其来源于皮肤，是能分泌黑色素的细胞异常增生形成的良性肿瘤，恶性罕见，可破溃继发感染。马多发，尤其是浅色（白色、青色或灰色）、6岁以上的马匹。此外，阿拉伯马因具有黑色素瘤基因而高发。

（一）病因

黑色素细胞是皮肤里的一种特殊细胞，其能分泌黑色素，属于腺细胞。产生的黑色素传递给周围的角质形成细胞，并在这些细胞的细胞核上沉积，起到保护细胞核内的染色体免受光线辐射损伤。皮肤的颜色取决于角质形成细胞内存储的黑色素量。白色或灰色马匹因皮肤的黑色素少，其保护免受紫外线照射损伤的作用也较小，相比肤色深的马匹易晒伤而发生黑色素瘤。因此，环境和遗传等因素均可诱发黑色素瘤。

（二）临床症状

1.发病品种

常见的发病品种有阿拉伯马等白色马种和灰色马种或杂交马匹。

2.发病部位

黑色素瘤多发于会阴与肛门之间的皮肤区域、尾根下皮肤区域、肛周皮肤、头部皮肤（包括耳根、颈、口唇和眼睑）、阴囊皮肤、包皮、四肢皮肤等。白色马种肛门周围皮肤呈现黑色表面圆形凸凹不平的黑色素瘤（图4-121）。黑色素瘤病变多发生于真皮和表皮的交界处。

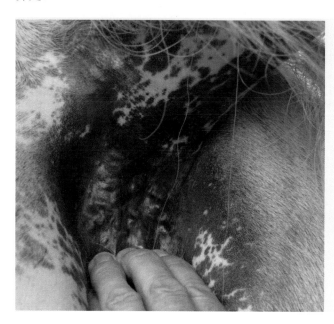

图4-121 肛门黑色素瘤

3.外观形态

黑色素瘤外观形态差异大，会从黑色斑快速生长、扩散成为肿块，色泽也由无黑色或深褐色转变为灰色或黑色。生长在皮肤的黑色素瘤呈圆形、椭圆形或具有肉茎的瘤体，会发生浸润性生长。瘤体切面呈棕色或黑色，色素沉积越少，反而恶性程度越高。这类细胞会通过淋巴管转移至附近的淋巴结；通过血液向远处的肺脏、脾脏和肝脏转移。

4.细胞形态

临床细胞学诊断和/或病理组织切片技术的诊断特征显示，黑色素细胞内或细胞间质中存在大量黑色或棕色的黑素小体。瘤体细胞呈团巢、条索或片状。含黑色素少时，病理组织切片难以证实，易被误诊为癌或其他肿瘤。但是，如见到黑色的瘤体发生坏死或溃疡时，则需引起注意。

5.迅速生长

一些青毛马身上的黑色素瘤可多年不增大，也不转移。但有些青毛马身上的黑色素瘤可能迅速生长，体积增大，甚至发生转移。

（三）防治方法

1.手术疗法

瘤体基部进行多点局部麻醉，按照肿瘤切除的注意事项，尽早切除瘤体，以降低转移和恶变风险。

2.冷冻疗法

冷冻时可用液氮喷枪对准瘤体进行喷射，使之冷却至-196℃，待瘤体及周围组织肿胀隆起，视诊组织呈白色即可，经7～10天瘤体组织会自行脱落。

3.化学疗法

可用氮烯唑胺、5-氟尿嘧啶等。

4.免疫疗法

可用卡介苗注射在黑色素瘤切除后的伤口处。

5.药物治疗

可用甲氰咪胍进行治疗。

三、病毒性皮肤肿瘤

类肉瘤（Sarcoid）和乳头状瘤或疣（Warts）是病毒感染引起的肿瘤性皮肤病。鳞状细胞癌和马类肉瘤在外观上与肉芽组织十分相似，都发生在以前曾受过外伤的部位。来源于类肉瘤的细胞和来源于肉芽组织的细胞比正常真皮细胞生长缓慢。

（一）病因

1.类肉瘤

类肉瘤的病因尚未明确，但有研究证实，临床上常见的马类肉瘤的一个致病因素是牛乳头状病毒（简称BPV）Ⅰ型和Ⅱ型，常发部位有躯干和眼周皮肤。BPV-Ⅰ和BPV-Ⅱ是一种无包膜的双链DNA病毒，其基因组大约为8kb，其自然宿主是牛，该病毒也可引起皮肤或黏膜的乳头状瘤，一般退化而不引起宿主的任何严重临床问题。

2.乳头状瘤

常由马乳头状病毒Ⅱ型引起的，也称为病毒性疣，是常见的表皮良性肿瘤之一，由皮肤或黏膜上皮转化形成。病毒可通过吸血昆虫或接触传染。常见于2岁以内的马。有报道称，紫外线可能是马乳头状瘤的致病因素，但紫外线不会引起马类肉瘤的发生。当疣状物第一次出现时，通常略微隆起、扁平、光滑并呈肉色。

（二）临床症状

1.类肉瘤

类肉瘤是马最常见的皮肤肿瘤，有遗传性，但不转移。马类肉瘤影响所有年龄的马，无马种和皮肤颜色的差异，也没有性别偏好。类肉瘤最常见于4岁以下的马，可能单独或成群出现，多见于头部、腹侧和四肢。马面部类肉瘤（图4-122）外形呈多个圆形结节突起，表面有破溃，质地发硬，表面脱毛，颜色呈黑色。现已研究确认马的类肉瘤有6种临床类型，即隐匿型、疣状、结节型、纤维母细胞型、混合型和恶性型。因此，类肉瘤呈现出不同的外观，如疣状（菜花样）肿块、纤维结节状肿块、扁平丘疹样肿块、表面溃疡性肿块。肿物常呈表面溃疡和继发性感染。在组织学上，类肉瘤由增生的、随意排列的成纤维细胞组成，成纤维细胞被典型的增生上皮覆盖，增生上皮具有特征性的薄叶状并延伸至真皮。虽然类肉瘤局部侵袭性强，手术切除后经常复发，但不会转移。

局部治疗可用抗肿瘤药物5-氟尿嘧啶在肿物周围皮卜注射（图4-122～图4-125）。

2. 乳头状瘤

乳头状瘤为自限性疾病，呈结节状和菜花状突起。瘤体大小不一，有单个存在，也有多个集中分布。颜色多为灰白、淡红或黑褐色。瘤体表面无毛，常有角化现象。瘤体损伤易出血。幼驹的好发部位有口鼻、脸和耳的皮肤。通常在9个月内消退，也可选择手术切除疣。耳郭乳头状瘤呈散在隆起，表面光滑或粗糙，呈苍白色斑块或结节状。斑块既不瘙

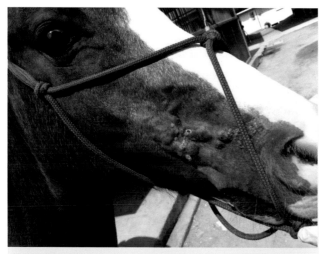

图4-122　马面部类肉瘤

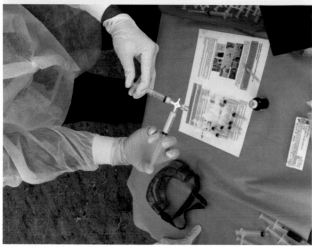

图4-123　抗肿瘤药物5-氟尿嘧啶

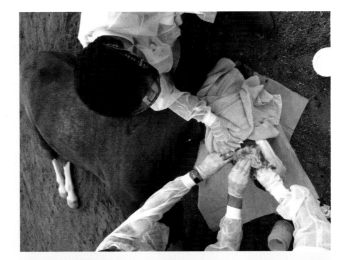

图4-124　药物皮下注射

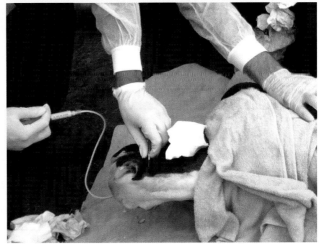

图4-125　通过延长管皮下注入肿瘤
周围

痒，也不疼痛，但与皮肤乳头状瘤不同，斑块不会自发消退。生殖器乳头状瘤可以单发，但覆盖大部分阴茎的多发性乳头状瘤或广泛性乳头状瘤（乳头状瘤病）也很常见。乳头状瘤似乎不会引起马的不适，但容易发展为鳞状细胞癌。

（三）防治方法

1.鉴别诊断

鉴别诊断方法采用物理检查和活组织切片检查。

2.外科手术治疗

手术是常用的治疗方法。肿物手术切除同黑色素瘤，但由于肿瘤复发，手术失败率很高。临床上有多种手术治疗方案可供选择，包括冷冻疗法、激光手术、卡介苗免疫治疗、瘤内化疗和局部用药（包括氯化锌乳膏、咪喹莫特或阿昔洛韦等）。治疗的成功取决于以下几个因素：肿瘤的部位和大小、肉样瘤的类型和病变的数量。此外，如果一次或多次尝试治疗不成功，那么预后会更差。

3.化学疗法

虽然马兽医临床治疗类肉瘤较为困难，但是顺铂已经被证明是治疗类肉瘤最有效的方法之一，成功率接近100%，但目前还没有更有效的治疗方法可以实现治愈而不复发。顺铂引起DNA交联，导致DNA功能异常，最终通过活化丝裂原激活蛋白激酶信号通路启动细胞死亡。类肉瘤的局部化疗药物的注射治疗见图4-123～图4-125所示操作过程。

4.光动力疗法和放射性植入疗法

可采用光动力疗法和放射性植入疗法，如局部注射铱-192。

第七节　马肌腱疾病

一、马腱炎

马的肌腱主要分布于四肢下部。前肢腕关节和后肢跗关节以下主要是骨头和肌腱。肌腱非常强韧，可耐受很大的拉力，韧性远超过肌肉。但是，其弹性不如肌纤维，较易疲劳。这就是为什么马总发生腿部疾病的原因。没有肌肉作为缓冲器，这些肌腱易受损而发硬。腱炎是指腱纤维因高度牵张发生炎症，甚至腱纤维发生断裂。马驹因奔跑时踏入老鼠洞内可造成双前肢指浅屈肌腱、指深屈肌腱和悬韧带断裂（图4-126）。

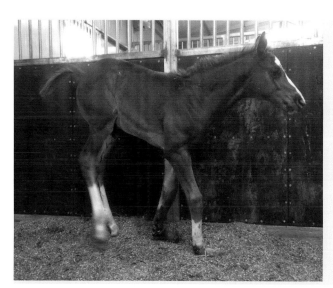

图4-126　马驹双前肢屈断裂

（一）病因

损伤性因素，如肌腱因过度牵拉或撕裂而引起的损伤较为常见，运动是常见诱因，但长期的侧躺或直接的创伤可引起严重的肌肉损伤。

（二）临床症状

1.急性损伤特征

急性损伤时，触诊肌肉疼痛，局部红、肿、热、痛。

2.继发性特征

继发性创伤有皮肤损伤。

3.慢性症状

慢性者，有血肿和/或伤疤。

4.撕裂伤

撕裂伤表现为异常的肢势、异常步态或不能负重。

5.运动障碍

运动时表现出疼痛而不愿跳跃或急转弯，轻度至中度的跛行，步态僵硬。

6.影像特征

影像学检查掌部和跖部时，X线图征为腱组织撕脱或骨折。其他影像学检查方法有红外热成像技术、放射性核素闪烁扫描术。马在注射放射性核素后，通过发射型计算机断层扫描仪（简称ETC）完成核素的辐射能—光能—电能的转变，并记录其放射性活度，通过对核素的测定，跟踪药物体内代谢分布（图4-127～图4-130）。通过ECT显示屏观察和记录马后肢肌腱闪烁图，根据图形变化进行疾病诊断。同时，在ECT显示屏对比后肢跗关节以下肌腱的腹背位和侧位的核素闪烁图的细微差异。

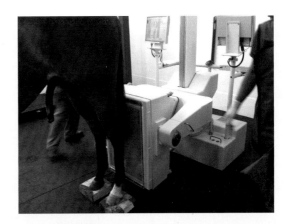

图4-127　发射型计算机断层扫描仪

图4-128　显示屏闪烁图

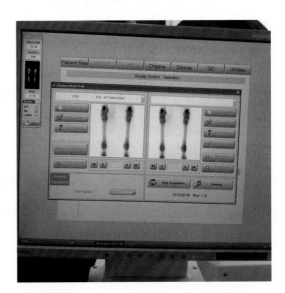

图4-129　对比核素闪烁图的差异（腹背位）

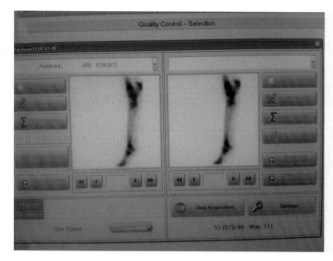

图4-130 核素闪烁图差异（侧位）

　　超声诊断有助于确诊损伤部位和判断愈合情况。图4-131～图4-133所示为前肢腕关节（膝）以下、后肢跗关节以下和马球节以下腹侧面肌腱B超诊断时的区域划分示意图。马左前肢B超检查横切面和纵切面图征显示，横切面腱纤维回声不均匀，出现低回声范围，如图虚线所示（图4-134）。纵切面腱纤维回声线性不连续，出现液性暗区，说明腱纤维断裂并有液体渗出。图4-135为马左前肢3B区域的指浅屈肌腱、指深屈肌腱的B超横切图征。图4-136为马左前肢L1区域指浅屈肌腱、指深屈肌腱的B超纵切图征。图4-137为马左前肢L3区域指浅屈肌腱、指深屈肌腱B超纵切图征。图4-138和图4-139为马左前肢和右前肢指浅屈肌腱和指深屈肌腱2B和3A区域的B超横切对比图征。图4-140～图4-142为马左前肢2A、1B和2B的指浅屈肌腱、指深屈肌腱和悬韧带的B超横切图征。图4-143为马腿部肌腱B超检查时，探头放置透声垫。

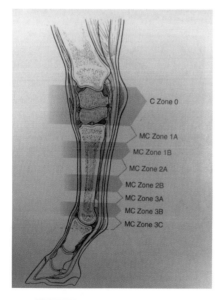

图4-131　腕关节以下B超诊断
区域划分示意图

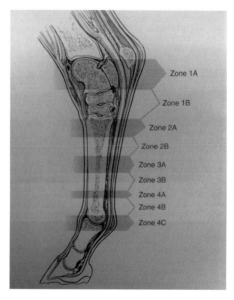

图4-132　跗关节以下B超诊断
区域划分示意图

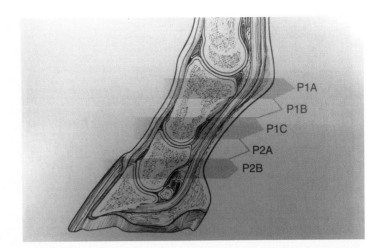

图4-133 球节以下B超诊断区域划分示意图

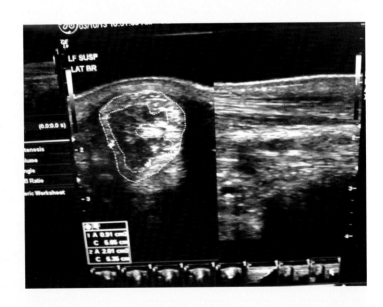

图4-134 曲腱B超横切和纵切对比

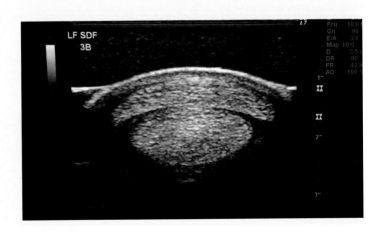

图4-135 马左前肢3B区域B超横切图征

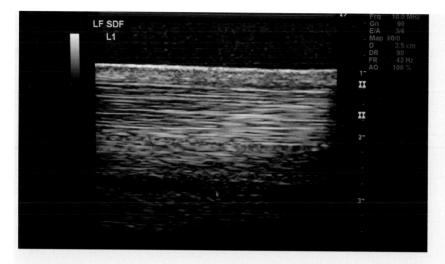

图4-136
马左前肢L1区域B
超纵切图征

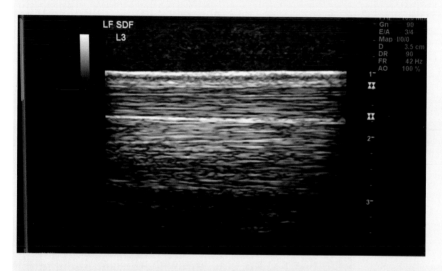

图4-137
马左前肢L3区域B
超纵切图征

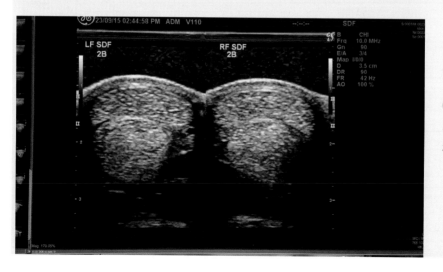

图4-138
马前肢2B区域B超
横切对比图征

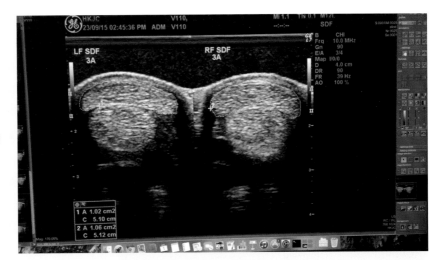

图4-139

马前肢3A区域的B超横切对比图征

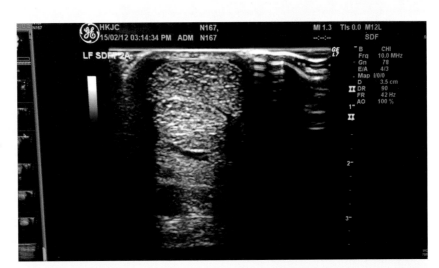

图4-140

马前肢2A区域B超横切图征

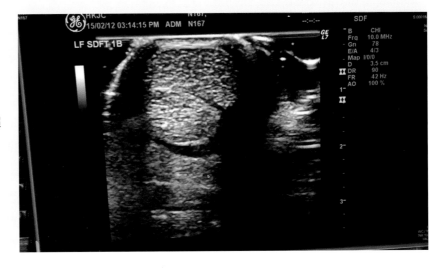

图4-141

马前肢1B区域B超横切图征

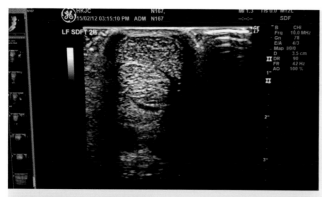

图4-142　马前肢2B区域B超横切图征

图4-143　B超透声垫

7.实验室检查

该病早期时，血浆CK和AST活性可轻度升高。

（三）防治方法

1.静养

充分休息，逐渐恢复训练和运动，运动首选无负重的游泳训练。

2.局部加压包扎

有些病例需要四肢包扎制动，以限制局部组织的活动；急性发作时需加压包扎，减少渗出和肿胀程度。

3.理疗

按摩肌肉、电刺激治疗，推荐使用冲击波治疗仪，使用冲击波操作头垂直于体表缓慢移动进行治疗（图4-144～图4-146）。

图4-144 马匹背部肌肉接受冲击波治疗

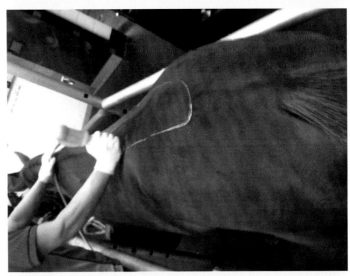

图4-145 冲击波治疗区域涂抹耦合剂

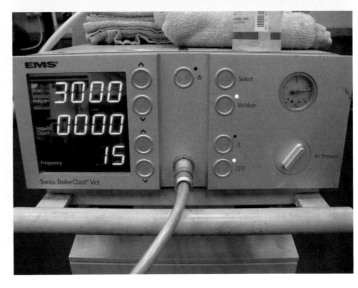

图4-146 马专用冲击波治疗仪

4.非类固醇药物的使用

非类固醇药物具有抗炎止痛作用，减少肌腱纤维发生纤维化。例如保泰松，其给药剂量为4.4毫克/千克体重，静脉给药或口服给药，一日2次，首剂量给药后，随后药量减半；氟尼辛葡甲胺，其给药剂量为0.5～1.1毫克/千克体重，静脉给药或口服给药，一日2次或一日1次。为防止运动中肌腱拉伤或撕裂，最好进行运动前的热身运动。

二、马横纹肌溶解症

横纹肌溶解综合征是指各种病因导致横纹肌细胞被破坏后，细胞内物质释放到细胞外液和血液循环中，而这些细胞内容物中的肌红蛋白可引起肾损害，进而引起的临床综合征。机体肌肉类型分为三种：心肌、平滑肌及骨骼肌，其中的心肌及骨骼肌都属横纹肌。因此，当某部位的横纹肌溶解时，机体该部位的运动功能发生障碍。该病属于马兽医临床常见疾病。

（一）病因

1.获得性因素

常见的获得性因素主要是过度劳累。

2.遗传性因素

主要有遗传性疾病，如肌纤维钙调节功能缺乏和异常的肌肉多聚糖蓄积症。

3.环境因素

环境也可影响基因倾向性动物的表型。

4.其他因素

其他因素如中毒、感染、免疫介导或医源性因素会引起横纹肌溶解。

（二）临床症状

患马有过训练或饲养管理变化的经历；中度或轻度的患马发生心动过速、后肢疼痛、臀部肌肉疼痛，发病马匹步态从不自然发展到严重的步态僵硬；公马的排尿姿势异常，有些马表现出疝痛。

严重病例可见色素尿和呼吸急促、运动时大量出汗、不愿运动。色素尿为茶色的肌红蛋白尿，大量的肌红蛋白经肾代谢可引起肾小管损伤和急性肾衰。出现上述症状说明大面积肌肉发生病变，而致患马侧躺。更严重者，出现休克和弥散性血管内凝血。

实验室检查可发现血浆CK和AST活性中度升高或显著升高。肌球蛋白、醛缩酶、乳酸脱氢酶和碳酸酐酶III活性升高；高钾血症反映肌纤维释放钾。尿液分析可见管型坏死和急性肾衰。电解质清除率可评价肾功能。正常马在高强度运动后也会发生轻度的色素尿。放射性核素闪烁扫描术有助于定位受损肌肉的部位。

（三）防治方法

1.急性期治疗措施

急性期可立即让马休息，动作轻柔。静脉内滴注等渗液，例如0.9% NaCl或乳酸林格氏液，给药剂量为100～150毫升/（千克体重·天）；轻度者无需补液可自愈，但须监视精神状态；中度和严重者，需进行利尿和预防血容量不足。

2.消炎镇痛

给予镇痛药：例如保泰松，其给药剂量为4.4毫克/千克体重，静脉给药或口服给药，一日2次，首剂量给药后，随后药量减半；氟尼辛葡甲胺，其给药剂量为0.5～1.1毫克/千克体重，静脉给药或口服给药，一日2次或一日1次；严重疼痛的病例需给予布托啡诺，其给药剂量为0.1毫克/千克体重，静脉给药或肌内注射给药，每4～6小时给药1次。

3.加速排尿

常选用速尿，其给药剂量为0.5～1毫克/千克体重，静脉给药或肌内注射给药，一日2次。

4.预防措施

饮食管理可预防复发：推荐饲喂水溶性碳水化合物（谷物）和高脂饮食（食物中脂肪含量为20%）。预防该病的发生还可进行品种淘汰和科学的饲养管理。平时补充维生素E和硒。

第八节　马蹄病

一、马蹄叶炎

马蹄叶炎是发生在马蹄壁真皮小叶层的一种急性、弥漫性、无菌性、浆液性炎症，是马兽医临床常见蹄病之一。多见于蹄尖壁的真皮。由于蹄匣真皮小叶有炎症，造成蹄骨无法附着于有炎症的真皮小叶处，而因负重引起蹄骨（或称第三指骨）向蹄腔内扭转，甚至第三指骨穿透蹄底。蹄叶炎可广义地分为急性、亚急性和慢性蹄叶炎。常发生在马的两前蹄，也可四蹄同发或单发。在我国北方地区，蹄叶炎多发于麦收季节，赛马和骑乘马时有发生。在马兽医临床，马匹被安乐死的最大原因为疝痛，第二大原因是蹄叶炎。每年都有大量的繁育母马患蹄叶炎，特别是怀孕后期高发。

（一）病因

1.原发性因素

《元亨疗马集》中指出，马的蹄叶炎"皆因喂养太盛，肉满膘肥，草饱乘骑，奔走太急，卒至卒拴，失于牵散，瘀血凝于膈内，痞气结在胸中，滞而不散，致成其痛也"。饲养不当见于：① 谷物等精饲料过多而粗饲料太少，例如有食用大麦和鲜草的饮食史；② 过量采食谷物类高碳水化合物饲料（如玉米和米糠）引起。管理不当见于：① 奔走太急，卒至卒拴；② 劳役过重（长途运输、负载过重），役后失于牵遛；③ 车载船拉，站立不稳，四肢强力负重；④ 削蹄不当，装蹄失宜，蹄甲失修，亦可诱发本病。

2.继发性因素

（1）与胃肠道炎症有关（例如有结肠炎和疝痛手术病史）。

（2）某些药物、牧草引发的变态反应。

（3）某些中毒病，严重的产科疾病（如有子宫内膜炎和胎盘滞留病史）。

（4）有过跛行或单腿受伤的病史。

（5）有流行性感冒、肺炎、结核、传染性胸膜炎的病史。

（6）有高胰岛素血症的病史（如糖尿病和库兴氏综合征病史）。

（7）削蹄不当、装蹄失宜，亦可致病发。

（二）临床特征

发病突然。因蹄部剧烈疼痛，站立时肢体不稳，并出现肌肉颤抖和汗出；运步时呈跛行，特别是在硬地上尤为突出。死后患蹄剖解可见蹄骨发生转位，蹄骨尖壁偏离蹄壁背侧（正常为平行关系），向蹄匣的蹄叉尖处转位。蹄叶炎干制标本显示（图4-147）：右图的蹄骨在蹄匣内发生转位，向蹄穹窿处转位，蹄尖壁真皮小叶与蹄骨分离。蹄尖骨处有炎性渗出物，蹄冠内侧也有炎性出血。蹄底负重面角质因受力变薄。当马发生严重的蹄叶炎时，蹄骨从蹄底蹄叉处穿出并发生炎性坏死。蹄匣内软组织发生坏死，呈现黄色蜡染样结构，蹄底穿出部位发黑，周围有炎性增生。其他症状如下所述：

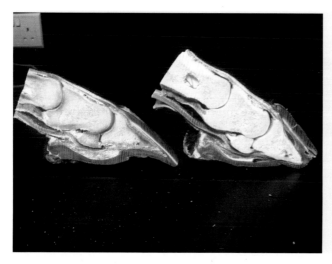

图4-147　蹄叶炎干制标本

1.走伤所致

常见两前肢或两后肢同时发病，体温升高或不高，口色稍红。两前蹄患病时，患马为缓解疼痛，两前肢伸向前方（是为了将身体重心向后移，蹄部压力转移至后蹄），以蹄踵着地负重，蹄尖翘起，同时头颈高抬、后躯下沉，两后肢尽量前伸于腹下，以此将体躯重心移向后方（头高屁股低，病在两前蹄）。如强迫运动时，两前肢运步急速短促，呈现明显的紧张步样，两后肢提伸慢而高。

两后肢发病时，患马头颈低卜，两前肢尽量后踏，以分担后肢负重，两后肢伸向前方，以蹄踵负重，蹄尖翘起（低头高撅尾，病在两后腿）。强迫运动时，两后肢运步短促，步样紧张，而两前肢提伸缓慢。

2.料伤所致

常见四肢同时发病，并有食欲大减，或只吃草而不吃料，粪便或干燥，被覆黏液；或带水，含有气泡且酸臭，体温多升高，口色鲜红。

四肢同时发病时，因四蹄疼痛，不堪重负，四肢频频交换负重，前肢后伸，后肢前伸，四肢攒于腹下，弓腰低头，出现了"五攒痛"所特有的临床表现，病畜仅能短时站立。有时四肢同时向前伸出，尽量以蹄踵负重，使体躯向后倾斜，但因不能持久而由迫使体躯前移，短时间恢复正常站立姿势后，体躯又迅速向后倾斜，终因不能久站而卧倒。卧地时，常做多次试卧才能躺下。蹄温增高，钳压或用器械敲打蹄尖壁时，非常敏感，有明显的疼痛反应，指（趾）总动脉亢进。站立呈踏步式，运步呈小跑式。

（三）防治方法

1.定期检查

根据病史进行病因诊断，对因治疗。采用X射线评估蹄骨在蹄腔内的位置，测量前蹄壁与伸肌突的距离、蹄底的厚度和掌角。马蹄叶炎时，第三指骨在蹄匣内发生转位，蹄骨尖端向蹄底蹄叉处延伸。马蹄部X射线侧位片（图4-148）显示蹄匣和蹄骨的解剖关系，可在X射线操作软件中测量所需数据。

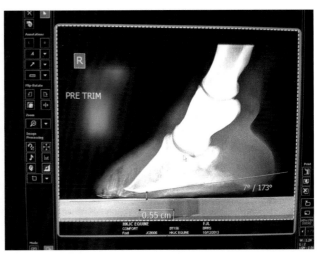

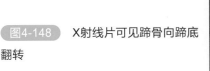

图4-148　X射线片可见蹄骨向蹄底翻转

2.静养

限制运动，在马厩内饲养。

3.急性蹄叶炎的治疗

急性蹄叶炎是急诊病例，需极速治疗和管理，保证客户、兽医和钉蹄师三者之间的沟通。

（1）发病早期阶段（0～48小时）应给予非甾体类消炎药物镇痛消炎，如保泰松、氟尼辛葡甲胺。

（2）同时为患蹄进行冷冻疗法，即用2℃水温的水浸泡患蹄（图4-149）。

图4-149　浴蹄治疗

（3）如确诊有诱发病因，则需进行纠正。

（4）蹄部矫正，纠正蹄骨转位。X射线评估后，需要合理削蹄和装蹄，稳定蹄部。当蹄骨尖移位少于1厘米而蹄底白线只稍微加宽时，简单地每月削短蹄尖并削低蹄踵是有效的方法；如果蹄骨明显转位时，在蹄踵和蹄壁广泛地削除角质，否则蹄骨不能回到正常位置。如小叶间渗出物较多，可在白线处消毒后手术扩创，排出渗出物；如已形成芜蹄，即蹄壁变形为前壁窄、蹄尖壁上翘呈水平状，蹄踵壁增宽且垂直，蹄匣狭长。此时，可装矫正蹄铁，帮助蹄形矫正。同时，变形的蹄匣需要保护性削蹄，沿蹄骨前面水平线切削蹄尖翘起部，根据蹄骨底平面切削蹄踵部负重面，少削或不削蹄底和蹄尖负重面，且要缓慢分多次进行。先将蹄尖隆起部削除，蹄底和负面不削，多削蹄踵负面。蹄尖部有痛感可在蹄铁头侧设铁唇，并留有间隙。如图4-150～图4-152所示，蹄底添加软胶，蹄头空位以减少蹄尖的受力，最后蹄底垫一张软纸，负重踩在蹄底等待填充物踩平、干燥。等待填充物干燥后，将橡皮泥去除，释放蹄尖部的负重，减轻疼痛。这样填充物将蹄铁尾端连接并覆盖蹄踵负重面，保护了蹄踵，也减轻了转位的蹄骨受力。矫正时，使用连尾蹄铁较合理。

此时可为患马选择软底鞋，或心形蹄铁、蹄支垫高的蹄铁。为减少第三指骨的变位引起对屈肌腱的拉伸，将患马置于铺有厚沙子的马厩。这样马的患蹄可以将蹄尖插入沙子中减轻负重，且厚厚的沙地对蹄底起到支撑作用。

（5）必要时使用手术疗法，即指深屈肌腱切断术，从第三掌骨腹侧面的中点处横切断指深屈肌腱。具体的手术操作过程如图4-153～图4-156。首先，马接受指深屈肌腱切断术的术前备皮准备，图中显示剃除腕关节和球节之间的被毛，并用自粘绷带包扎相邻的两个

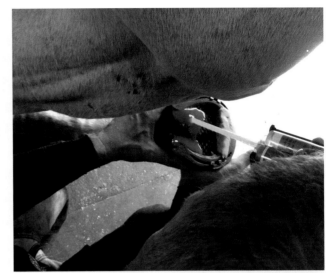

图4-150　安装矫正蹄铁并填充软胶

图4-151　蹄底负重踩平

图4-152　去除橡皮泥释放蹄尖部的负重

关节，露出手术区域。然后，局部铺设创巾，图中显示备皮消毒后，用创巾钳固定创巾并完全暴露足够的术部。马指深屈肌腱切断术的手术切口位于掌部的中1/3处，用手触摸感知指深屈肌腱和指浅屈肌腱的位置，然后在预设部位的指深屈肌腱与悬韧带之间的空隙处皮肤切开1～2厘米的切口，一次性切开皮肤，边止血边锐性分离皮下结缔组织，暴露屈肌腱。辨认指深屈肌腱和指浅屈肌腱后，用弯止血钳从指深屈肌腱与悬韧带之间的空隙深入到指深屈肌腱下方，再向上挑，插入指浅屈肌腱与指深屈肌腱之间的空隙，钝性刺破表面覆盖的筋膜组织，将指深屈肌腱与指浅屈肌腱分离并留钳。然后用刀片进行指深屈肌腱的一字形或Z字形横切或不完全切断，完成主手术。最后闭合手术通路，局部包扎。术后要穿着矫正扭转的特殊"鞋"，将蹄踵垫高，全程用X射线反复检查，以确保垫高后的蹄骨与蹄底或地面保持平行。术后复查需进行蹄部静脉造影，以便跟踪蹄骨的变化和评估治疗效果。

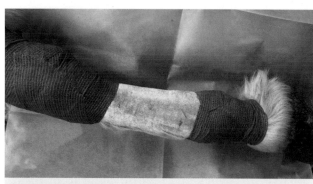

图4-153　马术前备皮准备

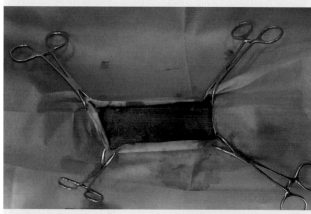

图4-154　创巾固定

图4-155　一次性切开皮肤

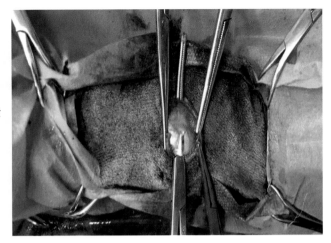

图4-156 指深屈肌腱横切或不完全
切断

4.慢性蹄叶炎的治疗

慢性蹄叶炎需长期管理时，主要是治疗蹄部感染、脓肿和蹄壁损伤。

（1）削除蹄底部、蹄真皮和蹄叶坏死组织，清创直到暴露健康组织。如有必要可以切除前蹄壁，并安装有弧度的蹄铁（亦称为"摇摇鞋"），稳定蹄骨在蹄腔内的位置，减少负重对指深屈肌腱的拉伸，保持体腔内血流的畅通。如图4-157和图4-158所示，马蹄叶炎时可钉底部有弧度的连尾蹄铁（侧面和正面），这样在马匹行走时省力，减少因蹄骨翻转造成对屈肌腱的异常拉力。

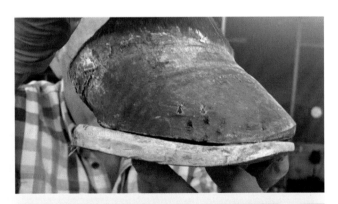

图4-157 连尾蹄铁（侧面）

图4-158 连尾蹄铁（正面）

（2）针刺放血 以四蹄头为主穴，用宽针在每个蹄头刺破静脉，大量放血50～100毫升。当两前肢发病时，还需用宽针加刺前肢的前缠腕穴和胸堂穴处的静脉，放血500～1000毫升；当两后肢发病时，还需用宽针加刺后肢的后缠腕穴和肾堂穴处的静脉，放血500～1000毫升。当蹄头泻血量少时，还需用宽针加刺蹄部蹄门穴处的静脉和颈静脉，放血1000毫升。

5.中医方剂

（1）走伤型治法 清热利湿，活血顺气。方药：茵陈散（茵陈、柴胡、红花、当归、没药、青皮、陈皮、桔梗、杏仁、紫菀、白药子、甘草各30～40克），共为末，开水冲，候温入麻油100毫升、童便250毫升，一次灌服，每日1剂，连用3剂。

（2）料伤型治法 活血化瘀，消食理气。方药：红花散（红花、当归、没药、神曲、麦芽、山楂、枳壳、厚朴、陈皮、桔梗、黄药子、白药子、甘草各30～40克），共为末，开水冲，候温入童便250毫升，一次灌服，每日1剂，连用3剂。

二、马蹄外伤

马蹄部的外伤临床常见有蹄底挫伤、裂蹄、蹄底刺伤、蹄钉伤和白线裂。蹄外面由蹄角质组成，称为蹄匣。蹄匣分为蹄缘、蹄冠、蹄壁、蹄底和蹄叉。其中，蹄壁分蹄尖壁、蹄侧壁和蹄踵壁。蹄底有一定的穹窿度，与地面接触起到负重的部位称为蹄负缘。图4-159为马蹄干制标本。马蹄底以中间的蹄叉沟为对称轴，呈左右对称。蹄后部的蹄负缘折转，称为蹄支角。蹄叉位于蹄底穹窿正中，为楔状软角质，中央纵沟称为蹄叉中沟，蹄叉与蹄支之间称为蹄叉侧沟，蹄叉的尖端称为蹄叉尖，蹄叉尖与蹄叉中沟的前端合称蹄叉体。整

图4-159 马蹄干制标本

个蹄匣对内部包含的蹄骨发挥保护作用，对机体受到的地面反作用力起到缓冲作用，蹄匣内面还布满丰富的血管网，受伤后易出血，且整体对疼痛十分敏感。又由于蹄底为软角质，因此易受到外力损伤。

（一）病因

1. 蹄钉伤

钉蹄时在蹄白线下钉，如用力角度不对，造成蹄钉直接刺入蹄内壁的真皮层或靠近蹄真皮穿过，都会引起出血和炎症（图4-160）。

图4-160　蹄因钉蹄造成损伤出血

2. 蹄裂

蹄裂也可称裂蹄，蹄壁的角质因外力形成各种状态的裂隙，伤至蹄内壁时可见出血（图4-161）。

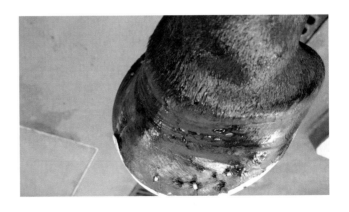

图4-161　马蹄内壁新鲜创伤

3. 蹄底挫伤

地面的石子等钝性物体对蹄底产生压迫或撞击都会引起蹄底内壁的真皮层发生挫伤，甚至伤至深部组织，引起蹄匣内局部组织溢血、炎症或感染化脓的病理变化。前肢负重大，较多发，且易发部位位于蹄支角处。

图4-162 第三眼睑凸出

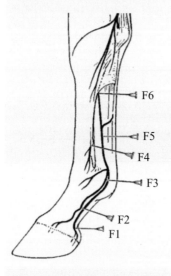

图4-163 前肢外侧神经传导阻滞注射点

F1—指掌神经远端阻滞；
F2—指掌神经近端阻滞；
F3—远轴籽骨神经阻滞；
F4—掌腕神经低位阻滞；
F5和F6—掌骨神经高位阻滞

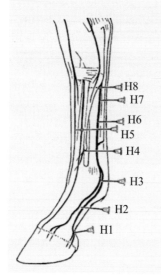

图4-164 左后肢外侧神经传导阻滞注射点

H1—跖指神经低位阻滞；
H2—跖指神经高位阻滞；
H3—远轴籽骨神经阻滞；
H4—跖骨神经低位阻滞；
H5—第3跖跖神经中部阻滞；
H6和H7—跖骨神经高位阻滞；
H8—跖跗神经高位阻滞

4.蹄底刺伤

地面尖锐物体直接刺入蹄底，轻则损伤真皮层，重则损伤蹄匣内的蹄骨、曲腱、籽骨滑膜囊等。由于刺入物不洁且刺入较深，常引起受损部位发生化脓性感染，并发破伤风（图4-162为马发生破伤风时第三眼睑突出）。

5.白线裂

首先长期的蹄平衡破坏因素的存在且修蹄失当，会引起蹄壁负重不均、角质的异常生长，形成广蹄、平蹄、弱踵蹄等，异常生长部位的白线角质变得脆弱而发生开裂。其次是装蹄时的失当操作，如过度烧烙、白线切削过多、蹄部不洁、钉伤、白线处的踏创等易诱发白线裂。最后是矫正蹄形时，对广蹄、平蹄、丰蹄等安装蹄铁不当或蹄钉过粗也可引起白线裂。

（二）临床特征

蹄部任何外伤都会引起疼痛，负重减轻，发生跛行。跛行程度由轻到重，有时简单的视诊不能发现，需进行影像学检查，如X射线检查、MRI检查等。对于跛行发生部位的鉴别诊断还需进行局部神经传导阻滞，将病发部位限定在蹄部、球节、掌部、腕部等，以便进一步的影像学检查，确定病因（图4-163～图4-166）。进行马肢的神经传导阻滞时，先用针头刺入神经周围，然后再注入麻醉药。X射线检查时可根据图像测量球节与各蹄骨、蹄底的角度等，以客观数据评价蹄是否平衡（图4-167、图4-168）。也可根据密度变化发现异常。

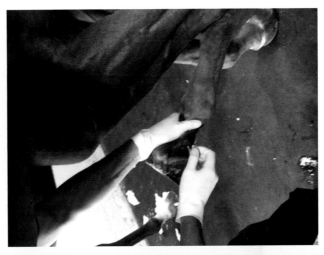

图4-165　局部神经传导阻滞

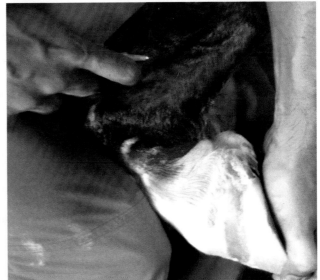

图4-166　屈曲球节的局部神经传导阻滞

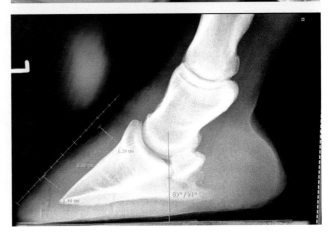

图4-167　X射线片侧位评估蹄平衡

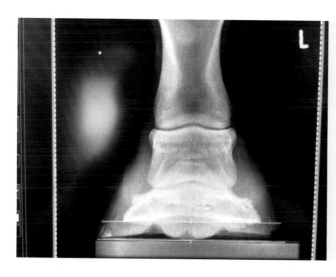

图4-168　X射线片腹背位评估蹄平衡

　　开放性的蹄部损伤可见出血，在损伤部可见蹄血斑，并有创孔。细菌入侵感染者可闻到异味，蹄表面有脓性分泌物，蹄壁温度升高。发生化脓性蹄真皮炎时，也可能感染破伤风。

　　蹄裂者可见到明显的裂缝，表层裂不妨碍正常机能，深层裂因负重和外力牵拉，引起真皮炎症性剧痛或出血、跛行。该病病程长，蹄尖壁的蹄裂则预后不良。

　　使用检蹄器检查疼痛点，用以发现蹄底挫伤的部位和钉伤部位等。中度挫伤会在蹄底形成血肿，即在蹄底角质下形成小的腔洞，蓄有凝血块。病程久者，损伤部位发生感染，脓汁向周围蔓延，引起角质剥离形成窦道，发展为蹄冠蜂窝织炎。化脓组织一旦破溃排脓，跛行可减轻，全身症状消失。

（三）防治方法

1.去除病因

　　外科处理蹄底淤血、异物和化脓感染创。先移除蹄铁，机械清蹄后，用消毒液浸泡病蹄（图4-169）。以钉伤或蹄底挫伤为例，对剧痛部位进行局部角质切削，形成漏斗状，直到流血变为开放性损伤。如图4-170和图4-171所示，蹄底挫伤时，切削疼痛点的角质，使

图4-169　浴蹄消毒器具

之呈漏斗状，直至流血。局部冲洗，灌注碘酊到蹄匣内，外敷松馏油或其他消毒剂浸泡的纱布（或棉片），外装蹄绷带或装铁板蹄铁，全身应用抗生素和破伤风抗毒素（图4-172，图4-173）。

图4-170　蹄底角质去除

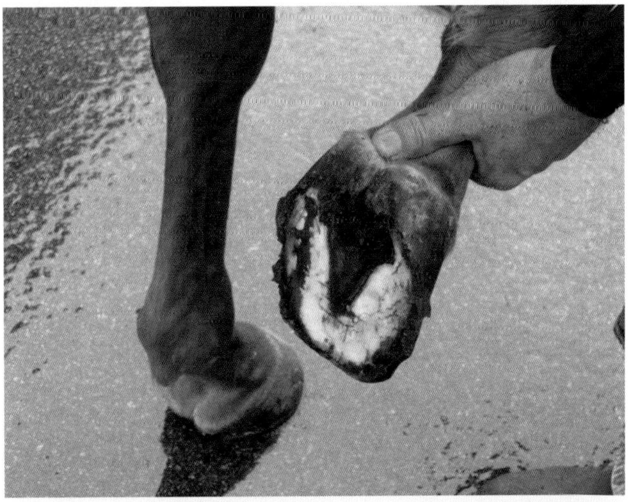

图4-171　蹄底挫伤部位放血

图4-172　蹄底挫伤棉片包扎

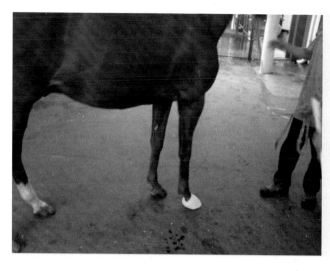

图4-173 蹄底挫伤绷带包扎

2. 外科修复损伤部位

蹄裂者进行外科修复，以防止继发病和裂缝停止扩大。

（1）薄削法 用于蹄冠部的角质纵裂，削至生发层，涂抹鱼肝油软膏，每天一次，绷带包扎保护，促进瘢痕愈合，逐渐长出新角质。如图4-174，马蹄壁裂后经修复后成为陈旧创，图中可见裂缝处长出白色的新角质。

图4-174 蹄壁裂后新角质

（2）胶黏法 用医用高分子黏合剂黏合裂缝，黏合前先削蹄整形或装特殊蹄铁，消毒后涂抹黏合剂。

（3）造沟法 对于浅层或深层裂的不全长裂，可用蹄刀在裂缝上下两端造沟，切断裂缝与健康角质的联系，以防裂缝延长。沟长一般为15～20毫米，沟宽5～8毫米，深度直到裂缝消失为止。

（4）蹄钉闭合法 单独使用或合并薄削法、造沟法和胶黏法等。在裂缝两侧各6～8毫米处，从蹄钉口斜坑处钉入，从对侧斜坑处伸出，深度以不损伤真皮小叶为度。而后剪断蹄钉的一端，留出3～4毫米的断端，使之弯曲，并将裂缝牵紧，将弯曲端紧贴蹄壁。

（5）松馏油及鱼石脂绷带法 方法同胶黏法，黏合前先削蹄整形或装特殊蹄铁，用松馏油或鱼石脂涂抹患部，压以棉纱，用绷带包扎，每缠绕2～3圈涂抹一次松馏油或鱼石脂，缠紧起固定作用。

（6）热油疗法　修整裂缝处角质，用棉球蘸烧沸的热食用油，自裂口上端滴入。对于全层裂时应待油温稍降后滴入。每天1次，3次后隔天1次。

（7）装蹄法　蹄尖纵裂时，在正下方的蹄负面上，造一个宽20～30毫米、高5～7毫米的半圆空隙，然后选择普通蹄铁或连尾蹄铁钉蹄，或在铁头两侧设侧蹄唇，固定裂缝（图4-175）。蹄侧壁裂和蹄踵纵裂时，在裂缝顶端垂线和延长线之间的负重面上，造一个宽20～30毫米、高5～7毫米的半圆空隙，然后选择普通蹄铁或橡胶蹄铁钉蹄（图4-176）。

图4-175　蹄铁设蹄唇以固定蹄壁裂缺损处

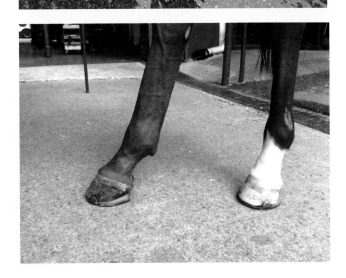

图4-176　垫高的带有蹄唇的蹄铁

参考文献

[1] Horst Erich könig. 家畜兽医解剖学教程与彩色图谱. 北京：中国农业大学出版社，2009.
[2] Savage C J. 何时及如何进行呼吸道内镜检查. 第15届世界马医大会学术资料. 2018：108-109.
[3] 李云章，韩国才. 马场兽医手册. 北京：中国农业出版社，2016.
[4] 杜山，刘芳，李云章，等. 兽医外科手术学实验指导. 呼和浩特：内蒙古农业大学印制中心，2018：56-58.

[5] 王洪斌. 兽医外科学. 5版. 北京：中国农业出版社，2011.

[6] 林德贵. 兽医外科手术学. 5版. 北京：中国农业出版社，2011.

[7] Menzies R. Oral wxamination and charting：setting the basis for evidence based medicine in the oral examination of equids. Vet clincal north America equine practice，2013，29：325-343.

[8] Kenneth W H. Equine sports medicine and surgery. Saunders，2004：634-637.

[9] Christoph K. 马腹绞痛的检查及决策. 第15届世界马医大会学术资料. 2018：37.

[10] Busoni. Evaluation of a protocol for fast localized abdominal sonography of horses. Vet journal，2015，188：77-82.

[11] Kenneth W H. Equine sports medicine and surgery. Saunders，2004：1038-1041.

[12] Chris Whitton. 球节处软骨下骨病的致病机理. 第15届世界马医大会学术资料. 2018：33.

[13] Julia Dubuc，Eduardo A Da Silveira. Partial resection of bilateral ulnar remnants for treatment of carpus valgus in a 3-week-old Hanoverian foal. Can Vet J，2019，60（8）：864-868.

[14] Rob van Nassau. Hoof problems. Great Britian：Kenilworth Press，2007.

[15] Sarah Kaiser-Thom. The skin microbiota in equine pastern dermatitis：a case-control study of horses in Switzerland. Vet Dermatol，2021，32（6）：646-172.

[16] Frédéric Sauvé. Can equine urticaria be cured? Can Vet J，2020，61（9）：1001-1004.

[17] Wayne Rosenkrantz. Immune-mediated dermatoses. Vet Clin North Am Equine Pract，2013，29（3）：607-613.

[18] Derek C K. 复杂伤口的处理. 第15届世界马医大会学术资料. 2018：68-69.

[19] Leah Stein. Squamous cell carcinoma with clear cell differentiation in an equine eyelid. J Vet Diagn Invest，2019，31(2)：259-262.

[20] Sabine Sykora，Sabine Brandt. Papillomavirus infection and squamous cell carcinoma in horses. Vet J. 2017，223：48-54.

[21] M Lane Morrison. Lingual Squamous Cell Carcinoma in Two Horses. J Equine Vet Sci，2019，23：35-38.

[22] Lisa A Weber. Betulinic acid shows anticancer activity against equine melanoma cells and permeates isolated equine skin in vitro. BMC Vet Res，2020，16（1）：44.

[23] Robert J MacKay. Treatment Options for Melanoma of Gray Horses. Vet Clin North Am Equine Pract，2019，35（2）：311-325.

[24] Jeffrey C Phillips，Luis M Lembcke. Equine melanocytic tumors. Vet Clin North Am Equine Pract，2013，29（3）：673-687.

[25] Magdalena Ogłuszka. Equine Sarcoids-Causes，Molecular Changes，and Clinicopathologic Features：A Review. Vet Pathol，2021，58（3）：472-482.

[26] Chambers G. Association of bovine papillomavirus with the equine sarcoid. J Gen Virol2003，84（5）：1055-1062.

[27] Stewart A A. The efficacy of intratumoural 5-fluorouracil for the treatment of equine sarcoids. Aust Vet J，2006，84（3）：101-106.

[28] Kirsten. 运动马的肌肉功能参数. 第15届世界马医大会学术资料. 2018：112-115.

[29] Claire O'Brien. Microdamage in the equine superficial digital flexor tendon. Equine Vet J，2021，53（3）：417-43032.

[30] Ellen Singer. 蹄部的临床检查. 第15届世界马医大会学术资料. 2018：74-75.

[31] Christine KingS. Lameness. USA：The Lyons Press，1997.

[32] Rob van Nassau. Hoof problems. Great Britian：Kenilworth Press，2007.

第五章　马产科病与诊治

第一节　概述

为了保证马匹的正常繁殖，必须能够有效地防治不育、流产、难产等产科疾病。在产科学方面，兽医诊疗技术的革新是迅速的，产科疾病正在逐步得到更有效的控制。本章主要对妊娠期、分娩期及产后等常见疾病进行阐述。

母马在妊娠期除了维持本身正常的生命活动外，还必须为胎儿发育提供所需要的营养物质及正常的发育环境。如果母体的生理状况能够满足妊娠的要求，母体和胎儿以及它们和外界环境之间就能保持相对平衡，妊娠就能顺利进行。否则，如果各种原因致使母体或胎儿的健康发生紊乱或受损，则这种平衡就会受到破坏，正常的妊娠过程则转化为病理过程，从而发生各种妊娠期疾病。母马的妊娠期疾病较多，比较多见的有流产、胎水过多、妊娠水肿、妊娠截瘫、阴道脱出及妊娠毒血症等。

母马在分娩时胎儿能否顺利产出，主要取决于产力、产道和胎儿三者之间的相互关系。如果其中任何一方发生异常，就会导致难产，甚至造成子宫及产道损伤，引发各种产科疾病。

母马在受妊娠、分娩以及产后泌乳等应激因素的影响后，容易发生各种产后疾病，特别是在难产时，容易引起子宫弛缓、产道损伤、子宫复旧延缓，并容易导致胎衣不下、子宫感染、毒血病和败血病等。因此，如能在适当时间内正确助产，将会减少产后期疾病的发生。

第二节　马常见产科病

一、流产

流产是指由于胎儿或母体异常而致使妊娠的生理过程发生扰乱，或它们之间的正常关系受到破坏而导致的妊娠中断，排出不能独立生活的孕体。

流产不仅使胎儿夭折或发育受到影响，而且还能危害母畜的健康，也常因并发生殖器官疾病造成不孕而严重影响马的繁殖效率。流产是马常见的繁殖失败，发病率为10%～15%。马基本出现两个流产高峰，第一个出现在怀孕40天之前，大多数流产也发生在这个时间，因此称为早期胚胎死亡；第二个高峰是在怀孕的最后几个月。虽然怀孕中期也可发生流产，但不太常见。

（一）病因

流产的原因极为复杂，可概括分为三类，即普通性流产（非传染性流产）、传染性流产和寄生虫性流产。每类流产又可分为自发性流产与症状性流产。自发性流产为胎儿及胎盘发生反常或直接受到影响而发生的流产；症状性流产是孕畜某些疾病的一种症状，或者是饲养管理不当导致的结果。具体病因如下：

（1）因胎盘、胎膜发育异常，致使胚胎营养不良。

（2）因子宫本身或阴道炎引起子宫发炎，致使胎盘受到侵害引起胎膜炎危害胎儿。

（3）孕畜因患疝痛性疾病打滚，或互相蹴踢，或使役时偶用猛力或急转弯。

（4）意外的打击、惊吓。

（5）长途运输过于疲劳、拥挤。

（6）一些传染病，如布氏杆菌病、沙门氏菌病、马传染性贫血、马疱疹病毒病、马动脉炎病毒病等，或某些寄生虫病（如马媾疫）等均可导致发生流产，孕畜毒血症、其他病程较长及营养不良的疾病也能引发流产。

（7）对孕畜错误用药，如用地塞米松、柳酸毒扁豆碱、氨甲酰胆素、毛果芸香碱，或大剂量盐类泻剂、驱虫剂、利尿剂均易导致流产。

（二）临床症状

马流产临床症状（图5-1）很不一致。早期胚胎死亡属于隐性流产，其发生率很高，有时可达20%～35%。无明显症状，只在会阴部有白色黏液，食欲不振，被毛松乱，精神不佳，流产后短期消瘦，很快复壮。因为发生在妊娠初期，临床上难以见到母畜有明显的外部表现。由于胚胎尚未形成胎儿，死后组织液化，被母体吸收，或者在母畜再次发情时排出，很难发现。后期流产者（图5-2），大部分流产前表现阵痛，全身或部分体躯出汗，起卧不安，刨地，随即流产；少数流产前并无任何症状，也有的在流产前4～5天内食欲减退。流产期间母马体温不定（有高有低），胎衣和死胎同下，或死胎下后5～7天胎衣才下，会阴部流出带血恶露。马流产后，被毛松乱，食欲不佳，甚至废绝，步伐艰难，常出现后肢僵硬或跛行，膘情下降，有的发生子宫炎等后遗症。少数孕马早产，生下活力很弱的胎儿（图5-3），1～2天死亡。孕畜表现腹痛，起卧不安，呼吸明显增数，心跳也增数，常作排尿姿势，尿频而量少。

（三）诊断

母马在配种后经1～2个周期未再发情，当已怀孕。未到预产期阴户肿胀，出现不安，呼吸迫促，频作排尿姿势和努责，是将流产的征兆。配种后1～1.5个月通过直肠检查已确

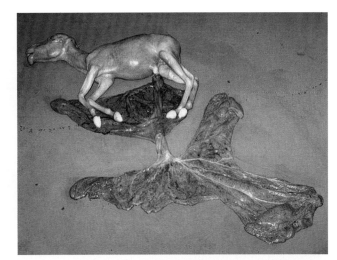

图5-1　流产（单然供图）

图5-2　怀孕后期流产（白秋杰供图）

图5-3　流产胎儿（马玉辉供图）

定妊娠，而后又返情，同时直肠检查发现原有的虹娠现象消失，这种情况大部分表示已发生隐性流产。

本病当与肺炎和膀胱炎相区别：肺炎同样出现呼吸迫促，心跳增数，体温稍升高；不同的是肺炎有粗粝肺音，或出现干啰音、湿啰音、体温较高等症状，但不出现尿频及常作排尿姿势和努责的现象；而膀胱炎则有频作排尿姿势、起卧不安的症状，直肠检查可见膀胱壁肥厚、敏感。

（四）防治

1.预防

（1）改善饲养管理　改善公母马饲养管理条件，孕马不要与其他牲畜混合放牧，舍饲时单槽。不喂霜草、霉草和冰冻饲草、饲料，出汗、空腹时不饮冷水。怀孕前期要适当运动，也可使轻役，但不要重役，不走崎岖不平道路，不行远程；怀孕后期不使役，可经常作牵路运动，不要鞭打头部、腰部。尽可能地满足孕马对维生素及微量元素的需要，并保证优良的环境条件，使早期胚胎得到正常发育。对孕马用药，有产生流产副作用的药物不要使用，如需进行腹腔手术时，避免触及子宫引起流产。对发生流产的孕马，初时保胎，如流产已无法控制时，只能任其流产，以免引起不良后果。

（2）补充孕酮　妊娠早期可视情况补充孕酮，这对屡配不孕的母马尤为重要。对于马有胚泡萎缩倾向者，应注射HC克，防止胚胎死亡。

（3）治疗子宫疾病　对多次配种不孕或子宫有疾患的马匹实行清宫处理也有助于提高胚胎的存活率。

2.治疗

（1）已表现流产征兆，而阴道检查子宫口尚未开张，直肠检查胎儿还活着，可用黄体酮50～150毫克肌注，第二天再注一次。为制止起卧不安，用安溴剂120毫升、10%葡萄糖500毫升静注，也可用30%安乃近30毫升肌注。

（2）如孕畜有过流产病史，为防止再次流产（形成习惯性流产），可根据上次流产的孕期提前15～30天肌注黄体酮50～100毫克，隔日再注一次。连用3～4次（每次间隔15～30天），可稳定子宫防止流产。

（3）中兽医疗法　可用白术安胎散：白术50克，党参、熟地各40克，当归、白芍、阿胶各30克，川芎、砂仁、陈皮、紫苏、黄芩各20克，甘草15克，生姜10克，除阿胶外，其余各药煎好去渣，再化入阿胶，候温灌服，连服2～3剂。或用泰山磐石散：党参60克，菊花、白术、续断、阿胶、菟丝子、丝子、补骨脂、黄芩、乌贼骨各30克，熟地、桑寄生、杜仲各25克，当归20克，白芍18克，共研细末，开水冲服。

（4）流产症状已明显时则不宜用安胎药，如子宫颈已开张、胎囊已进入阴道或已破羊水，则用助产办法取出胎儿。

（5）延期流产　如子宫颈口开张不足，先用食指伸入子宫颈口并试图扩张，后伸入2～3指逐渐扩大子宫颈口，并将胎儿拉出。如胎儿浸溶，可伸手入子宫取出组织碎片和胎骨，取净后用0.1%雷佛奴尔液冲洗，冲净后注入土霉素1克（用50毫升蒸馏水稀释）、

2%普鲁卡因20毫升。隔日冲洗一次。如胎儿已木乃伊化，难以徒手从子宫取出，可剖腹取胎。

二、妊娠水肿

妊娠水肿是指妊娠末期孕畜腹下及后肢等处发生皮下浮肿。如皮下水肿面积小、症状轻，是妊娠末期的一种正常生理现象；皮下水肿面积过大、症状严重时即认为是病态。

本病马多发，一般发生于分娩前1个月左右，产前10天变得明显，分娩后2周左右自行消退。

（一）病因

（1）胎儿过大，增长迅速　妊娠末期，因胎儿生长发育迅速，子宫体积随之增大，腹内压增高；同时，妊娠末期乳房增大，孕畜的运动也减少，因而腹下、乳房及后肢的静脉血流迟缓，导致静脉滞血、毛细静脉管壁渗透性增高、血液中的水分渗出增多，同时亦妨碍了组织液回流至静脉内。因此，发生组织间隙液体积留，引起水肿。

（2）妊娠期间内分泌功能发生一系列变化　如体内抗利尿素、雌激素及肾上腺分泌的醛固酮等均增多，使肾小管远端钠的重吸收作用增强。组织内钠增加，引起机体内水液的滞留。

（3）妊娠期间，因新陈代谢旺盛及循环血量增加，心脏及肾脏的负担加重。在正常情况下，心脏及肾脏有一定的生理代偿能力，故不出现病理现象。但如孕畜运动不足、机体衰弱，特别是有心脏及肾脏疾病时，则容易发生水肿。

（二）临床症状

浮肿先从腹下、乳房开始，逐渐延至前胸及阴门，有时波及跗关节和球关节，左右对称，按压呈捏粉样。无热痛，体温低于其他部位。无被毛部分的皮肤紧张而有光泽。如浮肿严重，出现食欲减退、步态强拘、行走和起卧较显艰难。

（三）诊断

怀孕后期出现腹下、胸前、后肢浮肿（图5-4、图5-5），无明显的全身症状。该病当与肾炎、马传染性贫血和多种寄生虫病相区别：肾炎后期同样出现胸前、腹下、四肢浮肿；不同之处肾炎体温较高，腰部按压疼痛，直肠检查肾脏肿大、疼痛，尿中含有蛋白、红细胞、肾上皮细胞；马传染性贫血体温升高至40℃以上，血稀、血沉快，琼脂扩散呈阳性反应。马患多种寄生虫病则眼结膜苍白，粪检有虫卵。

（四）防治

1.预防

母马怀孕4～5个月后，注意蛋白质饲料的给予，同时应适当运动、适当限制饮水和

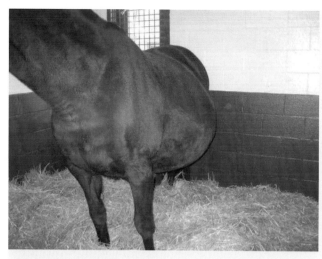

图5-4 孕马浮肿（单然供图）

图5-5 孕马腹下水肿（李航供图）

减少食盐的给予量。对病马重点在改善饲养管理，改善血液的胶体渗透压，促进血液循环，增进排尿功能。

2. 治疗

（1）给予富含蛋白质的饲料，改善营养。

（2）适当加强运动，促进血液循环，增加利尿功能。

（3）用25%葡萄糖500毫升、5%氯化钙100毫升、10%安钠咖40毫升，静注，每天1次，连用5天。

（4）补充蛋白，用复方氨基酸1000～2000毫升，静注，每天1次，连用3～5天。

（5）中兽医疗法 肿势缓慢的，用当归散：当归、熟地各50克，白芍、红花各30克，川芎25克，枳实、青皮各15克，研为末，开水冲服。肿势较急的，用白术散：白术（炒）、当归各30克，砂仁、川芎、白芍、熟地、党参各20克，甘草10克，生姜15克，研为末，开水冲服。

三、难产

难产是指各种原因引起的分娩的第一阶段（宫颈开张期），尤其是第二阶段（胎儿排出期）明显延长，如不进行助产，则母体难以或不能排出胎儿的产科疾病。难产如果处置不当，不仅会危及母体和胎儿的生命，而且往往会引起母畜生殖道疾病，影响以后的繁殖力。

（一）病因

难产的发病原因可以分为普通病因和直接病因两大类。普通病因是指通过影响母体或胎儿而使正常的分娩过程受阻的各种因素；直接病因是指直接影响分娩过程的因素。分娩正常与否主要取决于产力、产道及胎儿三个方面，因此难产按其直接病因分为产力性难产、产道性难产及胎儿性难产三类，其中前两类又可合称为母体性难产。在产科临床中，可根据难产的类型将其分为母体性难产、胎儿性难产和胎盘性难产，根据性质可分为机械性难产和功能性难产，根据病因可分为原发性难产和继发性难产，但由于绝大多数难产病例是由胎儿和母体之间不能互相适应所引起，因此上述分类很大程度上互有重叠。

马属动物胎儿的四肢及颈部较长，因此胎向、胎位及胎势异常所引起的难产较多。胎向异常引起的难产中，背横向及腹横向时有发生。有时胎儿四肢及头颈部可占据两个子宫角，胎儿体部横卧于整个子宫体中，这种难产在其他动物罕见，为马所特有，而且极难救治，但横向难产的发病率约为0.1%。胎位异常引起的难产偶尔可见，发生的主要原因是胎儿在分娩时未能转正到正常的上位而以下位或侧位楔在骨盆腔中。各种胎势异常引起的难产均可见到，其中最常见的是头颈姿势异常，其次是前肢姿势异常，在临床上表现为腕关节屈曲、肩关节屈曲等。后肢姿势异常主要有跗部前置及坐骨前置，在马比其他动物多见。

（二）临床症状

母畜怀孕期满，也出现分娩预兆，但努责次数少、时间短，努责力度小，长久不能排出胎儿。产道检查，子宫颈口已开，但开张不全，胎儿、胎囊尚未进入骨盆腔和子宫颈。

（三）诊断

分娩开始时母畜阵缩及努责均正常，有时尚可见到两蹄尖露出于阴门之外，但胎儿不能排出。

如胎儿过大性难产（图5-6）时产道检查可发现产道及胎向、胎位和胎势均正常，只是胎儿很大，难以娩出。胎儿死亡后发生气肿时也可由于胎儿过大而发生难产。胎儿过大引起的难产多处于胎儿产出期，而且也多为继发性子宫弛缓，胎膜大多已经破裂，也可见到胎儿的两前腿，偶尔可见到唇部。胎儿娩出时的主要困难在头部，但胎儿的胸部和肩部也较易阻滞在骨盆入口处。如果此时进行检查，常难以确定胎儿过大的程度。倒生时，由于胎儿的臀部首先进入产道，而且胎儿产出时的方向与胎毛的方向相反，因此使过大的胎儿更难产出。

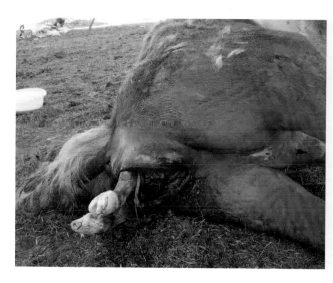

图5-6　胎儿过大性难产
（李航供图）

（四）防治

1.预防

难产虽然不是十分严重的疾病，可是一旦发生，特别是在弥散型胎盘的家畜，由于胎盘迅速剥离，极易引起胎儿死亡，也常危及母畜的生命，或因为手术助产不当，使子宫及软产道受到损伤及感染，影响母畜的健康和受孕，也可使母畜的泌乳能力或役用能力降低。

一般来说，即使母马的营养和生长良好，也不宜配种过早，否则由于母畜尚未发育成熟，容易发生骨盆狭窄，造成难产。马的配种一般不应早于3岁。

妊娠期间，由于胎儿的生长发育，母畜所需要的营养物质大大增加。因此，对母畜进行合理的饲养，供给充足的含有维生素、矿物质和蛋白质的青绿饲料，不但可以保证胎儿生长发育的需要，而且能够维护母畜的全身健康和子宫肌的紧张度，减少分娩发生困难的可能性。但不可使母畜过于肥胖而影响全身肌肉的紧张性。在妊娠末期，应适当减少蛋白质饲料，以免胎儿过大。

妊娠母畜要有适当的运动和使役。妊娠前半期可使常役，以后减轻，产前2个月停止使役，但要进行牵遛或逍遥运动。运动可提高母畜对营养物质的利用，使胎儿活力旺盛，同时也可使全身及子宫的紧张性提高，从而降低难产、胎衣不下及子宫复旧不全等的发病率。分娩时胎儿活力强和子宫收缩力的正常，有利于胎儿转变为正常分娩的胎位、胎势及产出。

接近预产期的母畜，应在产前1周至半月送入产房，适应环境，以避免因改变环境造成的惊恐和不适。在分娩过程中，要保持环境的安静，并配备专人护理和接产。接产人员不要过多干扰和高声喧哗，对于分娩过程中出现的异常要留心观察，并注意进行临产检查，以免使比较简单的难产变得复杂。

2.治疗

（1）子宫颈口已开张，先伸入2～3个手指用力使子宫颈口扩大，再用5指全力扩张，待胎膜、胎儿进入产道后再拉出胎儿（图5-7）。

图5-7　难产助产（白秋杰供图）

（2）母畜在难产过程中易疲惫，除积极助产外，用25%葡萄糖500毫升、10%安钠咖30～40毫升、25%维生素C6～8毫升、含糖盐水1000毫升静注。有助于充沛体力、加大努责。

（3）用催产素（缩宫素，每毫升含10单位）30～100单位肌注，如注射后30分钟尚未发现努责，可加大剂量再注射一次。

（4）必要时进行剖宫产　剖宫产适用于胎儿过大、胎儿畸形、子宫捻转、胎水过多及胎位、胎势、胎向不正而形成的难产。

手术部位一般在腹壁采取中位较为合适，即左肷部为手术位，如母畜体力比较差或在剖宫产之前体力耗损过大，对手术成功率有疑虑时，可将手术部位下移（即下位），甚至接近白线（可提高皮张利用率）。

保定采用横卧保定，术侧后肢向后牵引以扩大术野。剪毛消毒。麻醉用保定宁2～3毫升，肌注，行全身麻醉。也可用椎旁麻醉和局部浸润麻痹。术野敷创布后，切开皮肤、腹肌、腹膜，切口35厘米，如胎儿已部分入产道，皮肤切口可稍移向后上方。切开腹膜后，用纱布垫于腹壁、子宫壁之间，一半在腹腔内，一半覆盖皮肤，防止子宫内液体进入腹腔。助手伸手入腹腔托着子宫，使子宫凸于皮肤切口，在取胎儿时可防止子宫因空虚而下坠，致恶露流入腹腔。如子宫胎水过多，或因子宫扭转胎水潴留时，先在子宫切一小口，让胎水流出，不让胎水流入腹腔。排水不宜太快，以防止发生休克。放水过程中应有专人观察心跳和呼吸，如发现异常（心跳节律不齐、呼吸转弱），立即暂停放水，并肌注准备好的10%安钠咖40毫升，等心跳、呼吸恢复正常后，再继续放水。在子宫扩创时，循子宫纵向切开，子宫切口稍小于皮肤切口，如胎儿过大，切口不足以取出胎儿时，先扩腹壁切口再扩子宫创口。

手入子宫取胎儿。如胎儿头或前肢已进入产道，应先握住胎儿后蹄，使蹄随手拉出子宫时，胎蹄不致损伤子宫（不可握胎儿肢的系部）。随之取出另一后肢，术者一边护住子宫切口，一边将胎儿后肢交给助手向外拉。如胎儿后肢已进入产道，则先抓住胎儿嘴、鼻顺出子宫，再握住前蹄逐一拉出子宫，再由助手将胎儿拉出。手进入腹腔后，助手随时注意胎儿被取出时防止子宫下坠（但也要注意勿使子宫抬得过高）；其另一手在体外抓住子宫前端切口，以控制了宫下坠和内容物外溢。如胎儿因腐败臌气腹部膨大，为便于取出胎儿，可先将胎儿腹壁切一小口排出气体，胎儿体积缩小，便于取出。切开腹壁，如发现胎儿还活着，要小心切开子宫，勿伤胎儿。取出胎儿后迅即用净布或毛巾擦去胎儿口鼻的黏液，如胎儿呼吸微弱或取出时已停止呼吸，则将胎儿倒提，以使进入呼吸道的羊水流出，并两手有节奏地按压肋部进行人工呼吸，同时用干布擦拭胎儿被毛。

取出胎儿后，术者和助手把握住子宫切口，而后术者手入子宫剥离胎衣，再用雷佛奴尔液冲洗子宫，撒入土霉素3～5克或青霉素200万单位，再用肠线缝合子宫，先缝合近子宫体部，以防子宫收缩时缩进皮肤切口，增加缝合困难。缝合子宫时可不缝黏膜（子宫浆膜肌层缝合后黏膜即密接，极易愈合）。

小心去掉切口周围所垫纱布，拭净后用青霉素粉撒布于子宫切口，并向腹腔注入庆大霉素40万单位或油剂青霉素300万单位，再依次缝合腹膜、腹肌、皮肤。校正切口皮肤，吻合后再涂碘酒、撒碘仿，再将纱布覆盖切口，而后用一宽40～50厘米的绷带围住腹部，在脊背处将绷带两端用线缝合。

手术后，用青霉素、链霉素各200万单位肌注，12小时1次，连用5～7天。在手术期间用含糖盐水3000～4000毫升、樟脑磺酸钠20毫升、25%葡萄糖500毫升、25%维生素C8～10毫升静注，有利于手术进行和康复（图5-8）。

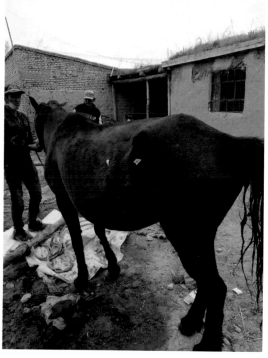

图5-8　马剖宫产术后（马玉辉供图）

四、子宫脱出

子宫全部翻出于阴门外称子宫脱出，实际上子宫内翻是子宫脱出的前段过程，多发生于分娩以后，或在胎儿排出数小时以后。

（一）病因

（1）母畜年龄较老、营养不良及运动不足。

（2）难产时，产道较涩，胎儿被强力拉出。

（3）母畜临产时瘫痪，分娩时间长，腹压高，持续努责。

（二）临床症状

可见子宫内翻，脱出垂至跗关节以下（图5-9）。脱出时间较长时，子宫黏膜水肿，色红而附有泥、草、粪污，有时因尾和地面摩擦而有破损、溃烂。部分风干处发黑。母畜绝食，排尿困难。

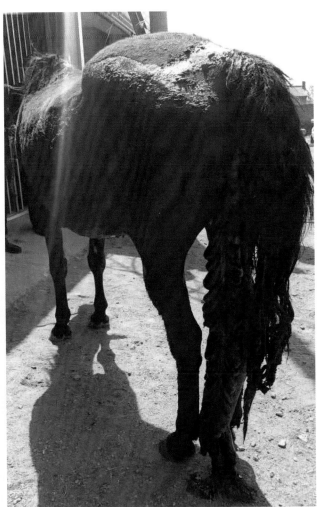

图5-9 子宫脱出（李航供图）

（三）诊断

分娩排出胎儿后仍经常努责。阴道检查，有瘤状物。完全脱出时阴户外有囊状物垂下至跗关节，黏膜红肿、有溃烂。

阴道脱有类似表现：阴门外有黏膜外翻的脱出物。不同之处是阴道脱多发生于分娩前，即使阴道全脱也仅足球大，并可见子宫颈口，不像子宫脱那样有囊状物垂脱至跗关节。

（四）防治

1.预防

母马妊娠期要加强饲养管理，防止患有能够导致腹内压增高的疾病，促使机体全身张力提高。供给营养平衡的日粮，确保含有足够的维生素和矿物质，使维生素D_3、钙、磷等比例保持平衡。临产前要加强看护，产后安排专人进行看护，对机体状况随时观察，如果发现异常要立即采取相应的处理措施，避免症状加重。

2.治疗

母畜在分娩后仍有努责并持续发生，应对阴道进行检查，如发现子宫内翻，应采取措施制止以防脱出。如已脱出，应清洗消毒还纳腹腔，必要时加子宫压定器保定，防止复脱。

（1）整复子宫 ① 站立保定（最好前低后高），不仅便于术者操作，而且腹压较小也利于子宫还纳。如患马不能站立则横卧。如果用吊带保持站立姿势，会因四肢不负重、腹部勒紧，还纳更困难。② 将尾拉向前方。③ 用0.1%雷佛奴尔或0.5%新洁而灭或0.3%高锰酸钾液洗净子宫黏膜所附泥、草、粪污。如有水肿，消毒后针刺、挤压除水。如有胎衣残留于子宫壁，则先将子宫与胎衣剥离开再冲洗。④ 如横卧保定，在母畜臀后铺一消毒塑料布，脱出子宫洗净消毒后暂放塑料布上待整复。⑤ 整复时术者握拳（大拇指屈于掌心）于脱出子宫的下端、子宫角的凹陷部向里送，待拳随子宫将进入阴门时，助手两手合抱子宫，帮助向阴门里挤压，以使子宫能随手臂纳入阴门。当翻出的子宫已全部进入阴门后，术者的拳已进入腹腔（术者肩抵阴门），助手双手护住阴门，防止送入的子宫因术者拔出手而随之脱出。当术者肘露出于阴门时，再抵住子宫壁向里进行几次抽出和送入后，子宫即不再随手脱出，术者手掌伸展并拢使子宫复位。在抽出手臂时，边向外抽边检查子宫有无重叠（如无重叠，子宫壁显平整，即已复位），再小心缓慢抽出手臂。⑥ 为防止子宫发炎，用土霉素2～5克（加水100毫升稀释）或用青霉素200万单位（加蒸馏水50毫升稀释）再加2%普鲁卡因50毫升注入子宫，隔天一次。⑦ 为防止子宫整复后再努责，用青霉素100万单位（用20毫升蒸馏水稀释）加2%普鲁卡因于后海穴（进针8～10厘米）注入。⑧ 为防止子宫再脱出，将阴户作纽扣双内翻缝合和固定子宫压定器。

（2）如术后体温增高、心跳加速、精神不振，说明将有发生败血症的可能。用四环素1～1.5克、含糖盐水1000毫升、25%维生素C6～8毫升、樟脑磺酸钠20毫升静注，12小时1次。

五、阴道脱出

阴道脱出是指阴道底壁、侧壁和上壁一部分组织肌肉松弛扩张连带子宫和子宫颈后移，使松弛的阴道壁形成折襞嵌堵于阴门内（又称阴道内翻）或突出于阴门外（又称阴道外翻），可以是部分阴道脱出，也可以是全部阴道脱出。常发生于妊娠末期，但也可发生于妊娠3个月后的各个阶段以及产后期。

（一）病因

病因多种多样，但与母畜骨盆腔的局部解剖构造可能有一定关系。由于部分生殖器官和子宫阔韧带及膀胱韧带具有延伸性，直肠生殖道凹陷、膀胱生殖道凹陷和膀胱耻骨凹陷的"空间"的存在，为膀胱和子宫及阴道向后延伸，使其脱出阴门外提供了解剖学上的条件，但只有在骨盆韧带及其邻近组织松弛、阴道腔扩张、壁松软，又有一定的腹内压时才可发生。妊娠母畜年老经产、衰弱、营养不良、缺乏钙磷等矿物质及运动不足，常引起全身组织紧张性降低、骨盆韧带松弛，妊娠末期，胎盘分泌的雌激素较多，或摄食含雌激素较多的牧草，可使骨盆内固定阴道的组织及外阴松弛。

（二）临床症状

可见从阴门向外突出排球大小的囊状物（图5-10），病畜起立后，脱出的阴道壁不能缩回。组织发生充血，由于受到盆腔内"异物"的刺激，母畜频发努责，使阴道脱出更大，表面干燥或溃疡，由粉红色转为暗红或蓝色，甚至黑色，严重时出现坏死及穿孔。

图5-10 阴道脱出（单然供图）

（二）诊断

参见子宫脱出诊断部分。

（四）防治

1.预防

对妊娠母马要注意饲养管理。应适当增加运动，提高全身组织的紧张性。病畜要少喂容积过大的粗饲料，给予易消化的饲料。及时防治便秘、腹泻等疾病，可减少此病的发生。

2.治疗

（1）单纯阴道脱出　易于整复，关键是应防止复发。因病畜起立后脱出的阴道能自行缩回，因此应注意使其多站立并取前低后高的姿势以防止脱出部分继续增大，避免损伤和感染发炎。将尾拴于一侧，以免尾根刺激脱出的黏膜。同时适当增加逍遥运动，给予易消化饲料；对便秘、腹泻等病应及时治疗。

（2）中度阴道脱出和重度阴道脱出　必须及时整复，并加以固定，防止复发。整复前先应将病畜处于前低后高位置（不能站立的应将后躯垫高，以减少骨盆腔内的压力）。努责强烈，妨碍整复时，应先在荐尾、尾椎间隙轻度硬膜外麻醉。清洗脱出的阴道黏膜要用温热的防腐消毒液（如0.1%高锰酸钾、0.05%～0.1%新洁尔灭等）将脱出阴道上的污物充分洗净，除去坏死组织，伤口大时要进行缝合，并涂以消炎药剂。若黏膜水肿严重，可先用毛巾浸以2%明矾水进行冷敷，并适当压迫15～30分钟；亦可针刺水肿黏膜，挤压排液；涂以3%明矾水，可使水肿减轻、黏膜发皱。整复时先用消毒纱布将脱出的阴道托起，在病畜不努责时，用手将脱出的阴道向阴门内推送。推送时手指不能分开，否则易损伤阴道黏膜。待全部推入阴门以后，再用拳头将阴道推回原位。推回后手臂最好再放置一段时间，以使回复的阴道适应一会（也可将阴道托或盛满温水的酒瓶放置其中）。最后在阴道腔内注入消毒药液，或在阴门两旁注入抗生素，以便消炎，减轻努责；热敷阴门也有抑制努责的作用。如果努责强烈，可在后海穴、阴俞穴注射2%普鲁卡因10～20毫升，尾椎间隙硬膜外麻醉、注射肌肉松弛剂等。整复后，对一再脱出的病畜，必须进行固定。可采用压迫固定阴门、缝合阴门（或阴道）以及将阴道侧壁和臀部皮肤缝合等方法（图5-11）。

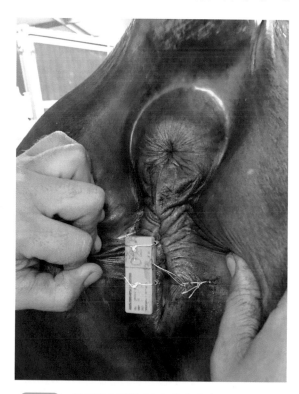

图5-11　整复脱出阴道后阴门缝合法（白秋杰供图）

六、胎衣不下（胎衣滞留）

分娩时由于血管、子宫收缩等的作用而将胎儿和胎衣（尿膜绒毛膜和羊膜）排出。母马在分娩后，经过一定时间（约1～1.5小时）胎衣不排出即称胎衣不下或胎衣滞留。原发性胎衣不下是由于胎衣不能从母体子宫脱离所致，而继发性胎衣不下则是由于已经脱离的胎衣不能排出体外（如子宫弛缓）。本病常易引起子宫内膜炎而影响繁殖。

（一）病因

畜体过肥过疲，运动不足，产后子宫弛缓、收缩乏力。缺乏维生素B族、维生素C等。胎儿过大，胎水过多，子宫持久扩张，产后收缩无力。流产、早产、难产，子宫收缩力不够。胎盘有炎症发生粘连、胎衣不易排出。

（二）临床症状

（1）轻症　胎儿排出后1.5小时内胎衣尚未完全排出而悬挂于阴门外，呈灰白色。胎衣滞留时间较久，外露部分变干、变紫红（图5-12）。

图5-12　轻度胎衣不下（单然供图）

（2）重症　有的阴门外还悬挂干黑的胎衣，有的悬挂阴门外的胎衣已脱落而阴道内尚有剩余胎衣，手入阴道握住胎衣稍用力向外拉即脱落。手入子宫可拿到胎衣的腐败碎片，有恶臭味。有时这些腐败胎衣在家畜卧地时也会流出，严重的站着时也排出豆渣样的恶臭腐败物。这时体温可达40℃以上，食欲减退或废绝，常出现拱背努责、心跳加快。

（三）诊断

产后经几小时或十几小时胎衣还未排出或排出的胎衣不完整，常悬挂于阴门外，严重的胎衣腐败在子宫内。子宫脱有类似之处，即分娩后发生，阴门外悬挂一个暗红色囊状物；不同的是脱出的子宫比胎衣厚，阴道黏膜与子宫同时脱出，阴唇四周无空隙。而化脓性子宫炎则体温升高，精神沉郁，有时拱背努责，多产后发生；不同之处是产后胎衣曾完全排出，直肠检查子宫壁肥厚敏感。

（四）防治

1. 预防

孕畜要加强饲养管理，注意补给钙磷和微量元素，保持一定的营养水平，适当加强运动，胎儿产出后让母畜多舔胎体表面羊水，尽量让幼畜早吮乳。胎衣超过正常时间未排出，应尽早促其排出，以免滞留腐败，引起败血症。

2. 治疗

（1）药物疗法　在胎衣不下的初期，因剥离较困难和易出血，可注射子宫收缩剂或用中药疗法，但同时必须向子宫内投入抗生素，以防胎衣腐败和感染。

肌内或皮下注射垂体后叶素、催产素或马来酸麦角新碱注射液8～10毫升，促使子宫收缩而自行排出胎衣。

中兽医认为胎衣不下的发生是由于母畜体质虚弱、气血不足，或中气下陷、血瘀气滞，或产时感受寒邪、寒凝血滞等所致，应以补气养血、散寒行瘀为治法。

【方一】参灵汤：黄芪、党参、生蒲黄、五灵脂、川芎、益母草各30克，当归60克，共研末，童尿一杯为引，同调灌之。无效者，可根据情况适当加减，再服一副。加减：外感风寒者，加荆芥穗10克、官桂15克；瘀血气胀而腹痛者，加醋香附25克、泽兰叶15克。

【方二】加味生化散：当归60克、川芎25克、桃仁25克、炮姜25克、炙甘草15克、党参30克、黄芪30克，以黄酒200毫升、童尿一碗为引，共为细末，开水冲，候温加入黄酒、童尿一次灌服。

【方三】活血祛瘀汤：当归60克，川芎25克，五灵脂10克，桃仁、红花各20克，枳壳30克，乳香、没药各15克，共为研末，开水冲，黄酒150～300毫升为引，温服。用于体温升高、努责、疼痛不安者。

（2）剥离胎衣　①手臂必须用1%新洁尔灭严密消毒，消毒至肩。②母畜在保定架内保定好。③将尾翘向前方并固定好，将肛门周围消毒。④手在胎衣、阴门之间伸入子宫，手掌撑开，手指并拢，以手指（指甲向胎衣，指面向子宫壁）在胎衣、子宫壁之间向前、向旁侧及顶部徐徐前进，逐渐使胎衣离开子宫壁。另一手抓紧外露的胎衣，逐渐用力向外牵引，当胎衣全部剥离时胎衣即可被拉出。⑤剥离胎衣后，用0.1%雷佛奴尔液冲洗子宫，排出组织碎片和血液，再注入土霉素或青霉素。

七、产后感染

产后感染是分娩过程中或产后因感染而致生殖器官发炎，如治疗不及时，易继发败血症。

（一）病因

助产时术手频繁粗暴出入阴道，引起阴门、阴道、子宫感染。胎衣滞留或排出不全以及难产时助产受损伤或污染，当细菌侵入子宫引起化脓，毒素进入血流可引起败血症。

（二）临床症状

1. 产后阴门阴道炎

一般全身无症状，仅阴门流出浆性、黏性或脓性分泌物，尾部有黏液干结物。阴门肿胀。阴道检查，阴道黏膜允血、肿胀，或见有创伤、糜烂、溃疡，阴道内贮有分泌物，子宫颈口紧闭。

2. 产后子宫内膜炎

常见拱背努责，经常由阴门流出浆性、黏性或脓性分泌物，每当卧倒或排粪努责时流出量增加。排泄物大多有臭气。体温稍升高，精神沉郁，心跳增数，食欲减退。尾部附有黏液或干结物。直肠检查，子宫稍膨大柔软，按压有疼痛，并增加阴门分泌物排泄量。

（三）诊断

1. 产后阴门阴道炎

阴门肿胀，流浆性、黏性、脓性分泌物，尾部附有不洁干结物，阴道有糜烂、溃疡（图5-13）。患子宫内膜炎时可见阴门流浆性、黏性、脓性分泌物，尾部附有不洁干结物，不同之处是阴道检查，子宫颈口开张不闭锁，阴道黏膜无创伤糜烂，直肠检查子宫壁肥厚敏感，按压时阴门流出液体增加。阴道无创伤、糜烂。而阴道

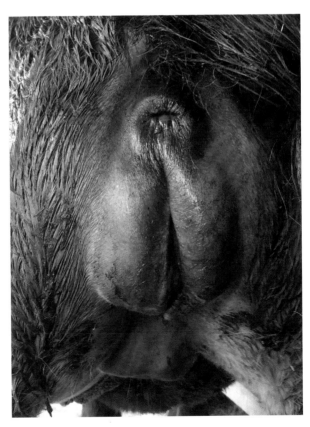

图5-13 产后阴门阴道炎（白秋杰供图）

创伤时则阴道红肿，举尾摇尾，拱背努责，阴门流分泌物，尾部附有干结物。多因配种后发生，阴道损伤较严重。

2.产后子宫内膜炎

产后数日阴门流浆性、黏性或脓性分泌物（图5-14），有臭气。阴道检查，子宫口稍开张，阴道存有分泌物。直肠检查，子宫壁肥厚，按压有疼痛，并增加分泌物的排泄量。阴道炎时可见阴门流分泌物，尾部附有分泌干结物，时有拱背、翘尾、努责现象；不同之处是阴道检查，阴道黏膜潮红、肿胀，严重时有糜烂。正常恶露排出是产后数日内阴道排泄浆性、黏性分泌物，尾有黏液干结物；不同之处是排泄物无臭味，经几天排泄即停止，直肠检查时子宫无异常。

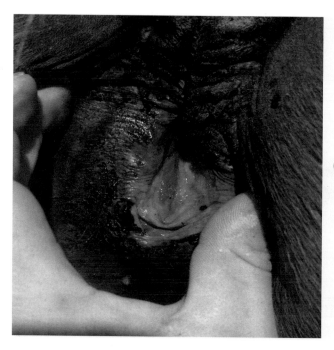

图5-14 黏性或脓性分泌物
（李航供图）

（四）防治

1.预防

母畜分娩助产时，务必注意严格消毒，防止发生损伤，对阴道、子宫脱、剥离胎衣等更要防止感染。产后感染轻则影响繁殖，重则危及生命，故必须及早确诊和施治。

2.治疗

（1）产后阴门阴道炎 ① 用0.01% ～ 0.05%新洁而灭或苦参洗液冲洗，每天一次。② 如阴道肿胀、渗出液多时，用0.5%硝酸银液冲洗后，再用生理盐水冲洗。③ 一般冲洗后涂碘仿鱼肝油或碘甘油。

（2）产后子宫内膜炎 ① 先每天后隔天用0.1%雷佛奴尔液冲洗，而后注入青霉素、普鲁卡因。② 用磺胺甲基异噁唑（SM2）或磺胺嘧啶钠口服，每千克体重0.07 ～ 0.1克，12小时一次，加服增效剂效果更好，连服7 ～ 10天。

八、阴道及子宫损伤

正常分娩和发生难产时，产道的任何部位都有可能发生损伤，但阴道和阴门损伤更为常见，如果不及时处理，很容易发生感染。

（一）病因

初产母马在分娩时，阴门未充分松软，开张不够大，或者胎儿通过时助产人员未采取保护措施，容易导致发生阴门撕裂；胎儿过大，强行拉出胎儿时，也能造成阴门或子宫撕裂。

（二）临床症状

（1）阴道及阴门损伤 病畜表现极度疼痛的症状，尾根高举，骚动不安，拱背并频频努责。阴门损伤时症状明显，可见撕裂口边缘不整齐，创口出血，创口周围组织肿胀（图5-15）。对阴道及阴门过度刺激时，可使其发生明显肿胀，阴门内黏膜外翻，阴道腔狭小，阴门内黏膜变成紫红色并有血肿。阴门血肿有时在几周内由于液体的吸收而自愈，少数情况下可能发生细菌感染及化脓，炎症治愈后可能出现组织纤维化，使阴门扭曲，出现吸气现象。

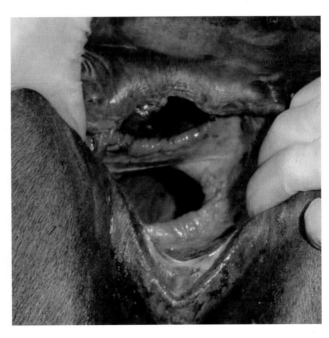

图5-15 阴门撕裂（单然供图）

（2）子宫损伤 子宫不完全破裂，一般不易发现，有时可见有血液从产道中流出，但须经子宫内仔细的触诊，方能确诊。

子宫颈黏膜肌层破裂时，能引起大出血，可见到从阴门流出血液，通过阴道检查，可确定破口的位置及大小。子宫完全破裂如发生在胎儿排出前，则努责突然停止，母马变安静。有时可能从产道流出血液，但它常流入腹腔；如果出血过多，可出现急性贫血症状。

子宫上壁完全破裂时，子宫内可摸到从破口进入的肠管和网膜，有时甚至脱出于阴门之外。子宫内容物通过破口流入腹腔时，有时可继发致命的腹膜炎。

子宫穿孔时，破口较小不易被发现。一般在助产手术或向子宫内插入洗涤导管之后，病马出现腹膜炎时，始被怀疑。因插入导管所造成的穿孔，则注入药液不回流。

（三）诊断

助产过程中，除非进行截胎和脐带断裂，一般不会出血。如果发现助产器械或手臂红染，或者有血水流出，则可能为子宫或产道损伤、破裂。

子宫破裂如果发生于胎儿排出之前，可看到母畜突然变得安静，并且停止努责，接着出现子宫无力。

依子宫破口大小的不同，母畜可出现不同的症状，有时破口小，未被发现即可自愈，有时破口大，胎儿可坠入腹腔。子宫破裂后，母畜因大出血可使全身状况恶化，出现震颤、出汗、心跳呼吸加快以及贫血性休克等现象。

（四）防治

1.预防

在难产助产时，一定要遵循助产原则，切忌操作粗暴。使用产科器械时，操作要仔细；对截胎后胎儿骨骼断端应护好，防止损伤子宫。在难产助产后，如怀疑子宫破裂时，应及时检查，以便及时采取措施。

2.治疗

（1）阴道及阴门的损伤　应按一般外科方法处理。新鲜撕裂创口可用组织黏合剂黏接创缘，也可用尼龙线按褥式缝合法缝合。缝合前应清除坏死及损伤严重的组织和脂肪，如不缝合，不但延长愈合时间，容易造成感染，而且愈合之后形成的瘢痕也将妨碍阴门的正常屏障功能，可由于不断吸入空气和流入粪便而极易造成阴道感染。

（2）子宫损伤　对不完全破裂应注射子宫收缩剂，促使子宫收缩，并向子宫内投入抗生素，隔日1次。子宫颈破裂后如出血不止，可用止血钳钳压止血，或用涂以软膏的大块纱布塞在子宫颈内止血，但应将拴在纱布上的细绳系在尾根上，然后注射止血剂或子宫收缩剂。止血后，创口应涂碘甘油或抗生素软膏。如子宫颈完全破裂，应行缝合。子宫裂口较小可将缝针及缝线带入子宫，实行连续缝合。如裂口很大又不易缝合时，应行剖腹术缝合子宫；子宫内应放入抗生素。腹腔内要用生理盐水冲洗并用纱布吸干，然后投入青霉素及链霉素，再缝合腹壁。术后应肌注子宫收缩剂及抗生素3～4天。几天内要注意观察病马，以便根据情况采取相应的对症疗法。

九、乳腺炎

乳腺炎在马较少发生，这可能与马的乳房较小及其位置更靠近腹股沟因此减少了环境性病原的侵袭有关。在马泌乳的前2个月采集样品检查，发现其SCC低于5.0×10^4个/毫升。

泌乳及未泌乳母马均可发生症状轻重程度不同的临床型乳腺炎。

（一）病因

最常见的临床型乳腺炎的病原为链球菌和葡萄球菌，但患病母马也可分离到多种需氧菌，常分离到的革兰氏阴性细菌有大肠杆菌、假单胞菌、放线杆菌及巴氏杆菌；链球菌和葡萄球菌是最常见的革兰氏阳性菌。罕见情况下乳腺炎可由非细菌性病原所引起。

（二）临床症状

乳房肿大、坚硬（图5-16）、温热、触诊有疼痛，乳房及周围组织水肿，不愿挤奶，乳腺分泌物外观颜色和黏稠度等发生改变。一半左右的母马在发生临床型乳腺炎时可表现全身症状，如发热、心动过速及呼吸急促、厌食、精神沉郁或无乳。母马不愿运动，或步态异常以减少后肢与乳腺的接触。

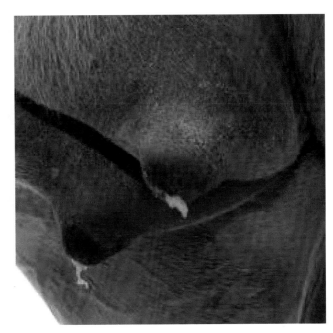

图5-16 乳房肿大、坚硬（单然供图）

（三）诊断

临床可见乳房坚硬、肿大及有痛感。鉴别诊断包括乳腺癌，但发生乳腺癌时，乳腺分泌物的细胞学检查可发现肿瘤细胞，必要时还需进行乳腺活检诊断。实验室诊断乳腺炎时需要采集乳汁样品进行培养以鉴定病原及进行药敏试验，但在进行乳汁样品的细胞学检查时常常也可看到细菌。由于细菌性乳腺炎和乳腺癌可同时发生，因此对抗生素治疗无反应的母马应重新进行仔细检查。

（四）防治

1.预防

产后泌乳期间应经常注意观察和检查母马的乳房，特别是母马拒不让幼驹吮奶时，尤应如此，以便及时发现、及时治疗。

　　2.治疗

　　马细菌性乳腺炎的治疗包括采用乳房内及全身抗生素疗法控制感染；采用NSAID减少疼痛、炎症及发热，采用液体疗法矫正脱水。虽然热敷、水疗及经常挤奶可作为支持性措施采用，但常常难以完成。如果水肿持续时间长，可采用利尿剂进行治疗。

　　在获得细胞学检查或乳汁样品培养及药敏试验结果之前可一直采用广谱抗生素进行治疗。全身抗生素疗法可选用强化磺胺类药物或青霉素与氨基糖苷类药物合用。也可采用乳房内灌注药物（如头孢噻呋、头孢匹林、阿莫西林或海他西林）进行治疗。由于马的乳头开口较小，每半个乳房就有两个完全不同的腺叶，患病时一个或两个腺叶可能受到感染，必须要按照感染部位灌注抗生素，因此乳房内灌注抗生素进行治疗难以完成。抗生素治疗应至少持续5天以避免复发。发生细菌性乳腺炎时，对马的生存而言预后较好，但产奶量可能暂时性或永久性减少。一般来说，乳腺炎通常为单侧性，复发罕见。大多数母马能对抗生素治疗发生快速反应，有时还能自然康复。乳腺癌的预后较差，即使采用手术除去患病乳腺及局部淋巴结也是如此，主要是由于其转移很常见。

　　中兽医疗法：为了提高乳房及机体的抵抗力，促使急性炎症消散，可灌服下列方药。

　　【方一】公英散：蒲公英60克，金银花60克，连翘60克，丝瓜络30克，通草25克，芙蓉叶25克，浙贝母30克，为末，开水冲调，候温灌服或拌料喂服。

　　【方二】肿疡消饮散：金银花30克、连翘30克、归尾15克、甘草15克、赤芍15克、乳香15克、没药15克、花粉15克、防风15克、浙贝母15克、白芷15克、陈皮15克，黄酒100毫升为引，一次灌服，适用于急性炎症初期。加减：体壮毒重者，金银花可加至50～60克。体弱气虚、脓肿不消又不快熟者，加炙山甲15克、皂刺30克（熬水去渣），溃后不再服用此方。

参考文献

[1] 赵兴绪.兽医产科学.北京：中国农业出版社，2014.
[2] 董彝实.用牛马病临床类症鉴别.北京：中国农业出版社，2001.
[3] 中国人民解放军兽医大学.马病学.北京：农业出版社，1989.